브랜드만족
1위
박문각

최신판

7·9급 **환경직** 시험대비

박문각 공무원

기출문제

이찬범 환경공학

이찬범 편저

환경직 만점 기출문제!

단원별 주요 기출 및 예상문제 완벽 총정리

명쾌한 해설과 깔끔한 오답 분석

단원별 기출문제집

동영상 강의 www.pmg.co.kr

이 책의 머리말

PREFACE

먼저 이렇게 책으로 인연을 맺게 되어 감사합니다.

우리가 이 지구에서 살아감에 있어 환경에 대한 문제는 다양한 분야에서 만나게 됩니다. 환경공학은 이러한 문제들을 공학적인 접근으로 해결하는 학문입니다. 환경공학은 화학, 물리, 생물, 지구과학, 토목, 기계, 건축, 보건 등 다양한 학문이 융합되어 만들어졌습니다. 따라서 환경공학은 매우 폭넓은 범위를 다루게 됩니다. 물환경, 대기환경, 폐기물, 소음, 진동, 토양환경, 지하수환경, 해양환경, 기후변화, 작업환경, 환경보건 등 계속적으로 환경과 관련된 분야는 넓어지고 있습니다. 환경공학에 있어 다양한 분야에 전문적인 지식을 갖춘 인력이 증가하고 있으며 전 세계적으로 매우 큰 관심사 중에 하나가 되었습니다. 이러한 추세로 인해 관련된 정책을 세우고 집행하며 환경 관련 공무를 수행하는 필요가 앞으로 더 늘어날 것으로 보입니다.

이 책은 이론을 학습한 후에 문제를 풀면서 답을 찾아 가는 연습을 하는 것을 목표로 만들어졌습니다. 출제가 되었던 과년도 문제와 이와 유사한 형태의 문제들로 구성이 되어 있습니다. 이해하기 쉽고 간결한 해설이 특징이며 내용을 이해하는 데 꼭 필요한 핵심문제들로 가득 차 있습니다.

단순히 문제의 유형별 답을 찾는 방법에서 벗어나 문제에서 요구하는 답을 찾아 가는 방법을 깨달았으면 합니다. 문제의 유형은 언제나 새롭게 출제될 수 있습니다. 그에 대비하기 위해서는 다양한 문제를 스스로 해결하면서 익히고 틀린 부분이 있다면 수정해가는 작업을 반복해야만 합니다.

무엇보다 이 책을 통해 많은 분들이 원하시고자 하는 일들이 이루어졌으면 합니다. 수험생 분들의 바람이 결실을 맺을 수 있도록 저도 계속 노력하고 응원하며 힘을 드릴 수 있는 방법을 계속 찾도록 하겠습니다.

감사합니다.

이찬범 드림

이 책의 차례

CONTENTS

이찬범 환경공학

단원별 기출문제집

수질환경

수질오염

제1절 개론

1 물의 특성

01 물의 물리적 특성으로 틀린 것은?

① 물은 물분자 사이의 수소결합으로 인하여 표면장력을 갖는다.
② 액체상태의 경우 공유결합과 수소결합의 구조로 H^+, OH^-로 전리되어 전하적으로 양성을 가진다.
③ 동점성계수는 점성계수/밀도이며 포이즈(poise) 단위를 적용한다.
④ 고체상태인 경우 수소결합에 의해 육각형 결정구조를 형성한다.

풀이

동점성계수: 점성계수/밀도, stokes 단위 적용
점성계수: 포이즈(poise) 단위를 적용

02 물의 특성에 관한 설명으로 틀린 것은?

① 물의 점도는 표준상태에서 대기의 약 100배 정도이다.
② 수온이 감소하면 물의 점도가 감소한다.
③ 수소와 산소 사이의 공유결합과 수소결합으로 이루어져 있다.
④ 물이 표면장력이 큰 이유는 물분자 사이의 수소결합 때문이다.

풀이

액체, 고체: 온도 ↑ → 점도 ↓
기체: 온도 ↑ → 점도 ↑

03 물 분자의 화학적 구조에 관한 설명으로 옳지 않은 것은?

① 물 분자는 1개의 산소 원자와 2개의 수소원자가 서로 공유결합하고 있다.
② 물 분자에는 비공유 전자쌍 2쌍이 산소 원자에 남아 있다.
③ 산소는 전기음성도가 매우 작아서 이온결합을 하고 있으나 극성을 갖지는 않는다.
④ 물 분자의 수소는 양전하를 가지고 있으며 산소는 음전하를 가지고 있어 인접한 분자 사이에 수소결합을 하고 있다.

풀이

산소와 수소는 전기음성도 차이가 매우 커서 공유결합을 하고 있으며 극성을 갖는다.

04 물의 특성에 관한 설명으로 옳지 않은 것은?

① 물은 2개의 수소원자가 산소원자를 사이에 두고 104.5°의 결합각을 가진 구조로 되어 있다.
② 물은 극성을 띠지 않아 다양한 물질의 용매로 사용된다.
③ 물은 유사한 분자량의 다른 화합물보다 비열이 매우 커 수온의 급격한 변화를 방지해 준다.
④ 물의 밀도는 4℃에서 가장 크다.

풀 이

물은 극성을 띠며 다양한 물질의 용매로 사용된다.

05 다음 중 물의 온도를 표현했을 때 가장 높은 온도는?

2021년 지방직9급

① 75℃
② 135°F
③ 338.15K
④ 620°R

풀 이

°F = 1.8 × ℃ + 32
K = ℃ + 273
°R = °F + 460 = [1.8 × ℃ + 32] + 460
① 75℃
② 135°F
135°F = 1.8 × ℃ + 32 → 57.2℃
③ 338.15K
338.15K = ℃ + 273 → 65.15℃
④ 620°R
620°R = °F + 460 = [1.8 × ℃ + 32] + 460 → 71.1℃

정답 01 ③ 02 ② 03 ③ 04 ② 05 ①

06 물의 일반적인 성질에 관한 설명으로 가장 거리가 먼 것은?

① 물의 밀도는 수온, 압력에 따라 달라진다.
② 물의 점성은 수온증가에 따라 증가한다.
③ 물의 표면장력은 수온증가에 따라 감소한다.
④ 물의 온도가 증가하면 포화증기압도 증가한다.

풀 이

물의 점성은 수온증가에 따라 감소한다.

07 물의 물리적 특성과 이와 관련된 용어의 설명으로 틀린 것은?

① 물의 비중은 4℃에서 1.0이다.
② 점성계수란 전단응력에 대한 유체의 거리에 대한 속도 변화율에 대한 비를 말한다.
③ 표면장력은 액체표면의 분자가 액체 내부로 끌려는 힘에 기인된다.
④ 동점성계수는 밀도를 점성계수로 나눈 것을 말한다.

풀 이

동점성계수는 점성계수를 밀도로 나눈 것을 말한다.

08 물의 특성을 설명한 것으로 적절치 못한 것은?

① 상온에서 알칼리금속, 알칼리토금속, 철과 반응하여 수소를 발생시킨다.
② 표면장력은 불순물농도가 낮을수록 감소한다.
③ 표면장력은 수온이 증가하면 감소한다.
④ 점도는 수온과 불순물의 농도에 따라 달라지는데 수온이 증가할수록 점도는 낮아진다.

풀 이

표면장력은 불순물농도가 낮을수록 증가한다.

09 물에 관한 설명으로 틀린 것은?

① 수소결합을 하고 있다.
② 수온이 증가할수록 표면장력은 커진다.
③ 온도가 상승하거나 하강하면 체적은 증대한다.
④ 용융열과 증발열이 높다.

풀이
수온이 증가할수록 표면장력은 작아진다.

2 수자원의 특성

10 지하수의 특성으로 가장 거리가 먼 것은?

① 광화학반응 및 호기성 세균에 의한 유기물 분해가 주된 반응이다.
② 비교적 깊은 곳의 지하수일수록 지층과의 보다 오랜 접촉에 의해 용매효과는 커진다.
③ 지표수에 비해 경도가 높고, 용해된 광물질을 많이 함유한다.
④ 국지적 환경조건의 영향을 크게 받는다.

풀이
지표수는 광화학반응 및 호기성 세균에 의한 유기물 분해가 주를 이룬다.

11 해수의 특성으로 옳지 않은 것은?

① 해수의 Mg/Ca비는 3~4 정도이다.
② 해수의 pH는 5.6 정도로 약산성이다.
③ 해수의 밀도는 수심이 깊을수록 증가한다.
④ 해수는 강전해질로서 1L당 35g 정도의 염분을 함유한다.

풀이
해수의 pH는 약 8.2 정도로 약알칼리성의 성질을 나타낸다.

정답 06 ② 07 ④ 08 ② 09 ② 10 ① 11 ②

12 **바닷물(해수)에 관한 설명으로 옳지 않은 것은?**

① 해수의 주요성분 농도비는 거의 일정하다.
② 해수의 pH는 약 8.2 정도로 약알칼리성의 성질을 나타낸다.
③ 해수는 약전해질로 염소이온농도가 약 35ppm 정도이다.
④ 해수는 수자원 중에서 97% 이상을 차지하나 용수로 사용이 제한적이다.

풀이

해수는 강전해질로 염소이온농도가 약 19,000ppm 정도이다.

13 **수자원의 일반적인 특성에 대한 설명으로 옳지 않은 것은?**

① 하천 자정작용의 주요한 인자는 희석과·확산, 미생물에 의한 분해이다.
② 호소수의 부영양화를 일으키는 주요 원인은 N과 P이다.
③ 지하수는 지표수에 비하여 일반적으로 경도가 크다.
④ 일반적인 강우는 대기 중의 이산화탄소로 인해 약알칼리성이 된다.

풀이

일반적인 강우는 대기 중의 이산화탄소로 인하여 pH 약 5.6의 약산성이다.

14 **우리나라의 수자원 이용현황 중 가장 많은 용도로 사용하는 용수는?**

① 생활용수　　② 공업용수
③ 농업용수　　④ 유지용수

15 **기상수(우수, 눈, 우박 등)에 관한 설명으로 틀린 것은?**

① 기상수는 대기 중에서 지상으로 낙하할 때는 상당한 불순물을 함유한 상태이다.
② 우수의 주성분은 육수의 주성분과 거의 동일하다.
③ 해안 가까운 곳의 우수는 염분함량의 변화가 크다.
④ 천수는 사실상 증류수로서 증류단계에서는 순수에 가까워 다른 자연수보다 깨끗하다.

풀이

우수의 주성분은 해수의 주성분과 거의 동일하다.

16 해수의 특성에 대한 설명으로 옳은 것은?

① 염분은 적도해역과 극해역이 다소 높다.
② 해수의 주요성분 농도비는 수온, 염분의 함수로 수심이 깊어질수록 증가한다.
③ 해수의 Na/Ca비는 3~4 정도로 담수보다 매우 높다.
④ 해수 내 전체 질소 중 35% 정도는 암모니아성 질소, 유기질소 형태이다.

풀 이

바르게 고쳐보면
① 염분은 적도해역에서는 높고, 남북극 해역에서는 다소 낮다.
② 해수의 주요성분 농도비는 일정하다.
③ 해수의 Mg/Ca비는 3~4 정도로 담수의 0.1~0.3에 비하여 매우 높다.

17 해수의 특성으로 틀린 것은?

① 해수는 HCO_3^-를 포화시킨 상태로 되어 있다.
② 해수의 밀도는 염분비 일정법칙에 따라 항상 균일하게 유지된다.
③ 해수 내 전체 질소 중 약 35% 정도는 암모니아성 질소와 유기질소의 형태이다.
④ 해수의 Mg/Ca비는 3~4 정도로 담수에 비하여 크다.

풀 이

해수의 밀도는 수심이 깊을수록 증가한다.

18 해수의 함유성분들 중 가장 적게 함유된 성분은?

① SO_4^{2-} ② Ca^{2+}
③ Na^+ ④ Mg^{2+}

풀 이

해수의 주성분 : $Cl^- > Na^+ > SO_4^{2-} > Mg^{2+} > Ca^{2+} > K^+ > HCO_3^-$

정답 12 ③ 13 ④ 14 ③ 15 ② 16 ④ 17 ② 18 ②

19 지구상에 분포하는 수량 중 빙하(만년설포함) 다음으로 가장 많은 비율을 차지하고 있는 담수는?

① 하천수
② 지하수
③ 해수
④ 토양수

풀 이

지구상의 분포하는 수량의 비율은 해수 > 빙히 > 지하수 > 토양수 > 대기 > 하천수 순이다.

20 해수의 특성으로 가장 거리가 먼 것은?

① 해수의 밀도는 수온, 염분, 수압에 영향을 받는다.
② 해수는 강전해질로서 1L당 평균 35g의 염분을 함유한다.
③ 해수 내 전체질소 중 35% 정도는 질산성질소 등 무기성 질소 형태이다.
④ 해수의 Mg/Ca비는 3~4 정도이다.

풀 이

해수내 전체질소 중 35% 정도는 암모니아성질소와 유기질소 형태이다. 암모니아성질소와 유기질소를 합하여 TKN(총킬달질소)라 한다.

21 산성강우에 대한 설명으로 틀린 것은?

① 주요원인물질은 유황산화물, 질소산화물, 염산을 들 수 있다.
② 대기오염이 심한 지역에 국한되는 현상으로 비교적 정확한 예보가 가능하다.
③ 초목의 잎과 토양으로부터 Ca^{2+}, Mg^{2+}, K^{+}, 등의 용출 속도를 증가시킨다.
④ 보통 대기 중 탄산가스와 평형상태에 있는 물은 약 pH 5.6의 산성을 띠고 있다.

풀 이

대기오염이 심한 지역에 국한되지 않으며 광범위한 지역에서 일어나 정확한 예보는 어렵다.

22 해수와 성분에 관한 설명으로 틀린 것은?

① 해수의 성분은 무역풍대 해역보다 적도 해역이 낮다.
② Cl^-은 해수에 녹아 있는 성분 중 가장 많은 양을 차지한다.
③ 해수 내 성분 중 나트륨 다음으로 가장 많은 성분을 차지하는 것은 칼륨이다.
④ 해수 내 전체 질소 중 35% 정도는 암모니아성 질소, 유기질소 형태이다.

풀이

해수 내 성분 중 나트륨 다음으로 가장 많은 성분을 차지하는 것은 황산염이다.
해수 내 성분별 함량 : $Cl^- > Na^+ > SO_4^{2-} > Mg^{2+} > Ca^{2+} > K^+ > HCO_3^-$

3 지표수의 특성

23 호수 내의 성층현상에 관한 설명으로 가장 거리가 먼 것은?

① 여름성층의 연직 온도경사는 분자확산에 의한 DO구배와 같은 모양이다.
② 성층의 구분 중 약층(thermocline)은 수심에 따른 수온변화가 적다.
③ 겨울성층은 표층수 냉각에 의한 성층이어서 역성층이라고도 한다.
④ 전도현상은 가을과 봄에 일어나며 수괴(水槐)의 연직혼합이 왕성하다.

풀이

성층의 구분 중 약층(thermocline)은 수심에 따른 수온변화가 크다.
심수층의 경우 수온변화가 적다.

정답 19 ② 20 ③ 21 ② 22 ③ 23 ②

24 **호수나 저수지 등에 오염된 물이 유입될 경우, 수온에 따른 밀도차에 의하여 형성되는 성층현상에 대한 설명으로 틀린 것은?**

① 표수층(Epilimnion)과 수온약층(Thermocline)의 깊이는 대개 7m 정도이며 그 이하는 저수층(Hypolimnion)이다.
② 여름에는 가벼운 물이 밀도가 큰 물 위에 놓이게 되며 온도차가 커져서 수직운동은 점차 상부층에만 국한된다.
③ 저수지 물이 급수원으로 이용될 경우 봄, 가을 즉 성층현상이 뚜렷하지 않을 경우가 유리하다.
④ 봄과 가을의 저수지의 수직운동은 대기 중의 바람에 의해서 더욱 가속된다.

풀이
저수지 물이 급수원으로 이용될 경우 여름, 겨울 즉 성층현상이 뚜렷할 경우가 유리하다.

25 **호소수의 전도현상(Turnover)이 호소수 수질환경에 미치는 영향을 설명한 내용 중 바르지 않은 것은?**

① 수괴의 수직운동 촉진으로 호소 내 환경용량이 제한되어 물의 자정능력이 감소된다.
② 심층부까지 조류의 혼합이 촉진되어 상수원의 취수 심도에 영향을 끼치게 되므로 수도의 수질이 악화된다.
③ 심층부의 영양염이 상승하게 됨에 따라 표층부에 규조류가 번성하게 되어 부영양화가 촉진된다.
④ 조류의 다량 번식으로 물의 탁도가 증가되고 여과지가 폐색되는 등의 문제가 발생한다.

풀이
수괴의 수직운동 촉진으로 호소 내 환경용량이 증대되어 물의 자정능력이 증가한다.

26 **호수의 성층현상에 대한 설명으로 틀린 것은?**

① 수심에 따른 온도변화로 인해 발생되는 물의 밀도차에 의하여 발생한다.
② Thermocline(약층)은 순환층과 정체층의 중간층으로 깊이에 따른 온도변화가 크다.
③ 봄이 되면 얼음이 녹으면서 수표면 부근의 수온이 높아지게 되고 따라서 수직운동이 활발해져 수질이 악화된다.
④ 여름이 되면 연직에 따른 온도경사와 용존산소 경사가 반대모양을 나타낸다.

풀이
여름이 되면 연직에 따른 온도경사와 용존산소 경사가 같은 모양을 나타낸다.

27 생 하수 내에 주로 존재하는 질소의 형태는?

① 암모니아와 N_2
② 유기성질소와 암모니아성질소
③ N_2와 NO
④ NO_2^-와 NO_3^-

풀이
유기성질소와 암모니아성질소에서 점차 NO_2^-와 NO_3^- 로 질산화되어 간다.

28 우리나라의 하천에 대한 설명으로 옳은 것은?

① 최소유량에 대한 최대 유량의 비가 작다.
② 유출시간이 길다.
③ 하천 유량이 안정되어 있다.
④ 하상 계수가 크다.

풀이
바르게 고쳐보면,
① 최소유량에 대한 최대 유량의 비가 크다.
② 유출시간이 짧다.
③ 하천 유량이 불안정하다.

29 하수 등의 유입으로 인한 하천 변화 상태를 Whipple의 4지대로 나타낼 수 있다. 다음 중 '활발한 분해지대'에 관한 내용으로 틀린 것은?

① 용존산소가 없어 부패상태이며 물리적으로 이 지대는 회색 내지 흑색으로 나타난다.
② 혐기성세균과 곰팡이류가 호기성균과 교체되어 번식한다.
③ 수중의 CO_2 농도나 암모니아성 질소가 증가한다.
④ 화장실 냄새나 H_2S에 의한 달걀 썩는 냄새가 난다.

풀이
회복지대 : 혐기성세균과 곰팡이류가 호기성균과 교체되어 번식한다.

정답 24 ③ 25 ① 26 ④ 27 ② 28 ④ 29 ②

4 주요 수질오염물질의 특성

30 다음 수질을 가진 농업용수의 SAR값은?(Na 원자량 : 23, Ca 원자량 : 40, Mg 원자량 : 24)

> Na^{+} : 460mg/L, Ca^{2+} : 600mg/L, Mg^{2+} : 240mg/L

① 2
② 4
③ 6
④ 8

풀이

SAR은 다음 식으로 계산된다.

$$SAR = \frac{Na^{+}}{\sqrt{\frac{Ca^{2+}+Mg^{2+}}{2}}} = \frac{20}{\sqrt{\frac{30+20}{2}}} = 4$$

$$Ca^{2+}(meq/L) = \frac{600mg}{L} \times \frac{1meq}{(40/2)mg} = 30meq/L$$

$$Mg^{2+}(meq/L) = \frac{240mg}{L} \times \frac{1meq}{(24/2)mg} = 20meq/L$$

$$Na^{+}(meq/L) = \frac{460mg}{L} \times \frac{1meq}{(23/1)mg} = 20meq/L$$

31 다음 수질을 가진 농업용수의 SAR값으로부터 Na^{+}가 흙에 미치는 영향은 어떻다고 할 수 있는가?(단, 수질농도는 Na^{+} = 1,150mg/L, Ca^{2+} = 20mg/L, Mg^{2+} = 12mg/L, PO_4^{3-} = 1,500mg/L, I^{-} = 200mg/L이며 원자량은 Na : 23, Mg : 24, P : 31, Ca : 40)

① 영향이 작다.
② 영향이 중간 정도이다.
③ 영향이 비교적 크다.
④ 영향이 매우 크다.

풀이

✓ SAR 산정식

$$SAR = \frac{Na^{+}}{\sqrt{\frac{Ca^{2+}+Mg^{2+}}{2}}}$$

SAR < 10	토양에 미치는 영향이 작다.
10 < SAR < 26	토양에 미치는 영향이 비교적 크다.
26 < SAR	토양에 미치는 영향이 매우 크다.

ⓐ Na^{+}의 meq/L 산정

$$Na^{+} = \frac{1,150mg}{L} \times \frac{1meq}{(23/1)mg} = 50meq/L$$

ⓑ Ca^{2+}의 meq/L 산정

$$Ca^{+} = \frac{20mg}{L} \times \frac{1meq}{(40/2)mg} = 1meq/L$$

ⓒ Mg^{2+}의 meq/L 산정

$$Ma^{+}=\frac{12mg}{L}\times\frac{1meq}{(24/2)mg}=1meq/L$$

ⓓ SAR의 산정

$$SAR=\frac{Na^{+}}{\sqrt{\frac{Ca^{2+}+Mg^{2+}}{2}}}=\frac{50}{\sqrt{\frac{1+1}{2}}}=50$$

26 < SAR인 경우, 영향이 매우 크다.

32 보통 농업용수의 수질평가 시 SAR로 정의하는데 이에 대한 설명으로 틀린 것은?

① SAR값이 20 정도이면 Na^{+}가 토양에 미치는 영향이 적다.

② SAR의 값은 Na^{+}, Ca^{2+}, Mg^{2+} 농도와 관계가 있다.

③ 경수가 연수보다 토양에 더 좋은 영향을 미친다고 볼 수 있다.

④ SAR의 계산식에 사용되는 이온의 농도는 meq/L를 사용한다.

풀이

SAR이 클수록 토양에 미치는 영향은 커지며 배수가 불량한 토양이 된다.

33 다음 분석 결과를 가진 시료의 SAR은?

2023년 지방직9급

성분	당량[g eq^{-1}]	농도[mg L^{-1}]
Ca^{2+}	20.0	100.0
Mg^{2+}	12.2	36.6
Na^{+}	23.0	92.0
Cl^{-}	35.5	158.2

① 0.5

② 1.2

③ 2.0

④ 3.6

풀이

$$SAR=\frac{Na^{+}}{\sqrt{\frac{Ca^{2+}+Mg^{2+}}{2}}},\quad SAR=\frac{\frac{92mg}{L}\times\frac{1meq}{23mg}}{\sqrt{\frac{\frac{100mg}{L}\times\frac{1meq}{20mg}+\frac{36.6mg}{L}\times\frac{1meq}{12.2mg}}{2}}}=2$$

정답 30 ② 31 ④ 32 ① 33 ③

34 일정시간을 노출시킨 후에 시험용 어류의 50%가 생존할 수 있는 농도는?

① TLm
② Toxic unit
③ LC_{50}
④ LD_{50}

풀이
Toxic unit : 시료에 물벼룩을 넣어 유영저해 또는 사멸 정도를 측정하는 것으로 독성물질이 물벼룩에 주는 영향을 나타낸다.

35 다음 중 분뇨에 대한 설명으로 가장 옳지 않은 것은?

① 분과 뇨의 구성비는 약 1 : 8~10이다.
② 분의 경우 질소화합물을 전체 VS의 40~50% 정도 포함하고 있다.
③ 뇨의 경우 질소화합물을 전체 VS의 80~90% 정도 포함하고 있다.
④ 분뇨의 비중은 약 1.02이다.

풀이
분의 경우 질소화합물을 전체 VS의 12~20% 정도 포함하고 있다.

36 분뇨의 특성에 관한 설명으로 틀린 것은?

① 분의 경우 질소화합물을 전체 VS의 12~20% 정도 함유하고 있다.
② 뇨의 경우 질소화합물을 전체 VS의 40~50% 정도 함유하고 있다.
③ 질소화합물은 주로 $(NH_4)_2CO_3$, NH_4HCO_3 형태로 존재한다.
④ 질소화합물은 알칼리도를 높게 유지시켜 주므로 pH의 강하를 막아주는 완충작용을 한다.

풀이
뇨의 경우 질소화합물을 전체 VS의 80~90% 정도 함유하고 있다.

37 분뇨에 관한 설명으로 가장 거리가 먼 것은?

① 분뇨의 영양물질은 NH_4HCO_3 및 $(NH_4)_2CO_3$ 형태로 존재하며 소화조 내의 알칼리도 유지 및 pH강하를 막아주는 완충역할을 담당한다.
② 분과 뇨의 구성비는 약 1 : 8~10 정도이며 고액 분리가 어렵다.
③ 뇨의 경우 질소화합물은 전체 VS의 10~20%정도 함유하고 있다.
④ 분뇨의 비중은 1.02 정도이고, 점도는 비점도로서 1.2~2.2 정도이다.

풀이
뇨의 경우 질소화합물은 전체 VS의 80~90% 정도 함유하고 있으며, 분의 경우 질소화합물은 전체 VS의 10~20% 정도 함유하고 있다.

38 분뇨의 특징에 관한 설명으로 틀린 것은?

① 분뇨 내 질소화합물은 알칼리도를 높게 유지시켜 pH의 강하를 막아준다.
② 분과 뇨의 구성비는 약 1 : 8~1 : 10 정도이며 고액분리가 용이하다.
③ 분의 경우 질소산화물은 전체 VS의 12~20% 정도 함유되어 있다.
④ 분뇨는 다량의 유기물을 함유하며, 점성이 있는 반고상 물질이다.

풀이
분과 뇨의 구성비는 약 1 : 8~1 : 10 정도이며 고액분리가 용이하지 못하다.

39 분뇨의 일반적인 설명으로 틀린 것은?

① 하수 슬러지에 비해 염분농도와 질소농도가 높다.
② 다량의 유기물과 협잡물을 함유하나 고액분리가 용이하다.
③ 분뇨에 함유된 질소화합물이 pH 완충작용을 한다.
④ 일반적으로 수집·처분 계획을 수립 시, 1인 1일 1L를 기준으로 한다.

풀이
다량의 유기물과 협잡물을 함유하나 고액분리가 어렵다.

정답 34 ① 35 ② 36 ② 37 ③ 38 ② 39 ②

40 분뇨 특성에 관한 내용 중 틀린 것은?

① 분과 뇨의 양적 혼합비는 10 : 1이고, 고형물의 비로는 약 7 : 1 정도이다.
② 우리나라 사람은 하루 1인당 1L 정도 발생한다.
③ 분뇨의 발생가스중 주 부식성 가스는 H_2S, NH_3등이다.
④ 분뇨의 비중은 약 1.02이다.

풀이
분과 뇨의 양적 혼합비는 1 : 7~10이고, 고형물의 비로는 약 7 : 1 정도이다.

41 비점오염원의 특징으로 옳지 않은 것은?

① 빗물에 의해 광역적으로 배출된다.
② 배출량의 변화가 심하여 예측이 어렵다.
③ 갈수기에 하천수의 수질악화에 큰 영향을 미친다.
④ 인위적인 발생과 자연적인 발생의 복합작용으로 영향을 미친다.

풀이
홍수기에 하천의 수질악화에 큰 영향을 미친다.

42 「물환경보전법」상 점오염원과 비점오염원에 대한 설명으로 옳은 것은? 2024년 지방직9급

① 농지는 점오염원에 속한다.
② 도시, 도로, 산지는 점오염원에 속한다.
③ 폐수 배출시설의 관로는 비점오염원에 속한다.
④ 비점오염원은 불특정 장소에서 불특정하게 오염물질을 배출하는 오염원이다.

풀이
바르게 고쳐보면
① 농지는 비점오염원에 속한다.
② 도시, 도로, 산지는 비점오염원에 속한다.
③ 폐수 배출시설의 관로는 점오염원에 속한다.

43 콜로이드(Colloid)용액이 갖는 일반적인 특성으로 틀린 것은?

① 광선을 통과시키면 입자가 빛을 산란하여 빛의 진로를 볼 수 없게 된다.
② 콜로이드 입자가 분산매 및 다른 입자와 충돌하여 불규칙한 운동을 하게 된다.
③ 콜로이드 입자는 질량에 비해서 표면적이 크므로 용액 속에 있는 다른 입자를 흡착하는 힘이 크다.
④ 콜로이드 용액에서는 콜로이드 입자가 양이온 또는 음이온을 띠고 있다.

풀이

광선을 통과시키면 입자가 빛을 산란하여 빛의 진로를 볼 수 있게 된다.

44 소수성(疏水性) 콜로이드 입자가 전기를 띠고 있는 것을 조사할 때 적합한 것은?

① 콜로이드 입자에 강한 빛을 조사하여 Tyndall현상을 조사한다.
② 콜로이드 용액의 삼투압을 조사한다.
③ 한외현미경으로 입자의 Brown 운동을 관찰한다.
④ 전해질을 소량 넣고 응집을 조사한다.

풀이

콜로이드는 대부분 (−)전하로 대전되어 있어 전해질(염)을 소량 넣게 되면 응집이 되어 침전된다.

45 다음 중 소수성 콜로이드의 특성으로 틀린 것은 어느 것인가?

① 물속에서 에멀션으로 존재함
② 염에 아주 민감함
③ 물에 반발하는 성질이 있음
④ 소량의 염을 첨가하여도 응결 침전됨

풀이

친수성 콜로이드 : 물 속에서 에멀젼(유탁) 상태로 존재함
소수성 콜로이드 : 물 속에서 서스펜션(현탁) 상태로 존재함

정답 40 ① 41 ③ 42 ④ 43 ① 44 ④ 45 ①

46 콜로이드 응집의 기본 메커니즘이 아닌 것은?

① 전하의 중화
② 이중층의 압축
③ 입자 간의 가교 형성
④ 중력에 따른 전단력 강화

풀이
콜로이드 응집의 기본 메커니즘: 이중층 압축, 전하 중화, 침전물에 의한 포착, 입자 간 가교형성

47 소수성 콜로이드의 특성으로 틀린 것은?

① 물과 반발하는 성질을 가진다.
② 물속에 현탁상태로 존재한다.
③ 아주 작은 입자로 존재한다.
④ 염에 큰 영향을 받지 않는다.

풀이
염에 큰 영향을 받는다.

48 친수성 콜로이드에 관한 설명으로 틀린 것은?

① 유탁상태(에멀전)로 존재한다.
② 물에 쉽게 분산된다.
③ 친수성 콜로이드의 대부분은 소수성 콜로이드를 보호하는 작용을 한다.
④ 틴달(Tyndall)효과가 크다.

풀이
소수성 콜로이드: 틴달(Tyndall)효과가 크다.

49 **수은(Hg)에 관한 설명으로 틀린 것은?**

① 아연정련업, 도금공장, 도자기제조업에서 주로 발생한다.
② 대표적 만성질환으로는 미나마타병, 헌터－루셀 증후군이 있다.
③ 유기수은은 금속상태의 수은보다 생물체내에 흡수력이 강하다.
④ 상온에서 액체상태로 존재하며, 인체에 노출 시 중추신경계에 피해를 준다.

풀이
수은의 발생원 : 제련, 살충제, 온도계 및 압력계 제조 공정

50 **수은(Hg) 중독과 관련이 없는 것은?**

① 난청, 언어장애, 구심성 시야협착, 정신장애를 일으킨다.
② 이따이이따이병을 유발한다.
③ 유기수은은 무기수은보다 독성이 강하며 신경계통에 장해를 준다.
④ 무기수은은 황화물 침전법, 활성탄 흡착법, 이온교환법 등으로 처리할 수 있다.

풀이
수은 : 미나마타병
카드뮴 : 이따이이따이병

51 **수질오염물질별 인체영향(질환)이 틀리게 짝지어진 것은?**

① 비소 : 법랑 반점
② 크롬 : 비중격 연골 천공
③ 아연 : 기관지 자극 및 폐렴
④ 납 : 근육과 관절의 장애

풀이
불소 : 법랑반점
비소 : 국소 및 전신 마비, 피부염, 발암

정답 46 ④ 47 ④ 48 ④ 49 ① 50 ② 51 ①

52 **수질오염물질 중 중금속에 관한 설명으로 틀린 것은?**

① 카드뮴 : 미나마타병을 일으킨다.
② 비소 : 인산염 광물에 존재해서 인 화합물 형태로 환경 중에 유입된다.
③ 납 : 급성독성은 신장, 생식계통, 간 그리고 뇌와 중추신경계에 심각한 장애를 유발한다.
④ 수은 : 수은 중독은 BAL, Ca_2EDTA로 치료할 수 있다.

풀 이

카드뮴 : 카드뮴에 의해 유발되는 질병으로 '이따이이따이병'이 있다.

53 **아연과 성질이 유사한 금속으로 체내 칼슘균형을 깨뜨려 이따이이따이병과 같은 골연화증의 원인이 되는 것은?**

① Hg
② Cd
③ PCB
④ Cr^{6+}

54 **카드뮴에 대한 내용으로 틀린 것은?**

① 카드뮴은 흰 은색이며 아연 정련업, 도금공업 등에서 배출된다.
② 골연화증이 유발된다.
③ 만성폭로로 인한 흔한 증상은 단백뇨이다.
④ 윌슨씨병 증후군과 소인증이 유발된다.

풀 이

아연은 윌슨씨병 증후군과 소인증이 유발된다.
카드뮴은 이따이이따이병이 유발된다.

55 생물농축에 대한 설명으로 가장 거리가 먼 것은?

① 수생생물 체내의 각종 중금속 농도는 환경수중의 농도보다는 높은 경우가 많다.
② 생물체중의 농도와 환경수중의 농도비를 농축비 또는 농축계수라고 한다.
③ 수생생물의 종류에 따라서 중금속의 농축비가 다르게 되어 있는 것이 많다.
④ 농축비는 먹이사슬 과정에서 높은 단계의 소비자에 상당하는 생물일수록 낮게 된다.

풀이
농축비는 먹이사슬 과정에서 높은 단계의 소비자에 상당하는 생물일수록 높게 된다.

56 크롬에 관한 설명으로 틀린 것은?

① 만성크롬중독인 경우에는 미나마타병이 발생한다.
② 3가 크롬은 비교적 안정하나 6가 크롬화합물은 자극성이 강하고 부식성이 강하다.
③ 3가 크롬은 피부흡수가 어려우나 6가 크롬은 쉽게 피부를 통과한다.
④ 만성중독현상으로는 비점막염증이 나타난다.

풀이
수은 : 미나마타병
카드뮴 : 이따이이따이병

57 유해물질로 인하여 발생하는 대표적 질환으로 맞는 것은?

① PCB : 파킨슨씨 증후군과 유사한 증상
② 수은 : 중추신경계의 마비와 콩팥 기능의 장해
③ 아연 : 윌슨씨병
④ 구리 : 카네미유증

풀이
바르게 고쳐보면
① PCB : 카네미유증
③ 아연 : 소인증
④ 구리 : 윌슨씨병

정답 52 ① 53 ② 54 ④ 55 ④ 56 ① 57 ②

제 2 절 수질환경

1 수질환경화학

01 어떤 수용액의 pH가 1.0일 때, 수소이온농도[mol/L]는? 2021년 지방직9급

① 10 ② 1.0 ③ 0.1 ④ 0.01

풀이

$pH = -\log[H^+]$

$[H^+] = 10^{-pH} = 10^{-1}M = 0.1M$

02 순도 90% $CaCO_3$ 0.4g을 산성용액에 용해시켜 최종부피를 360mL로 조제하였다. 용해 외에 다른 반응이 일어나지 않는다고 할 때, 이 용액의 노르말 농도[N]는? (Ca, C, O의 원자량은 각각 40, 12, 16이다) 2021년 지방직9급

① 0.018 ② 0.020 ③ 0.180 ④ 0.200

풀이

$CaCO_3$의 분자량 : 100, 2가

$$N = \frac{eq}{L} = \frac{0.4g \times \frac{90}{100} \times \frac{1eq}{(100/2)g}}{360mL \times \frac{1L}{1,000mL}} = 0.020N$$

03 레몬주스의 수소 이온 농도가 6.0×10^{-3}M일 때, pH와 pOH는? (단, 온도는 25℃, log6은 0.78이다) 2023년 지방직9급

	pH	pOH
①	2.22	10.78
②	6.00	14.00
③	2.22	11.78
④	7.80	10.78

풀이

$pH = -\log[H^+] = -\log[6.0 \times 10^{-3}] = -\log6 + 3 = 2.22$

$pOH = 14 - pH = 14 - 2.22 = 11.78$

04 **다음 설명에 해당하는 물리 · 화학적 개념은?** 2022년 지방직9급

> 어떤 화학반응에서 정반응과 역반응이 같은 속도로 끊임없이 일어나지만, 이들 상호 간에 반응속도가 균형을 이루어 반응물과 생성물의 농도에는 변화가 없다.

① 헨리법칙 ② 질량보존
③ 물질수지 ④ 화학평형

05 **수용액과 평형을 유지하고 있는 공기의 압력이 0.8atm일 때 수중의 산소 농도(mg/L)는? (단, 산소의 헨리상수는 40mg/L · atm이며, 공기 중 산소는 20%로 한다)**

① 약 3.2 ② 약 6.7
③ 약 8.4 ④ 약 32

풀이

$$C(mg/L) = \frac{40mg}{L \cdot atm} \times 0.8atm \times \frac{20}{100} = 6.4mg/L$$

06 **물에서 기체의 용해도는 Henry 법칙(C = kP)을 따른다. 대기 중 산소 부피가 20%일 때, 수중 포화 용존 산소 농도[mg L^{-1}]는? (단, 25℃, 1기압이고 k는 1.3×10^{-3}mol L^{-1} atm^{-1}, C는 용존 기체 농도, P는 기체 부분 압력, O의 원자량은 16이다)** 2023년 지방직9급

① 4.16 ② 8.32
③ 13.00 ④ 33.28

풀이

C = kP

$$C = \frac{1.3 \times 10^{-3}mol}{L \cdot atm} \times 1atm \times \frac{20}{100} \times \frac{32g}{mol} \times \frac{1000mg}{g} = 8.32mg/L$$

정답 01 ③ 02 ② 03 ③ 04 ④ 05 ② 06 ②

07 다음 기체의 확산속도에 대한 설명으로 가장 옳지 않은 것은?

① 기체의 확산속도는 기체 분자량의 제곱근에 반비례한다.
② 기체의 확산속도는 기체 밀도의 제곱근에 반비례한다.
③ H_2의 확산속도는 O_2의 16배이다.
④ 기체의 확산속도는 온도가 높을수록 빠르다.

풀이

Graham의 확산 속도 법칙 $V_F \propto \sqrt{\frac{1}{M}}$

H_2 : 2g/mol, O_2 : 32g/mol 이므로 H_2의 확산속도는 O_2의 4배이다.

08 25°C에서 하천수의 pH가 9.0일 때, 이 시료에서 $[HCO_3^-]/[H_2CO_3]$의 값은? (단, $H_2CO_3 \rightleftharpoons H^+ + HCO_3^-$이고, 해리상수 $K = 10^{-6.7}$이다)

2020년 지방직9급

① $10^{1.7}$ ② $10^{-1.7}$ ③ $10^{2.3}$ ④ $10^{-2.3}$

풀이

$H_2CO_3 \rightleftharpoons H^+ + HCO_3^-$

$$K = \frac{[H^+][HCO_3^-]}{[H_2CO_3]} = 10^{-6.7}$$

① 수소이온농도 산정
pH = 9 이므로 $[H^+] = 10^{-9}M$

② $[HCO_3^-]/[H_2CO_3]$

$$10^{-6.7} = \frac{[10^{-9}][HCO_3^-]}{[H_2CO_3]}$$

$[HCO_3^-]/[H_2CO_3] = 10^{2.3}$

09 다음은 어느 법칙과 관련이 있는가?

1기압에서 A라는 어떤 기체 1몰이 물 100g에 녹는다면 2기압인 경우 2몰이 같은 양의 물에 녹게 될 것이다.

① Dalton의 분압법칙
② Graham의 법칙
③ Boyle의 법칙
④ Henry의 법칙

풀 이

① Dalton의 분압법칙 : 전체 기체의 압력은 각 기체의 부분압의 합과 같다.
② Graham의 법칙 : 기체의 확산 속도는 분자량의 제곱근에 반비례한다
③ Boyle의 법칙 : 일정 온도에서 기체의 부피는 압력에 반비례한다.
④ Henry의 법칙 : 온도가 일정할 때 기체의 용해도는 용액 위에 있는 기체의 압력에 비례한다.

10 **27℃, 2기압의 압력에 있는 메탄가스 40kg을 저장하는 데 필요한 탱크의 부피(m^3)는? (단, 이상기체의 법칙, R = 0.08L · atm/mol · K 적용)**

① 20 ② 25 ③ 30 ④ 35

풀 이

이상기체상태방정식 이용

$PV = nRT$

P : 압력(atm) → 2atm

V : 부피(L)

n : 몰(mol) → $40{,}000g \times \frac{mol}{16g} = 2{,}500mol$

R : 기체상수 → 0.08L · atm/mol · K

T : 절대온도 → 27 + 273K

$2atm \times X(L) = 40{,}000g \times \frac{mol}{16g} \times \frac{0.08Latm}{mol\,K} \times (27+273)K$

X : 30,000L = $30m^3$

11 **25℃, pH 7, 염소이온 농도가 71ppm인 수용액 내의 자유염소와 차아염소산의 비율은? (단, 차아염소산은 해리되지 않으며, $Cl_2 + H_2O \rightleftarrows HOCl + H^+ + Cl^-$, K = 4.5×10^{-4}이다.)**

① 2.3×10^5 ② 4.6×10^5 ③ 4.6×10^6 ④ 2.3×10^6

풀 이

평형상수(K)$= \frac{[HOCl][H^+][Cl^-]}{[Cl_2]}$

$[Cl^-] = \frac{71mg}{L} \times \frac{1mol}{35.5 \times 10^3 mg} = 2 \times 10^{-3}(mol/L)$

$[H^+] = 10^{-pH} = 10^{-7}M$

$4.5 \times 10^{-4} = \frac{[HOCl][10^{-7}][2 \times 10^{-3}]}{[Cl_2]}$

$\frac{[HOCl]}{[Cl_2]} = 2.3 \times 10^6$

정답 07 ③ 08 ③ 09 ④ 10 ③ 11 ④

12 25℃, AgCl의 물에 대한 용해도가 1.0×10^{-5}M이라면 AgCl에 대한 K_{sp}(용해도적)는?

① 1.0×10^{-4}
② 2.0×10^{-7}
③ 2.0×10^{-9}
④ 1.0×10^{-10}

풀이

$AgCl \rightleftarrows Ag^{+} + Cl^{-}$

용해도적(K_{sp}) = $[Ag^{+}][Cl^{-}]$

$(1 \times 10^{-5}) \times (1 \times 10^{-5}) = 1 \times 10^{-10}$

13 25℃에서 시료의 pH가 8.0이다. 이 시료에서 $[HCO_3^{-}]/[H_2CO_3]$의 값은? (단, $H_2CO_3 \rightleftarrows H^{+} + HCO_3^{-}$이고, 해리상수 $K = 10^{-6}$이다)

① 10^{1}
② 10^{-1}
③ 10^{2}
④ 10^{-2}

풀이

$H_2CO_3 \rightleftarrows H^{+} + HCO_3^{-}$

$K = [H^{+}][HCO_3^{-}]/[H_2CO_3] = 10^{-6}$

pH = 8 라면 $[H^{+}] = 10^{-8}$ mol/L

$$\frac{[10^{-8}][HCO_3^{-}]}{[H_2CO_3]} = 10^{-6}$$

$$\frac{[HCO_3^{-}]}{[H_2CO_3]} = \frac{10^{-6}}{10^{-8}} = 10^{2}$$

14 0차 반응에서 반응속도 상수 $k = 10[mg/L][d^{-1}]$ 이다. 반응물의 80% 반응하는데 걸리는 시간 [day]은? (단, 반응물의 초기 농도는 100mg/L이다)

① 6.0
② 7.0
③ 8.0
④ 9.0

풀이

0차 반응 속도식을 이용한다.

$C_t - C_0 = -Kt$

$20 - 100 = -10 \times t$

t = 8day

15

수중의 암모니아가 0차 반응을 할 때 반응속도 상수 $k = 10[mg/L][d^{-1}]$이다. 암모니아가 90% 반응하는데 걸리는 시간[day]은? (단, 암모니아의 초기 농도는 100mg/L이다) 2021년 지방직9급

① 0.9
② 4.4
③ 9.0
④ 18.2

풀 이

$C_t - C_0 = -kt$ 또는 $C_0 - C_t = kt$

$10mg/L - 100mg/L = -10[mg/L][day^{-1}] \times t[day]$

$t = 9.0day$

16

다음은 오염 물질의 시간에 따른 농도 변화를 나타낸 표와 그래프이다. 이에 대한 설명으로 옳지 않은 것은? (단, k는 속도 상수, t는 시간, C_0는 초기 농도이다) 2023년 지방직9급

t[min]	C[mgL^{-1}]
0	14.0
20	8.0
60	4.0
100	2.5
120	2.0

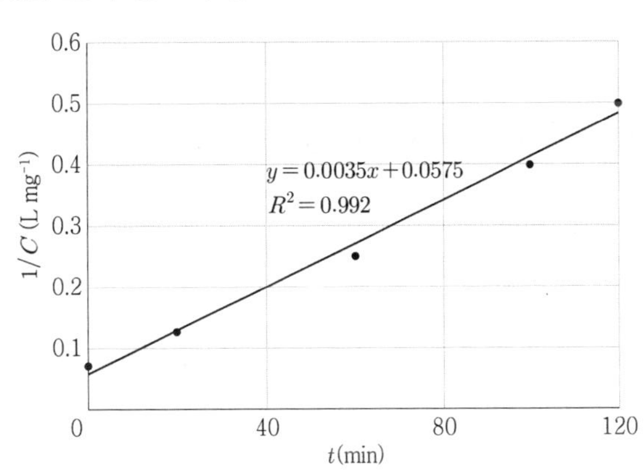

① 반응 속도를 구하기 위한 일반식은 $\frac{dC}{dt} = -kC$이다.

② 반응을 나타내는 결과식은 $C = \frac{C_0}{1 + kC_0 t}$이다.

③ 2차 분해 반응이다.

④ 속도 상수는 $0.0035Lmg^{-1}min^{-1}$이다.

풀 이

2차 분해 반응

반응속도가 반응물의 농도제곱에 비례하여 진행하는 반응이다.
x축은 시간, y축은 농도의 역수(1/C)로 표현하면 직선이 된다.
반응속도를 구하기 위한 일반식은 $\frac{dC}{dt} = -kC^2$ 이다.

정답 12 ④ 13 ③ 14 ③ 15 ③ 16 ①

17 1차반응의 반감기를 유도한 식으로 옳은 것은?

① $e^{\frac{k}{2}}$　② $\frac{e^k}{2}$

③ $\frac{\ln k}{2}$　④ $\frac{\ln 2}{k}$

풀 이

$\ln\frac{L}{L_0} = -Kt$

$\ln\frac{0.5L_0}{L_0} = -Kt$

$\ln\frac{1}{2} = -Kt$

$t = -\frac{\ln 0.5}{k} = \frac{\ln 2}{k}$

18 다음의 기체 법칙 중 옳은 것은?

① Boyle의 법칙 : 일정한 압력에서 기체의 부피는 절대온도에 정비례한다.

② Henry의 법칙 : 기체와 관련된 화학반응에서는 반응하는 기체와 생성되는 기체의 부피 사이에 정수관계가 있다.

③ Graham의 법칙 : 기체의 확산속도(조그마한 구멍을 통한 기체의 탈출)는 기체 분자량의 제곱근의 반비례한다.

④ Gay－Lussac의 결합 부피 법칙 : 혼합 기체 내의 각 기체의 부분압력은 혼합물 속의 기체의 양에 비례한다.

풀 이

바르게 고쳐보면

① 샤를의 법칙: 일정한 압력에서 기체의 부피는 절대온도에 정비례한다.

② Gay－Lussac의 결합 부피 법칙: 기체와 관련된 화학반응에서는 반응하는 기체와 생성되는 기체의 부피 사이에 정수관계가 있다.

④ 돌턴의 부분압 법칙: 혼합 기체 내의 각 기체의 부분압력은 혼합물 속의 기체의 양에 비례한다.

19 $BaCO_3$의 용해도적 $K_{sp} = 8.1 \times 10^{-9}$일 때 순수한 물에서 $BaCO_3$의 몰용해도(mol/L)는?

① 0.7×10^{-4}　② 0.7×10^{-5}

③ 0.9×10^{-4}　④ 0.9×10^{-5}

풀이

ⓐ 반응식의 산정

$BaCO_3 \rightarrow Ba^{2+} + CO_3^{\ 2-}$

ⓑ 몰용해도와 용해도적과의 관계 설정

L_m(몰용해도) $= \sqrt{K_{sp}}$

ⓒ 몰용해도 산정

$L_m(\mathrm{mol/L}) = \sqrt{8.1 \times 10^{-9}} = 0.9 \times 10^{-4}\mathrm{mol/L}$

20 수은주 높이 150mm는 수주로 몇 mm인가?

① 약 2040 ② 약 2530 ③ 약 3240 ④ 약 3530

풀이

1atm = 10332mmH_2O = 760mmHg

$150mmHg \times \frac{10332mmH_2O}{760mmHg}$ = 2039.2105mmH_2O

21 2,000mg/L $Ca(OH)_2$ 용액의 pH는? (단, Ca $(OH)_2$는 완전 해리, Ca 원자량 = 40, log(0.05) = −1.26)

① 12.13 ② 12.43 ③ 12.73 ④ 12.93

풀이

$Ca(OH)_2$의 해리반응으로부터 OH^-의 몰농도를 산정

ⓐ $Ca(OH)_2$의 해리반응

$Ca(OH)_2 \rightarrow Ca^{2+} + 2OH^-$

$Ca(OH)_2 : OH^- = 1M : 2M$

ⓑ OH^-의 몰농도를 산정

$\frac{2000mg}{L} \times \frac{1g}{10^3mg} \times \frac{mol}{74g} \times \frac{2}{1}$ = 0.0540mol/L

ⓒ pH 산정

$pH = 14 - pOH$

$\mathrm{pH} = 14 - \log\frac{1}{[OH^-]}$

$\mathrm{pH} = 14 - \log\frac{1}{[0.0540]} = 12.73$

정답 17 ④ 18 ③ 19 ③ 20 ① 21 ③

22 pH7인 물에서 CO_2의 해리상수는 4.3×10^{-7}이고 $[HCO_3^-] = 4.3 \times 10^{-2}$mole/L일 때 CO_2의 농도는?

① 1mg/L
② 10mg/L
③ 44mg/L
④ 440mg/L

풀이

반응식으로부터 해리상수와 CO_2의 농도 관계식 이용

ⓐ 반응식 산정

$$CO_2 + H_2O \rightleftarrows HCO_3^- + H^+$$

ⓑ CO_2의 농도 산정(mol/L)

$$K = \frac{[HCO_3^-][H^+]}{[CO_2]}$$

$$4.3 \times 10^{-7} = \frac{[4.3 \times 10^{-2} mole/L] \times [10^{-7} mole/L]}{[CO_2]}$$

$[CO_2] = 0.01$mol/L

ⓒ CO_2의 농도 산정(mg/L)

$$\frac{0.01mol}{L} \times \frac{44g}{1mol} \times \frac{1000mg}{1g} = 440\text{mg/L}$$

23 20℃의 하천수에 있어서 바람 등에 의한 DO 공급량이 $0.024mgO_2$/L · day이고, 이 강이 항상 DO 농도가 7mg/L이상 유지되어야 한다면 이 강의 산소전달계수(hr^{-1})는?(단, α와 β는 무시, 20℃ 포화 DO = 9.0mg/L)

① 1.0×10^{-3}
② 5.0×10^{-3}
③ 1.0×10^{-4}
④ 5.0×10^{-4}

풀이

산소전달계수(K_{LA})와 DO 공급량과의 관계식 이용

$$\gamma = \alpha K_{LA} \times (\beta C_s - C)$$

$$\frac{0.024mgO_2}{L \cdot day \times \frac{24hr}{day}} = K_{LA} \times (9mg/L - 7mg/L)$$

$K_{LA} = 5.0 \times 10^{-4} hr^{-1}$

24 완충용액에 대한 설명으로 틀린 것은?

① 완충용액의 작용은 화학평형원리로 쉽게 설명된다.
② 완충용액은 한도 내에서 산을 가했을 때 pH에 약간의 변화만 준다.
③ 완충용액은 보통 약산과 그 약산의 짝염기의 염을 함유한 용액이다.
④ 완충용액은 보통 강염기와 그 염기의 강산의 염이 함유된 용액이다.

풀이

완충용액 : 약산과 그 약산의 강염기의 염을 함유하는 수용액 또는 약염기와 그 약염기의 강산의 염이 함유된 수용액

25 산화와 환원반응에 대한 설명으로 틀린 것은?

① 전자를 준 쪽은 산화된 것이고 전자를 얻는 쪽은 환원이 된 것이다.
② 산화수가 증가하면 산화, 감소하면 환원반응이라 한다.
③ 산화제는 전자를 주는 물질이며 전자를 주는 힘이 클수록 더 강한 산화제이다.
④ 상대방을 산화시키고 자신을 환원시키는 물질을 산화제라 한다.

풀이

산화제는 전자를 받는 물질이며 전자를 잘 받아들일수록 더 강한 산화제이다.

26 산화－환원에 대한 설명으로 알맞지 않은 것은?

① 산화는 전자를 받아들이는 현상을 말하며, 환원은 전자를 잃는 현상을 말한다.
② 이온 원자가나 공유원자가에 (+)나 (−)부호를 붙인 것을 산화수라 한다.
③ 산화는 산화수의 증가를 말하며, 환원은 산화수의 감소를 말한다.
④ 산화는 수소화합물에서 수소를 잃는 현상이며 환원은 수소와 화합하는 현상을 말한다.

풀이

산화는 전자를 잃는 현상을 말하며, 환원은 전자를 받아들이는 현상을 말한다.

정답 22 ④ 23 ④ 24 ④ 25 ③ 26 ①

27 일차 반응에서 반응물질의 반감기가 5일 이라고 한다면 물질의 90%가 소모되는데 소요되는 시간(일)은?(ln(0.5) = −0.7, ln(0.1) = −2.3 이다.)

① 14.4
② 16.4
③ 18.4
④ 20.4

풀이

방사성 물질의 반감기는 일차반응을 따른다.

$\ln\frac{C_t}{C_o} = -K \times t$

ⓐ K 값 산정

$\ln\frac{50}{100} = -K \times 5\text{day}$

−0.7 = −5K

K = 0.14/day

ⓑ 시간 산정

$\ln\frac{10}{100} = \frac{-0.14}{day} \times t$

−2.3 = −0.14 × t

t = 16.4285day

28 $PbSO_4$가 25℃ 수용액 내에서 용해도가 0.0606g/L이라면 용해도적은?(단, Pb 원자량 = 207)

① 2.0×10^{-9}
② 4.0×10^{-9}
③ 2.0×10^{-8}
④ 4.0×10^{-8}

풀이

ⓐ 반응식의 산정

$Pb(SO)_4 \rightarrow Pb^{2+} + SO_4^{\ 2-}$

ⓑ 몰용해도와 용해도적과의 관계 설정

L_m(몰용해도) = $\sqrt{K_{sp}}$

ⓒ 몰용해도 산정

$L_m(\text{mol/L}) = \frac{0.0606\text{g}}{\text{L}} \times \frac{\text{mol}}{303\text{g}} = 2.0 \times 10^{-4}\text{mol/L}$

ⓓ 용해도적 산정

$2.0 \times 10^{-4} mol/L = \sqrt{K_{sp}}$

$K_{sp} = 4.0 \times 10^{-8}$

29 방사성 물질인 A의 반감기가 23년이라면 주어진 양의 A가 99% 감소하는데 걸리는 시간(년)은?(ln(0.5) = −0.69, ln(0.01) = −4.6)

① 143 ② 153
③ 163 ④ 173

풀이

방사성 물질의 반감기는 일차반응을 따른다.

$$\ln\frac{C_t}{C_o} = -K \cdot t$$

ⓐ K의 산정

$$\ln\frac{50}{100} = -K \cdot 23$$

−0.69 = −K × 23

K = 0.03 yr^{-1}

ⓑ 99% 감소하는 데 걸리는 시간

$$\ln\frac{1}{100} = -0.03 \times t$$

−4.6 = −0.03 × t

t = 153.33yr

2 반응조의 종류와 특성

30 특정의 반응물을 포함한 유체가 CFSTR을 통과할 때 반응물의 농도가 100mg/L에서 10mg/L로 감소하였고, 반응기 내의 반응이 일차반응이며 유체의 유량이 1,000m^3/day이라면, 반응기의 체적(m^3)은? (단, 반응속도상수는 0.5day^{-1})

① 17000 ② 18000
③ 19000 ④ 20000

풀이

$$Q(C_o - C_t) = K \cdot \forall \cdot C_t^m$$

$$\forall(m^3) = \frac{Q(C_o - C_t)}{K \cdot C_t} = \frac{1{,}000m^3}{day} \times \frac{(100-10)mg}{L} \times \frac{day}{0.5} \times \frac{L}{10mg} = 18{,}000m^3$$

정답 27 ② 28 ④ 29 ② 30 ②

31 2,000m^{3}인 탱크에 염소이온 농도가 250mg/L 이다. 탱크 내의 물은 완전혼합이며, 계속적으로 염소이온이 없는 물이 20m^3/hr로 유입될 때 염소이온 농도가 2.5mg/L로 낮아질 때까지의 소요시간(hr)은?(ln0.01 = −4.6052)

① 230.26　　② 460.52
③ 46.052　　④ 23.026

풀이

$\ln\frac{C_t}{C_o} = -Kt$

$\ln\frac{C_t}{C_o} = -\frac{Q}{\forall}t$

$\ln\frac{2.5mg/L}{250mg/L} = -\frac{20m^3/hr}{2,000m^3} \times t$

t = 460.52hr

32 일반적으로 처리조 설계에 있어서 수리모형으로 plug flow형일 때 얻어지는 값은?

① 분산수 : 0
② 통계학적 분산 : 1
③ Morrill 지수 : 1보다 크다.
④ 지체시간 : 0

풀이

혼합 정도 표시	완전혼합흐름상태	플러그흐름상태
분산	1일 때	0일 때
분산수	무한대일 때	0일 때
모릴지수	클수록	1에 가까울수록

33 CFSTR 반응조를 일차반응조건으로 설계하고, A의 제거 또는 전환율이 90%가 되게 하고자 한다. 반응상수 k가 0.3/hr 일 때 CFSTR 반응조의 체류시간(hr)은?

① 25 ② 30 ③ 35 ④ 40

풀 이

완전혼합연속반응조이며 일차반응이므로 아래의 관계식에 따른다.

$Q(C_0 - C_t) = K\forall C_t^m$

$$t = \frac{C_0 - C_t}{KC_t^m} = \frac{(100-10)mg/L}{0.3/hr \times 10mg/L} = 30hr$$

34 이상적인 완전혼합 흐름상태를 나타내는 반응조 혼합정도의 표시로 틀린 것은?

① 분산이 1일 때
② 지체시간이 0일 때
③ Morrill 지수가 1에 가까울수록
④ 분산수가 무한대일 때

풀 이

Morrill 지수가 클수록 이상적인 혼합을 나타낸다.

혼합 정도 표시	완전혼합흐름상태	플러그흐름상태
분산	1일 때	0일 때
분산수	무한대일 때	0일 때
모릴지수	클수록	1에 가까울수록

35 연속류 교반 반응조(CFSTR)에 관한 내용으로 틀린 것은?

① 충격부하에 강하다.
② 부하변동에 강하다.
③ 유입된 액체의 일부분은 즉시 유출된다.
④ 동일 용량 PFR에 비해 제거효율이 좋다.

풀 이

동일 용량 PFR에 비해 제거효율이 좋지 않다.

정답 31 ② 32 ① 33 ② 34 ③ 35 ④

36 유기물을 함유한 유체가 완전혼합연속반응조를 통과할 때 유기물의 농도가 200mg/L에서 20mg/L로 감소한다. 반응조 내의 반응이 일차반응이고, 반응조체적이 $20m^3$이며 반응속도상수가 0.2day^{-1}이라면 유체의 유량(m^3/day)은?

① 0.11 ② 0.22
③ 0.33 ④ 0.44

풀 이

완전혼합연속반응조이며 일차반응이므로 아래의 관계식에 따른다.

$Q(C_0 - C_t) = K\forall C_t^m$

Q : 유량

C_0 : 초기농도 → 200mg/L

C_t : 나중농도 → 20mg/L

K : 반응속도상수 → $0.2day^{-1}$

∀ : 반응조 체적 → $20m^3$

C_t : 나중농도 → 20mg/L

m : 반응차수 → 1

$Q(200-20)mg/L = 0.2day^{-1} \times 20m^3 \times 20mg/L$

Q = $0.44m^3/day$

37 완전혼합 흐름 상태에 관한 설명 중 옳은 것은?

① 분산이 1일 때 이상적 완전혼합 상태이다.
② 분산수가 0일 때 이상적 완전혼합 상태이다.
③ Morrill 지수의 값이 1에 가까울수록 이상적 완전혼합 상태이다.
④ 지체시간이 이론적 체류시간과 동일할 때 이상적 완전혼합 상태이다.

풀 이

바르게 고쳐보면

② 분산수가 무한대에 가까울수록 이상적 완전혼합 상태이다.
③ Morrill 지수의 값이 클수록 이상적 완전혼합 상태이다.
④ 지체시간이 이론적 체류시간과 동일할 때 플러그 흐름 상태이다.

혼합 정도의 표시	완전혼합흐름상태	플러그흐름상태
분산	1일 때	0일 때
분산수	무한대일 때	0일 때
모릴지수	클수록	1에 가까울수록

38 유출, 유입량이 5000m³/day, 저수량이 500000m³인 호수에 A공장의 폐수가 일시적으로 방류되어 호수의 BOD 농도가 100mg/L로 되었다. 이 호수의 BOD 농도가 1.0mg/L로 저하되려면 얼마의 기간이 필요한가?(단, 일시적으로 유입된 공장폐수 외의 BOD 유입은 없으며 호수는 완전 혼합 반응조, 1차 반응으로 가정한다.)(ln0.1 = −2.3)

① 230일
② 330일
③ 460일
④ 560일

풀이

완전혼합반응식: 단순희석식 적용

$$\ln\frac{C_t}{C_o} = -K \times t = -\frac{Q}{\forall} \times t$$

ⓐ K의 산정

$$K = \frac{Q}{\forall} = \frac{5000\text{m}^3/\text{day}}{500000\text{m}^3} = 0.01\text{day}^{-1}$$

ⓑ 단순희석: 1차반응식 이용

$$\ln\frac{C_t}{C_o} = -K \cdot t$$

$$\ln\frac{1.0\text{mg/L}}{100\text{mg/L}} = -0.01 \times \text{t}$$

ln(0.01) = 2ln(0.1)이므로

2 × (−2.3) = −0.01 × t

t = 460day

정답 36 ④ 37 ① 38 ③

39 완전혼합반응기에서의 반응식은?(단, 1차 반응이며 정상상태이고, r_A : A물질의 반응속도, C_A : A물질의 유입수 농도, C_{A0} : A물질의 유출수 농도, θ : 반응시간 또는 체류시간이다)

2019년 지방직9급

① $r_A = \dfrac{C_{A0} - C_A}{\theta}$

② $r_A = \dfrac{C_{A0} - C_A}{C_A}$

③ $r_A = \dfrac{C_A - \theta}{C_A}$

④ $r_A = \dfrac{C_A - C_{A0}}{\theta}$

풀이

CFSTR의 물질수지에서 정상상태이고 1차반응을 고려하면

$$\left(\frac{dC}{dt}\right)\forall = C_A \cdot Q - C_{AO} \cdot Q$$

$$\left(\frac{dC}{dt}\right) = \frac{C_A \cdot Q - C_{AO} \cdot Q}{\forall}$$

$$\left(\frac{dC}{dt}\right) = \frac{C_A - C_{AO}}{\theta} = \gamma_A$$

반응속도 = (유입농도 − 유출농도)/시간

3 수질오염의 지표

40 폐수 내 고형물(solids)에 대한 명명으로 옳은 것은?

2023년 지방직9급

① TDS : 총 부유 고형물

② FSS : 강열잔류 용존 고형물

③ FDS : 강열잔류 부유 고형물

④ VSS : 휘발성 부유 고형물

풀이

바르게 고쳐보면

① TDS : 총 용존 고형물

② FSS : 강열잔류 부유 고형물

③ FDS : 강열잔류 용존 고형물

41 시료의 BOD_5가 180mg/L이고 탈산소계수값이 0.2/day(밑수는 10)일 때 최종 BOD는?

① 140mg/L ② 160mg/L
③ 180mg/L ④ 200mg/L

풀이

✓ 소모 BOD공식 적용

$BOD_5 = BOD_u \times (1-10^{-kt})$

$180 = BOD_u \times (1-10^{-0.2\times5})$

$BOD_u = 200mg/L$

42 에탄올(C_2H_5OH)의 농도가 230mg/L인 폐수의 이론적인 화학적 산소요구량은?

① 360mg/L ② 480mg/L
③ 560mg/L ④ 780mg/L

풀이

$C_2H_5OH + 3O_2 \rightarrow 2CO_2 + 3H_2O$

C_2H_5OH 1mol(46g)은 O_2 3mol($32 \times 3 = 96g$)을 필요로 한다.

46g : 96g = 230mg/L : □

□ = 480mg/L

43 BOD_5가 270mg/L이고, COD가 450mg/L인 경우, 탈산소계수(K_1)의 값이 0.2/day일 때, 생물학적으로 분해 불가능한 COD(mg/L)는?(단, BDCOD = BOD_u, 상용대수 기준)

① 150 ② 200 ③ 250 ④ 300

풀이

COD = BDCOD + NBDCOD

BDCOD : 생물학적 분해 가능 = 최종BOD

NBDCOD : 생물학적으로 분해 불가능

① BDCOD 산정

$BOD_5 = BODu \times (1-10^{-kt})$

$270 = BODu \times (1-10^{-0.2\times5})$

최종BOD = 300mg/L

② NBDCOD 산정

NBDCOD = COD − BDCOD = 450 − 300 = 150mg/L

정답 39 ④ 40 ④ 41 ④ 42 ② 43 ①

44 콜로이드(colloids)에 대한 설명으로 가장 옳지 않은 것은? 2019년 지방직9급

① 표면에 전하를 띠고 있다.
② 브라운 운동을 한다.
③ 입자 크기는 1nm~1μm이다.
④ 모래여과로 완전히 제거된다.

풀이
콜로이드는 모래여과로 완전 제거되지 않고 응집제로 제거할 수 있다.

45 콜로이드(Colloid)에 대한 설명으로 가장 옳지 않은 것은?

① 콜로이드 입자들이 전기장에 놓이게 되면 입자들은 그 전하의 반대쪽 극으로 이동한다.
② 콜로이드 입자는 매우 작아서 질량에 비해 표면적이 크다.
③ 제타전위가 클수록 응집이 쉽게 일어난다.
④ 소수성 콜로이드 입자는 물속에서 suspension 상태로 존재한다.

풀이
제타전위가 클수록 응집이 일어나기 어려우며 0에 도달할 때 응집이 가장 잘 일어난다.

46 경도(hardness)는 무엇으로 환산하는가?

① 탄산칼슘
② 탄산나트륨
③ 탄화수소나트륨
④ 수산화나트륨

47 물의 경도(hardness)에 대한 설명으로 옳지 않은 것은? 2024년 지방직9급

① 경도가 큰 물은 물때(scale)를 생성하여 온수 파이프를 막을 수 있다.
② 경도가 50 mg/L as $CaCO_3$ 이하인 물을 경수라 한다.
③ Ca^{2+}와 Mg^{2+} 등의 농도 합으로 구한다.
④ 알칼리도가 총경도보다 작을 때 탄산경도는 알칼리도와 같다.

풀이

경도가 75 mg/L as $CaCO_3$ 이하인 물을 연수라 한다.
연수 : 0~75 mg/L as $CaCO_3$
약한경수 : 75~150 mg/L as $CaCO_3$
강한경수 : 150~300 mg/L as $CaCO_3$
아주 강한경수 : 300 mg/L as $CaCO_3$ 이상

48 수질분석결과가 다음과 같다. 이 시료의 총경도(as $CaCO_3$)의 값은? (단, Ca = 40, Mg = 24, Na = 23, S = 32)

Ca^{2+} = 42mg/L, Mg^{2+} = 24mg/L, Na^{+} = 40mg/L, SO_4^{2-} = 57mg/L

① 200 ② 205
③ 210 ④ 215

풀이

$$경도 = \sum\left(경도유발물질농도 \times \frac{CaCO_3 당량}{경도유발물질 당량}\right)$$

$$= 42(mg/L) \times \frac{50}{40/2} + 24(mg/L) \times \frac{50}{24/2} = 205 mg/L \text{ as } CaCO_3$$

49 pH 10인 물에 CO_2 100mg/L와 HCO_3^- 61mg/L 이 존재할 때 알칼리도(mg/L as $CaCO_3$)는?

① 50 ② 55
③ 70 ④ 75

풀이

알칼리도 유발물질 : OH^-, HCO_3^-, CO_3^{2-}

$$Alk = \sum Alk 유발물질 \times \frac{50}{Eq}$$

$$OH^-(mg/L) = \frac{10^{-4} mol}{L} \times \frac{17g}{1mol} \times \frac{10^3 mg}{1g} = 1.7 mg/L$$

HCO_3^-(mg/L) = 61mg/L

$$Alk = \sum Alk 유발물질 \times \frac{50}{Eq}$$

$$HCO_3^- = 61 mg/L \times \frac{50}{61/1} = 50 mg/L$$

총 Alk = 1.7 + 50 = 55mg/L as $CaCO_3$

정답 44 ④ 45 ③ 46 ① 47 ② 48 ② 49 ②

50 알칼리도가 200mg/L as $CaCO_3$이고 총 경도가 300mg/L as $CaCO_3$인 경우, 주된 알칼리도 물질과 비탄산 경도[mg/L $CaCO_3$]는? (단, pH는 7.5이다.)

	알칼리도물질	비탄산경도(mg/L as $CaCO_3$)
①	CO_3^{2-}	100
②	CO_3^{2-}	200
③	HCO_3^-	100
④	HCO_3^-	200

풀 이

총경도 > 알칼리도 → 탄산경도 = 알칼리도
탄산경도는 200mg/L이고 비탄산경도는 100mg/L이다.
pH 6~9에서는 HCO_3^-가 주로 존재한다.

51 석회수용액($Ca(OH)_2$) 100mL를 중화시키는데 0.03N HCl 32mL이 소요되었다면 이 석회수용액의 경도(mg/L as $CaCO_3$)는?

① 60
② 120
③ 240
④ 480

풀 이

$$경도 = \frac{a \times N \times 50}{V} \times 1000 = \frac{32mL \times 0.03N \times 50}{100mL} \times 1000 = 480mg/L as\ CaCO_3$$

52 시료의 BOD_5가 200mg/L이고 탈산소계수값이 0.2/day(밑수는 10)일 때 최종 BOD는?

① 192mg/L
② 202mg/L
③ 212mg/L
④ 222mg/L

풀 이

소모 BOD공식 적용

$BOD_5 = BOD_u \times (1 - 10^{-Kt})$

$200 = BOD_u \times (1 - 10^{-0.2 \times 5})$

BODu = 222.22mg/L

53 고농도의 유기물질(BOD)이 오염이 적은 수계에 배출될 때 나타나는 현상으로 가장 거리가 먼 것은?

① pH의 감소　② DO의 감소
③ 박테리아의 증가　④ 조류의 증가

풀이

N, P의 증가는 조류의 증가를 초래한다. 유기물질의 분해가 있은 후 무기물에 의해 조류는 증식한다.

54 트리할로메탄(THM)에 관한 설명으로 틀린 것은?

① 일정 기준 이상의 염소를 주입하면 THM의 농도는 급감한다.
② pH가 증가할수록 THM의 생성량은 증가한다.
③ 온도가 증가할수록 THM의 생성량은 증가한다.
④ 수돗물에 생성된 트리할로메탄류는 대부분 클로로포름으로 존재한다.

풀이

전구물질(염소)의 농도, 양 ↑
수온 ↑　→ THM ↑
pH ↑

55 유량 400000m³/day의 하천에 인구 20만명의 도시로부터 30000m³/day의 하수가 유입되고 있다. 하수 유입 전 하천의 BOD는 0.5mg/L이고 유입 후 하천의 BOD를 2mg/L로 하기 위해서 하수처리장을 건설하려고 한다면 이 처리장의 BOD 제거효율(%)은?(단, 인구 1인당 BOD 배출량 20g/day)

① 약 84　② 약 87　③ 약 90　④ 약 93

풀이

ⓐ 도시 → 하수처리장으로 유입되는 BOD 농도 산정

$$C_i = \frac{20g}{\text{인}\cdot\text{일}} \times 200{,}000\text{인} \times \frac{day}{30{,}000m^3} \times \frac{10^3 mg}{1g} \times \frac{1m^3}{10^3 L} = 133.33\text{mg/L}$$

ⓑ 하천의 BOD를 2mg/L으로 하기 위한 유입가능 허용 BOD 농도 산정

$$2\text{mg/L} = \frac{(400{,}000 \times 0.5) + (30{,}000 \times C_o)}{400{,}000 + 30{,}000}$$

$$C_o = 22\text{mg/L}$$

ⓒ 하수처리장 효율 산정

$$\therefore \eta = \left(1 - \frac{C_i}{C_o}\right) \times 100 = \left(1 - \frac{22}{133.33}\right) \times 100 = 83.5\%$$

정답　50 ③　51 ④　52 ④　53 ④　54 ①　55 ①

56 경도가 $CaCO_3$로서 500mg/L이고 Ca^{2+} 100mg/L, Na^{+} 46mg/L, Cl^{-} 1.3mg/L인 물에서의 Mg^{2+}의 농도(mg/L)는? (단, 원자량은 Ca 40, Mg 24, Na 23, Cl 35.5)

① 30
② 60
③ 120
④ 240

풀 이

ⓐ 경도 유발물질
Ca^{2+}, Mg^{2+}, Mn^{2+}, Fe^{2+}, Sr^{2+} 등 대부분 2가 양이온 중금속류
위에서 경도 유발물질은 Ca^{2+}, Mg^{2+}

ⓑ 경도의 산정
$$총경도 = \sum\left(경도유발물질(mg/L) \times \frac{50}{경도유발물질의\,eq}\right)$$

ⓒ Mg^{2+}의 농도 산정
$$500mg/L = 100\text{mg/L} \times \frac{50}{40/2} + \square\text{mg/L} \times \frac{50}{24/2}$$

□ = 60mg/L

57 BOD_5가 270mg/L이고, COD가 450mg/L인 경우, 탈산소계수(K_1)의 값이 0.2/day일 때, 생물학적으로 분해 불가능한 COD(mg/L)는? (단, BDCOD = BOD_u, 상용대수 기준)

① 150
② 100
③ 75
④ 65

풀 이

COD = BDCOD + NBDCOD
BDCOD : 생물학적 분해 가능 = 최종BOD
NBDCOD : 생물학적으로 분해 불가능

ⓐ BDCOD 산정
$$BOD_5 = BOD_u \times (1 - 10^{-K_1 \times 5})$$
$$270 = BOD_u \times (1 - 10^{-0.2 \times 5})$$
최종BOD = 300mg/L

ⓑ NBDCOD 산정
NBDCOD = COD − BDCOD = 450 − 300 = 150mg/L

58 NBDCOD가 0일 경우 탄소(C)의 최종 BOD와 TOC 간의 비(BOD_u/TOC)는?

① 0.37 ② 1.32 ③ 1.83 ④ 2.67

풀이

✓ 최종 BOD/TOC의 비

$$\frac{최종 BOD}{TOC} = \frac{32}{12} = 2.67$$

59 수질오염물질 지표인 COD와 TOC에 대한 내용으로 옳지 않은 것은? 2024년 지방직9급

① TOC는 유기물질 내의 탄소량을 CO_2로 전환하여 측정한다.
② COD값이 작을수록 오염물질이 많아 수질이 나쁨을 의미한다.
③ COD는 수중 유기물을 강한 산화제로 산화시킨 후 측정된 산소요구량이다.
④ TOC가 물환경보전법령상의 배출허용기준 항목으로 적용되고 있다.

풀이

COD 값이 작을수록 오염물질이 적어 수질이 좋음을 의미한다.

60 정화조로 유입된 생 분뇨의 BOD가 21,500mg/L, 염소이온 농도가 5,000mg/L, 방류수의 염소이온 농도가 200mg/L이라면, 방류수의 BOD 농도가 30mg/L일 때 정화조의 BOD 제거율(%)은?

① 99.6 ② 96.5 ③ 93.4 ④ 89.8

풀이

ⓐ 희석배율

$$희석배율 = \frac{희석\ 전\ 농도}{희석\ 후\ 농도} = \frac{5000}{200} = 25배$$

ⓑ 희석 전 방류수 BOD 농도

30mg/L × 25 = 750mg/L

ⓒ 정화조의 BOD 제거 효율

$$BOD\ 제거효율(\%) = \left(1 - \frac{BOD_o}{BOD_i}\right) \times 100$$

$$= \left(1 - \frac{750}{21500}\right) \times 100 = 96.5116\%$$

정답 56 ② 57 ① 58 ④ 59 ② 60 ②

61 **아래와 같은 폐수의 생물학적으로 분해가 불가능한 불용성 COD는? (단, $BOU_u/BOD_5 = 1.5$, COD = 1583mg/L, SCOD = 948mg/L, BOD_5 = 659mg/L, $SBOD_5$ = 484mg/L이다.**

① 816.5mg/L

② 574.5mg/L

③ 372.5mg/L

④ 235.5mg/L

풀이

✓ COD의 구성을 파악하여 NBDICOD 산정

ⓐ BDCOD(최종 BOD) 산정
BDCOD(최종 BOD) = BOD_5 × 1.5 = 659 × 1.5 = 988.5mg/L

ⓑ NBDCOD 산정
COD = BDCOD(최종 BOD) + NBDCOD
1583mg/L = 988.5mg/L + NBDCOD
NBDCOD = 594.5mg/L

ⓒ ICOD 산정
COD = ICOD + SCOD
1583mg/L = ICOD + 948mg/L
ICOD = 635mg/L

ⓓ BDSCOD(최종 SBOD) 산정
BDSCOD(최종 SBOD) = $SBOD_5$ × 1.5 = 484 × 1.5 = 726mg/L

ⓔ NBDSCOD 산정
SCOD = BDSCOD + NBDSCOD
948 = 726 + NBDSCOD
NBDSCOD = 222mg/L

ⓕ NBDICOD 산정
NBDCOD = NBDICOD + NBDSCOD
594.5 = NBDICOD + 222
NBDICOD = 372.5mg/L

BDCOD(최종BOD) 생물학적 분해 가능 988.5	+	NBDCOD 생물학적 분해 불가능 594.5	→	COD 1583
↑		↑		↑
BDICOD 생물학적 분해 가능 비용해성 262.5	+	NBDICOD 생물학적 분해 불가능 비용해성 372.5	→	ICOD : 비용해성 635
+		+		+
BDSCOD 생물학적 분해 가능 용해성 726	+	NBDSCOD 생물학적 분해 불가능 용해성 222	→	SCOD : 용해성 948

62 **알칼리도(Alkalinity)에 관한 설명으로 가장 거리가 먼 것은?**

① P−알칼리도와 M−알칼리도를 합친 것을 총알칼리도라 한다.

② 알칼리도 계산은 다음 식으로 나타낸다.

$$Alk(CaCO_3 mg/L) = \frac{a \cdot N \cdot 50}{V} \times 1{,}000$$

a : 소비된 산의 부피(mL)

N : 산의 농도(eq/L), V : 시료의 양(mL)

③ 실용목적에서는 자연수에 있어서 수산화물, 탄산염, 중탄산염 이외, 기타물질에 기인되는 알칼리도는 중요하지 않다.

④ 부식제어에 관련되는 중요한 변수인 Langelier포화지수 계산에 적용된다.

풀이

M−알칼리도는 pH4.5 부근, P−알칼리도는 pH 8.3 부근에서의 알칼리도를 의미하며 M−알칼리도가 총알칼리도이다.

63 **글루코스($C_6H_{12}O_6$) 300g을 35℃ 혐기성 소화조에서 완전분해시킬 때 발생 가능한 메탄가스의 양은?(단, 메탄가스는 1기압, 35℃로 발생된다고 가정함.)**

① 약 112L

② 약 126L

③ 약 154L

④ 약 174L

풀이

ⓐ 표준상태에서의 메탄 발생량 산정

글루코스(($C_6H_{12}O_6$)의 혐기성 분해 반응식 이용

$C_6H_{12}O_6 \rightarrow 3CH_4 + 3CO_2$

180g : 3 × 22.4 L

300g : □ L

∴ □ = 112 L at STP

ⓑ 35℃에서의 메탄가스 부피 산정

$$\text{부피} = 112L \times \frac{(273+35)K}{273K} = 126.3589L$$

정답 61 ③ 62 ① 63 ②

64 시료의 BOD_5가 180mg/L 이고 탈산소계수 값이 $0.2day^{-1}$ 일 때 최종 BOD(mg/L)는?

① 120
② 160
③ 180
④ 200

풀 이

✓ **소모 BOD공식 적용**

$BOD_5 = BOD_u \times (1-10^{-Kt})$

$180 = BOD_u \times (1-10^{-0.2\times5})$

BODu = 200mg/L

65 Glucose($C_6H_{12}O_6$) 360mg/L 용액을 호기성 처리 시 필요한 이론적인 인(P) 농도(mg/L)는? (단, BOD_5 : N : P = 100 : 5 : 1, $K_1 = 0.2day^{-1}$, 상용대수기준, 완전분해 기준, BOD_u = COD)

① 약 3.5
② 약 5.5
③ 약 8.5
④ 약 12.5

풀 이

ⓐ Glucose의 최종 BOD 산정

$C_6H_{12}O_6 + 6O_2 \rightarrow 6CO_2 + 6H_2O$

180g : 192g = 360mg/L : □mg/L

□ = 384mg/L

ⓑ BOD_5 산정

$소모BOD = BOD_u \times (1-10^{-k_1\times t})$

$BOD_5 = 384mg/L \times (1-10^{-0.2\times5})$

BOD_5 = 345.6mg/L

ⓒ 인의 농도 산정

BOD_5 : P = 100 : 1

100 : 1 = 345.6 : □

□ = 3.456mg/L

66 알칼리도가 수질환경에 미치는 영향에 관한 설명으로 가장 거리가 먼 것은?

① 높은 알칼리도를 갖는 물은 쓴맛을 낸다.
② 알칼리도가 높은 물은 다른 이온과 반응성이 좋아 관 내에 scale을 형성할 수 있다.
③ 알칼리도는 물속에서 수중생물의 성장에 중요한 역할을 함으로써 물의 생산력을 추정하는 변수로 활용한다.
④ 자연수 중 알칼리도의 형태는 대부분 수산화물의 형태이다.

풀이
자연수의 알칼리도는 주로 중탄산염(HCO_3^-)의 형태를 이룬다.

67 글리신($CH_2(NH_2)COOH$)의 이론적 COD/TOC의 비는? (단, 글리신의 최종 분해산물은 CO_2, HNO_3, H_2O이다.)

① 2.83　② 3.76　③ 4.67　④ 5.38

풀이
반응식: $CH_2(NH_3)COOH + 3.5O_2 \rightarrow 2CO_2 + 2H_2O + HNO_3$
ⓐ 이론적 COD 산정
반응식에서 1mol의 글리신이 반응에 필요한 산소의 양을 산정한다.
이론적COD = 3.5 × 32g/mol
ⓑ 1mol의 글리신에 포함된 C의 양은 2 × 12g이다.
ⓒ COD/TOC의 비

$$\frac{COD}{TOC} = \frac{3.5 \times 32g}{2 \times 12g} = 4.67$$

68 C_2H_6 15g이 완전 산화하는데 필요한 이론적 산소량(g)은?

① 45　② 56　③ 66　④ 76

풀이
$C_2H_6 + 3.5O_2 \rightarrow 2CO_2 + 3H_2O$
30g : 3.5 × 32g = 15g : □g
□ = 56g

정답 64 ④　65 ①　66 ④　67 ③　68 ②

69 9.0kg의 글루코스(Glucose)로부터 발생 가능한 0℃, 1atm에서의 CH_4 가스의 용적은?(단, 혐기성 분해기준)

① 3160L ② 3360L
③ 3560L ④ 3760L

풀이

글루코스($(C_6H_{12}O_6$)의 혐기성 분해 반응식 이용

$C_6H_{12}O_6 \rightarrow 3CH_4 + 3CO_2$
180g : 3 × 22.4 L
9000g : □ L
∴ □ = 3360 L at STP

70 Formaldehyde(CH_2O)의 이론적COD/TOC비는?

① 1.37 ② 1.67
③ 2.37 ④ 2.67

풀이

ⓐ 이론적 COD 산정
$CH_2O + O_2 \rightarrow CO_2 + H_2O$
CH_2O 1mol의 이론적COD는 32g이다.
ⓑ TOC 산정
1mol의 CH_2O에 포함된 C의 양은 12g이다.
ⓒ COD/TOC의 비
$$\frac{COD}{TOC} = \frac{32}{12} = 2.67$$

71 다음 유기물 1 mole이 완전산화될 때 이론적인 산소요구량(ThOD)이 가장 적은 것은?

① C_6H_6 ② $C_6H_{12}O_6$
③ C_2H_5OH ④ CH_3COOH

풀이

반응식을 완성하여 ThOD를 산정한다.
① $C_6H_6 + 7.5O_2 \rightarrow 6CO_2 + 3H_2O$: ThOD 240g
② $C_6H_{12}O_6 + 6O_2 \rightarrow 6CO_2 + 6H_2O$: ThOD 192g
③ $C_2H_5OH + 3O_2 \rightarrow 2CO_2 + 3H_2O$: ThOD 96g
④ $CH_3COOH + 2O_2 \rightarrow 2CO_2 + 2H_2O$: ThOD 64g

72 Glycine($CH_2(NH_2)COOH$) 7몰을 분해하는 데 필요한 이론적 산소요구량(g)은?(단, 최종산물은 HNO_3, CO_2, H_2O이다.)

① 724
② 742
③ 768
④ 784

풀이

✓ **글리신의 이론적 산화반응식 이용**

$CH_2(NH_2)COOH + 3.5O_2 \rightarrow 2CO_2 + 2H_2O + HNO_3$

1mol : 3.5 × 32g = 7mol : X(g)

∴ 이론적 산소요구량 = 784g

73 BOD가 2000mg/L인 폐수를 제거율 85%로 처리한 후 몇 배 희석하면 방류수 기준에 맞는가?(단, 방류수 기준은 40mg/L이라고 가정한다.)

① 4.5배 이상
② 5.5배 이상
③ 6.5배 이상
④ 7.5배 이상

풀이

ⓐ 유출되는 BOD 농도 산정

$$\text{BOD 제거효율(\%)} = \left(1 - \frac{BOD_o}{BOD_i}\right) \times 100$$

$$85 = \left(1 - \frac{\text{BOD}_o}{2000}\right) \times 100$$

BOD_o = 300mg/L

ⓑ 희석배율 산정

$$\text{희석배율} = \frac{\text{희석 전 농도}}{\text{희석 후 농도}} = \frac{300}{40} = 7.5\text{배}$$

정답 69 ② 70 ④ 71 ④ 72 ④ 73 ④

74 공장의 COD가 5,000mg/L, BOD_5가 2,100mg/L 이었다면 이 공장의 NBDCOD(mg/L)는?(단, $K = BOD_u / BOD_5 = 1.5$)

① 1850
② 1550
③ 1450
④ 1250

풀 이

COD = BDCOD(BOD_u) + NBDCOD

ⓐ BDCOD(BOD_u) 산정

$BOD_5 = BOD_u \times (1 - 10^{-k \times 5})$

$\frac{BOD_u}{BOD_5} = \frac{1}{(1 - 10^{-k \times 5})} = 1.5$

$\frac{BOD_u}{2{,}100mg/L} = 1.5$

BDCOD(BOD_u) = 3,150mg/L

ⓑ NBDCOD 산정

COD = BDCOD(BOD_u) + NBDCOD

NBDCOD = COD − BDCOD(BOD_u) = 5,000mg/L − 3,150mgL = 1,850mg/L

75 공장폐수의 BOD를 측정하였을 때 초기 DO는 8.4mg/L이고 20℃에서 5일간 보관한 후 측정한 DO는 3.6mg/L이었다. BOD 제거율이 90%가 되는 활성슬러지 처리시설에서 처리하였을 경우 방류수의 BOD(mg/L)는?(단, BOD 측정 시 희석배율 = 50배)

① 12
② 16
③ 21
④ 24

풀 이

$BOD제거효율(\%) = \left(1 - \frac{BOD_{out}}{BOD_{in}}\right) \times 100$

ⓐ BOD_{in} 산정

BOD_{in} = [초기DO(D_1) − 나중DO(D_2)] × 희석배율(P) = (8.4 − 3.6) × 50 = 240mg/L

ⓑ BOD_{out} 산정

$90 = \left(1 - \frac{BOD_{out}}{240}\right) \times 100$

BOD_{out} = 24mg/L

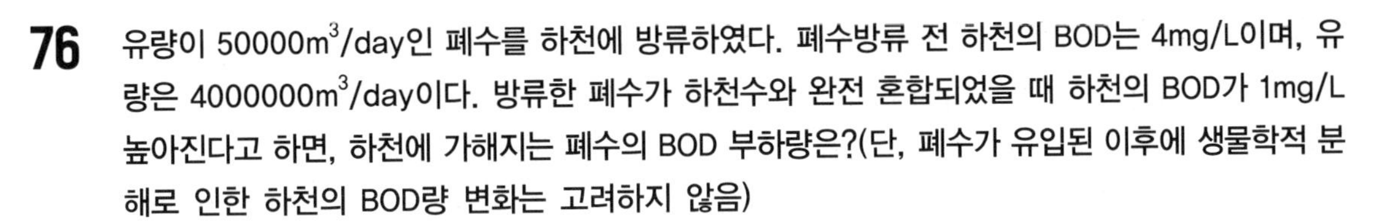
76 유량이 50000m³/day인 폐수를 하천에 방류하였다. 폐수방류 전 하천의 BOD는 4mg/L이며, 유량은 4000000m³/day이다. 방류한 폐수가 하천수와 완전 혼합되었을 때 하천의 BOD가 1mg/L 높아진다고 하면, 하천에 가해지는 폐수의 BOD 부하량은?(단, 폐수가 유입된 이후에 생물학적 분해로 인한 하천의 BOD량 변화는 고려하지 않음)

① 1280kg/day
② 2810kg/day
③ 3250kg/day
④ 4250kg/day

풀이

ⓐ 혼합지점으로 유입되는 폐수의 농도 산정

$$C_m = \frac{Q_1C_1 + Q_2C_2}{Q_1 + Q_2}$$

$$5 = \frac{(50000 \times \square) + (4000000 \times 4)}{50000 + 4000000}$$

$\square$ = 85mg/L

ⓑ 폐수의 BOD 부하량 산정

부하량 = 유량 × 농도

$$부하량 = \frac{85mg}{L} \times \frac{50000m^3}{day} \times \frac{1000L}{1m^3} \times \frac{kg}{10^6mg} = 4250kg/day$$

4 수질환경미생물

77 화학합성종속영양계의 탄소원과 에너지원이 바르게 연결된 것은?

	탄소원	에너지원
①	CO_2	산화환원반응
②	CO_2	빛
③	유기물	빛
④	유기물	산화환원반응

정답 74 ① 75 ④ 76 ④ 77 ④

78 미생물 중 세균(Bacteria)에 관한 특징으로 가장 거리가 먼 것은?

① 원시적 엽록소를 이용하여 부분적인 탄소동화작용을 한다.
② 용해된 유기물을 섭취하여 주로 세포분열로 번식한다.
③ 수분 80%, 고형물 20% 정도로 세포가 구성되며 고형물 중 유기물이 90%를 차지한다.
④ 환경인자(pH, 온도)에 대하여 민감하다.

풀이

세균은 엽록소를 가지고 있지 않으며 탄소동화작용을 하지 않는다.

79 조류(algae)의 성장에 관한 설명으로 옳지 않은 것은? 2021년 지방직9급

① 조류 성장은 수온의 영향을 받지 않는다.
② 조류 성장은 수중의 용존산소농도에 영향을 미친다.
③ 조류 성장의 주요 제한 원소에는 인과 질소 등이 있다.
④ 태양광은 조류 성장에 있어 제한 인자이다.

풀이

조류 성장은 수온의 영향을 받는다.

온도에 따른 미생물의 분류
- 고온성 미생물: 50℃ 이상(적온 65~70℃)
- 중온성 미생물: 10~40℃(적온 30℃)
- 저온성 미생물: 10℃ 이하(적온 0~10℃)

80 조류(Algae)의 성장에 관한 설명으로 옳지 않은 것은?

① 조류 성장은 수온과 관련이 없다.
② 조류 성장은 수중의 용존산소농도와 관련이 있다.
③ 조류 성장의 주요 제한 기질에는 인과 질소 등이 있다.
④ 조류 성장은 햇빛과 관련이 있다.

풀이

조류 성장은 수온과 관련이 있어 높은 수온이 조류를 활발하게 성장하게 한다.

81 고도 하수 처리 공정에서 질산화 및 탈질산화 과정에 대한 설명으로 옳은 것은? 2020년 지방직9급

① 질산화 과정에서 질산염이 질소(N_2)로 전환된다.
② 탈질산화 과정에서 아질산염이 질산염으로 전환된다.
③ 탈질산화 과정에 Nitrobacter 속 세균이 관여한다.
④ 질산화 과정에서 암모늄이 아질산염으로 전환된다.

풀 이
① 탈질과정에서 질산염이 질소(N_2)로 전환된다.
② 질산화 과정에서 아질산염이 질산염으로 전환된다.
③ 질산화 과정에 Nitrobacter 속 세균이 관여한다.

82 미생물에 의한 질산화(nitrification)에 대한 설명으로 옳은 것은? 2022년 지방직9급

① 질산화는 종속영양 미생물에 의해 일어난다.
② Nitrobacter 세균은 암모늄을 아질산염으로 산화시킨다.
③ 암모늄 산화 과정이 아질산염 산화 과정보다 산소가 더 소비된다.
④ 질산화는 혐기성 조건에서 일어난다.

풀 이
바르게 고쳐보면
① 질산화는 독립영양 미생물에 의해 일어난다.(탈질화 : 종속영양미생물)
② Nitrobacter 세균은 아질산염을 질산염으로 산화시킨다.
④ 질산화는 호기성 조건에서 일어난다.

83 유기물질의 질산화 과정에서 아질산이온(NO_2^-)이 질산이온(NO_3^-)으로 변할 때 주로 관여하는 것은?

① 아크로모박터 ② 니트로박터
③ 니트로소모나스 ④ 슈도모나스

풀 이
질산화과정에서 관여하는 미생물은 니트로소모나스와 니트로박터이다.
$NH_3 - N \rightarrow NO_2 - N$: 니트로소모나스(Nitrosomonas)
$NO_2 - N \rightarrow NO_3 - N$: 니트로박터(Nitrobacter)

정답 78 ① 79 ① 80 ① 81 ④ 82 ③ 83 ②

84 탈질(denitrification)과정을 거쳐 질소 성분이 최종적으로 변환된 질소의 형태는?

① $NO_2 - N$
② $NO_3 - N$
③ $NH_3 - N$
④ N_2

풀 이

탈질과정 : $NO_3 - N \rightarrow NO_2 - N \rightarrow N_2$

85 암모니아성 질소를 함유한 폐수를 생물학적으로 처리하기 위해 질산화−탈질화 공정을 채택하여 운영하였다. 다음 중 생물학적 질소제거와 관련된 설명으로 옳지 않은 것은 어느 것인가?

① 질산화에 관여하는 미생물은 독립영양미생물이고 탈질화에 관여하는 미생물은 종속영양미생물이다.
② 질산화과정에서의 pH는 감소하고, 탈질화과정에서의 pH는 증가한다.
③ 질산화과정에서 유기물의 첨가를 위해 메탄올을 주입한다.
④ 질산화는 호기성 상태에서 이루어지며, 탈질화는 무산소 상태에서 이루어진다.

풀 이

탈질과정에서 탄소원의 제공을 위해 메탄올을 주입한다.

86 다음 조건에서 세포의 비증식속도는? (Monod식 사용, 제한기질농도 S = 200mg/L. 1/2 포화농도 Ks = 50mg/L. 세포의 비중식 속도 최대치 μ_{max} = 0.5hr^{-1}이다)

① 0.20hr^{-1}
② 0.40hr^{-1}
③ 0.30hr^{-1}
④ 0.45hr^{-1}

풀 이

Monod식을 이용한다.

$$\mu = \mu_{max} \times \frac{S}{K_s + S}$$

$$= 0.5 \times \frac{200}{50 + 200} = 0.4(hr^{-1})$$

87 다음 중 미생물의 증식단계로 가장 옳은 것은?

① 정지기 → 유도기 → 대수증식기 → 사멸기
② 유도기 → 대수증식기 → 정지기 → 사멸기
③ 대수증식기 → 정지기 → 유도기 → 사멸기
④ 사멸기 → 유도기 → 대수증식기 → 정지기

88 표준활성슬러지법에서 하수처리를 위해 사용되는 미생물에 관한 설명으로 맞는 것은?

① 지체기로부터 대수증식기에 걸쳐 존재하는 미생물에 의해 하수가 주로 처리된다.
② 대수증식기로부터 감쇠증식기에 걸쳐 존재하는 미생물에 의해 하수가 주로 처리된다.
③ 감쇠증식기로부터 내생호흡기에 걸쳐 존재하는 미생물에 의해 하수가 주로 처리된다.
④ 내생호흡기로부터 사멸기에 걸쳐 존재하는 미생물에 의해 하수가 주로 처리된다.

89 미생물 중 세균(Bacteria)에 관한 특징으로 가장 거리가 먼 것은?

① 원시적 엽록소를 이용하여 부분적인 탄소동화작용을 한다.
② 용해된 유기물을 섭취하여 주로 세포분열로 번식한다.
③ 수분 80%, 고형물 20% 정도로 세포가 구성되며 고형물 중 유기물이 90%를 차지한다.
④ 환경인자(pH, 온도)에 대하여 민감하며 열보다 낮은 온도에서 저항성이 높다.

풀 이

세균은 엽록소를 가지고 있지 않으며 탄소동화작용을 하지 않는다.

정답 84 ④ 85 ③ 86 ② 87 ② 88 ③ 89 ①

90 광합성에 대한 설명으로 틀린 것은?

① 호기성광합성(녹색식물의 광합성)은 진조류와 청녹조류를 위시하여 고등식물에서 발견된다.
② 녹색식물의 광합성은 탄산가스와 물로부터 산소와 포도당(또는 포도당 유도산물)을 생성하는 것이 특징이다.
③ 세균활동에 의한 광합성은 탄산가스의 산화를 위하여 물 이외의 화합물질이 수소원자를 공여, 유리산소를 형성한다.
④ 녹색식물의 광합성 시 광은 에너지를 그리고 물은 환원반응에 수소를 공급해 준다.

풀이

세균활동에 의한 광합성은 탄산가스의 환원을 위하여 물 이외의 화합물질에 수소원자를 공여, 유리산소의 형성을 억제한다.

91 Bacteria($C_5H_7O_2N$)의 호기성 산화과정에서 박테리아 62.5g당 소요되는 이론적 산소요구량은? (단, 박테리아는 CO_2, H_2O, NH_3로 전환됨)

① 64g ② 72g
③ 80g ④ 96g

풀이

ⓐ 박테리아 반응식 이용

$$C_5H_7O_2N + 5O_2 \rightarrow 5CO_2 + 2H_2O + NH_3$$

113g : 5 × 32g
62.5g : □g

□ = 80g

92 미생물의 종류를 분류할 때, 탄소 공급원에 따른 분류는?

① Aerobic, Anaerobic
② Thermophilic, Psychrophilic
③ Phytosynthetic, Chemosynthetic
④ Autotrophic, Heterotrophic

풀이

① Aerobic(호기성), Anaerobic(혐기성) : 산소유무
② Thermophilic(고온성), Psychrophilic(저온성) : 온도
③ Phytosynthetic(광합성), Chemosynthetic(화학합성) : 에너지원
④ Autotrophic(독립영양계), Heterotrophic(종속영양계) : 탄소 공급원

93 세균(Bacteria)의 경험적 분자식으로 옳은 것은?

① $C_5H_8O_2N$
② $C_5H_7O_2N$
③ $C_7H_8O_5N$
④ $C_8H_9O_5N$

풀이

$C_5H_8O_2N$: 조류의 경험적 분자식
$C_5H_7O_2N$: 세균(Bacteria)의 경험적 분자식

94 Michaelis－Menten 공식에서 반응속도가(τ)가 R_{max}의 80%일 때의 기질농도와 R_{max}의 20%일 때의 기질농도의 비([S]$_{80}$/[S]$_{20}$)는?

① 8
② 16
③ 24
④ 41

풀이

$$\mu = \mu_{max} \times \frac{[S]}{K_s + [S]}$$

ⓐ $[S]_{80}$ 산정

$$80 = 100 \times \frac{[S]_{80}}{K_s + [S]_{80}}$$

$[S]_{80} = 4K_s$

ⓑ $[S]_{20}$ 산정

$$20 = 100 \times \frac{[S]_{20}}{K_s + [S]_{20}}$$

$[S]_{20} = 0.25K_s$

ⓒ $[S]_{80}/[S]_{20}$

$[S]_{80}/[S]_{20} = 4Ks / 0.25Ks = 16$

정답 90 ③ 91 ③ 92 ④ 93 ② 94 ②

95 분뇨의 생물학적 처리공법으로서 호기성 미생물이 아닌 혐기성 미생물을 이용한 혐기성처리공법을 주로 사용하는 근본적인 이유는?

① 분뇨에는 혐기성미생물이 살고 있기 때문에
② 분뇨에 포함된 오염물질은 혐기성미생물만이 분해할 수 있기 때문에
③ 분뇨의 유기물 농도가 너무 높아 포기에 너무 많은 비용이 들기 때문에
④ 혐기성처리공법으로 발생되는 메탄가스가 공법에 필수적이기 때문에

96 미생물의 세포증식과 관련한 Monod 형태의 식을 나타낸 것으로 틀린 것은?

$$[\mu = \mu_m \times \frac{S}{K_s + S}]$$

① μ는 비성장률로 단위는 시간$^{-1}$이다.
② μ_m는 최대 성장률로 단위는 시간$^{-1}$이다.
③ S는 기질의 감소률(상수)로 단위는 무차원이다.
④ K_s는 반속도 상수로 최대성장률이 1/2일 때의 기질의 농도이다.

풀이
S는 제한기질의 농도로 mg/L 등의 농도 단위를 사용한다.

97 미생물을 진세포와 원핵세포로 나눌 때 원핵세포에는 없고 진핵세포에만 있는 것은?

① 리보솜
② 세포소기관
③ 세포벽
④ DNA

풀이
세포소기관은 원핵세포에 없다.

특징		원핵세포	진핵세포
크기		1~10μm	5~100μm
분열 형태		무사분열	유사분열
세포소기관	미토콘드리아(사립체), 엽록체	없다.	있다.
	리소좀, 퍼옥시좀	없다.	있다.
	소포체, 골지체	없다.	있다.

98 곰팡이(Fungi)류의 경험적 화학 분자식은?

① $C_{12}H_7O_4N$ ② $C_{12}H_8O_5N$
③ $C_{10}H_{17}O_6N$ ④ $C_{10}H_{18}O_4N$

풀이

균류 : $C_{10}H_{17}O_6N$

99 Monod식을 이용한 세포의 비증식속도(Specific growth rate, hr^{-1})는?(단, 제한기질농도 200mg/L, 1/2포화농도(Ks) 50mg/L, 세포의 비증식속도 최대치 $0.1hr^{-1}$)

① 0.08 ② 0.12
③ 0.16 ④ 0.24

풀이

기질농도와 효소의 반응률 사이의 관계를 나타내는 Monod의 식을 이용한다.

$$\mu = \mu_{max} \times \frac{S}{K_s + S}$$
$$= 0.1 \times \frac{200}{50+200}$$
$$= 0.08(hr^{-1})$$

100 미생물에 의한 영양대사과정 중 에너지 생성반응으로서 기질이 세포에 의해 이용되고 복잡한 물질에서 간단한 물질로 분해되는 과정(작용)은?

① 이화 ② 동화
③ 동기화 ④ 환원

풀이

이화작용 : 복잡한 물질 → 간단한 물질
동화작용 : 간단한 물질 → 복잡한 물질

정답 95 ③ 96 ③ 97 ② 98 ③ 99 ① 100 ①

101 생물학적 질소제거공정에서 질산화로 생성된 NO_3-N 40mg/L가 탈질되어 질소로 환원될 때 필요한 이론적인 메탄올(CH_3OH)의 양(mg/L)은?

① 17.2 ② 36.6
③ 58.4 ④ 76.2

풀이

질산성질소와 메탄올과의 반응비

$6NO_3-N: 5CH_3OH$

6 × 14g : 5 × 32g = 40mg/L : □

□ = 76.19mg/L

102 NO_3^- 15mg/L가 탈질균에 의해 질소가스화 될 때 소요되는 이론적 메탄올의 양(mg/L)은?(단, 기타 유기 탄소원은 고려하지 않음)

① 5.5 ② 6.5
③ 7.5 ④ 8.5

풀이

질산성질소와 메탄올과의 반응비

$6NO_3^- : 5CH_3OH$

6 × 62g : 5 × 32g = 15mg/L : □

□ = 6.4516mg/L

103 배양기의 제한기질농도(S)가 100mg/L, 세포최대비증식 계수(μ_{max})가 $0.25hr^{-1}$일 때 Monod식에 의한 세포의 비증식계수(μ, hr^{-1})는? (단, 제한기질 반포화농도(K_s) = 50mg/L)

① 0.17 ② 0.34
③ 0.42 ④ 0.54

풀이

기질농도와 효소의 반응률 사이의 관계를 나타내는 Monod의 식을 이용한다.

$$\mu = \mu_{max} \times \frac{[S]}{K_s + [S]} = 0.25 \times \frac{100}{50+100} = 0.17hr^{-1}$$

104 NO_3^-가 박테리아에 의하여 N_2로 환원되는 경우 폐수의 pH는?

① 증가한다.
② 감소한다.
③ 변화없다.
④ 감소하다가 증가한다.

풀 이
탈질과정에서 pH는 증가한다.

105 미생물의 증식단계에서 생존한 미생물의 중량보다 미생물 원형질의 전체 중량이 더 크게 되며 미생물수가 최대가 되는 단계로 가장 적합한 것은?

① 증식단계
② 대수성장단계
③ 감소성장단계
④ 내생성장단계

106 생물학적 질화 중 아질산화에 관한 설명으로 옳지 않은 것은?

① 반응속도가 매우 빠르다.
② 관련 미생물은 독립영양성 세균이다.
③ 에너지원은 화학에너지이다.
④ 산소가 필요하다.

풀 이
질산화미생물의 증식속도는 통상적으로 활성슬러지중에 있는 종속영양미생물보다 늦기 때문에 활성슬러지중에서 그 개체수가 유지되기 위해서는 비교적 긴 SRT를 필요로 한다.
또한 반응속도는 Nitrosomonas에 의한 아질산화반응보다 Nitrobacter에 의한 질산화반응이 더 빠르게 일어나며 전체 질산화반응속도는 Nitrosomonas에 의한 아질산화반응에 의해 결정된다.

정답 101 ④ 102 ② 103 ① 104 ① 105 ③ 106 ①

107 **하천이나 호수의 심층에서 미생물의 작용에 관한 설명으로 가장 거리가 먼 것은?**

① 수중의 유기물은 분해되어 일부가 세포합성이나 유지대사를 위한 에너지원이 된다.
② 호수심층에 산소가 없을 때 질산이온을 전자수용체로 이용하는 종속영양세균인 탈질화 세균이 많아진다.
③ 유기물이 다량 유입되면 혐기성 상태가 되어 H_2S와 같은 기체를 유발하지만 호기성 상태가 되면 암모니아성 질소가 증가한다.
④ 어느 정도 유기물이 분해된 하천의 경우 조류발생이 증가할 수 있다.

풀이

유기물이 다량 유입되면 혐기성 상태가 되어 H_2S와 같은 기체를 유발하지만 호기성 상태가 되면 질산성 질소가 증가한다.

108 **오염된 물속에 있는 유기성 질소가 호기성 조건하에서 50일 정도 시간이 지난 후에 가장 많이 존재하는 질소의 형태는?**

① 암모니아성 질소
② 아질산성 질소
③ 질산성 질소
④ 유기성 질소

풀이

오염된 물속의 질소의 형태는 시간이 지남에 따라 암모니아성질소→아질산성질소→질산성질소의 형태를 나타낸다.

5 수자원 관리

109 **수중 용존산소(DO)에 대한 설명으로 옳지 않은 것은?** 2019년 지방직9급

① 생분해성 유기물이 유입되면 혐기성 미생물에 의해서 수중의 산소가 소모된다.
② 수중에 녹아 있는 염소이온, 아질산염의 농도가 높을수록 산소의 용해도는 감소한다.
③ 수온이 높을수록 산소의 용해도는 감소한다.
④ 물에 용해되는 산소의 양은 접촉하는 산소의 부분압력에 비례한다.

풀이

바르게 고쳐보면,
생분해성 유기물이 유입되면 호기성 미생물에 의해서 수중의 산소가 소모된다.

110 하천에서의 자정작용을 저해하는 사항으로 가장 거리가 먼 것은?

① 유기물의 과도한 유입
② 독성 물질의 유입
③ 유역과 수역의 단절
④ 수중 용존산소의 증가

풀이

수중 용존산소의 증가는 자정작용을 촉진 시킨다.

111 20℃ 재폭기 계수가 6.0/day이고, 탈산소 계수가 0.2/day이면 자정계수는?

① 1.2
② 20
③ 30
④ 120

풀이

$$자정계수 = \frac{재폭기계수}{탈산소계수} = \frac{K_2}{K_1} = \frac{6.0}{0.2} = 30$$

112 Wipple에 의한 하천의 자정과정을 오염원으로부터 하천유하거리에 따라 단계별로 옳게 구분한 것은?

① 분해지대 → 활발한 분해지대 → 회복지대 → 정수지대
② 분해지대 → 활발한 분해지대 → 정수지대 → 회복지대
③ 활발한 분해지대 → 분해지대 → 회복지대 → 정수지대
④ 활발한 분해지대 → 분해지대 → 정수지대 → 회복지대

정답 107 ③ 108 ③ 109 ① 110 ④ 111 ③ 112 ①

113 하천이 유기물로 오염되었을 경우 자정과정을 오염원으로부터 하천 유하거리에 따라 분해지대, 활발한 분해지대, 회복지대, 정수지대의 4단계로 구분한다. 〈보기〉와 같은 특성을 나타내는 단계는?

보기

- 용존산소의 농도가 아주 낮거나 때로는 거의 없어 부패 상태에 도달하게 된다.
- 이 지대의 색은 짙은 회색을 나타내고, 암모니아나 황화수소에 의해 썩은 달걀냄새가 나게 되며 흑색과 점성질이 있는 퇴적물질이 생기고 기포 방울이 수면으로 떠오른다.
- 혐기성 분해가 진행되어 수중의 탄산가스 농도나 암모니아성 질소의 농도가 증가한다.

① 분해지대
② 활발한 분해지대
③ 회복지대
④ 정수지대

114 wipple이 구분한 하천의 자정작용 단계 중 용존 산소의 농도가 아주 낮거나 때로는 거의 없어 부패상태에 도달하게 되는 지대는?

① 정수 지대
② 회복 지대
③ 분해 지대
④ 활발한 분해 지대

115 호소의 성층현상에 대한 설명 중 잘못된 것은?

① 성층현상은 표층수, 수온약층, 심수층으로 구분된다.
② 여름이 되면 연직에 따른 온도경사와 용존산소 경사가 같은 모양을 나타낸다.
③ 여름에는 가벼운 물이 밀도가 큰 물 위에 놓이게 되며 온도차가 커져서 수직운동은 점차 상부층에만 국한된다.
④ 여름과 겨울에는 깊이가 깊어질수록 수온과 DO는 낮아진다.

풀이

여름과 겨울에는 깊이가 깊어질수록 DO는 낮아지며, 수온은 4℃로 일정하다.

116 호수에서의 수온 연직분포(깊이에 대한 온도)에 따른 계절별 변화와 관련된 내용 중 틀린 것은?

① 수심이 깊은 온대 지방의 호수는 계절에 따른 수온 변화로 물의 밀도차이를 일으킨다.
② 겨울에 수면이 얼 경우 얼음 바로 아래의 수온은 0℃에 가깝고 호수바닥은 4℃에 이르며 물이 안정한 상태를 나타낸다.
③ 봄이 되면 얼음이 녹으면서 표면의 수온이 높아지기 시작하여 4℃가 되면 표층의 물은 밑으로 이동하여 전도가 일어난다.
④ 여름에서 가을로 가면 표면의 수온이 내려가면서 수직적인 평형 상태를 이루어 봄과 다른 순환을 이루어 수질이 양호해진다.

풀이

여름에서 가을로 가면 표면의 수온이 내려가면서 수직적인 평형 상태를 이루어 봄과 같은 순환을 이루며 수질은 양호하지 않게 된다.

117 부영양화의 원인물질 또는 영향물질의 양을 측정하는 정량적 평가방법으로 가장 거리가 먼 것은?

① 경도 측정
② 투명도 측정
③ 영양염류 농도 측정
④ 클로로필-a 농도 측정

풀이

경도는 부영양화와 관계가 없다.

118 호소에서의 조류증식을 억제하기 위한 방안으로 옳지 않은 것은?

2019년 지방직9급

① 호소의 수심을 깊게 해 물의 체류시간을 증가시킴
② 차광막을 설치하여 조류증식에 필요한 빛을 차단
③ 질소와 인의 유입을 감소시킴
④ 하수의 고도처리

풀이

호소의 수심을 깊게 해 물의 체류시간을 증가시키게 되면 영양염류가 축적되어 조류의 증식이 활발해 진다.

정답 113 ② 114 ④ 115 ④ 116 ④ 117 ① 118 ①

119 **호수에서 부영양화가 증가하는 원인이 아닌 것은?** 2024년 지방직9급

① 호수에 담긴 물의 체류 시간 감소
② 강우로 인한 영양염류의 유입 증가
③ 호수 주변에서 질소, 인의 유입 증가
④ 인간 활동에 의한 영양물질의 유입 증가

풀이

호수에 담긴 물의 체류 시간이 증가하는 경우 부영양화가 증가한다.

120 **호소의 부영양화로 인해 수생태계가 받는 영향에 대한 설명으로 옳지 않은 것은?** 2019년 지방직9급

① 조류가 사멸하면 다른 조류의 번식에 필요한 영양소가 될 수 있다.
② 생물종의 다양성이 증가한다.
③ 조류에 의해 생성된 용해성 유기물들은 불쾌한 맛과 냄새를 유발한다.
④ 유기물의 분해로 수중의 용존산소가 감소한다.

풀이

바르게 고쳐보면,
생물종의 다양성은 감소한다.
부영양화현상 : N, P 증가 → 조류증식 → 광합성량 증가(CO_2 감소) → pH 상승 → 용존산소 증가 → 조류사멸 → 호기성 박테리아 증식(조류를 먹이로 함) → 용존산소 감소 → 혐기성화, 악취발생

121 **부영양화 현상을 억제하는 방법으로 가장 거리가 먼 것은?**

① 비료나 합성세제의 사용을 줄인다.
② 축산폐수의 유입을 막는다.
③ 과잉번식된 조류(algae)는 황산망간($MnSO_4$)을 살포하여 제거 또는 억제할 수 있다.
④ 하수처리장에서 질소와 인을 제거하기 위해 고도처리공정을 도입하여 질소, 인의 호소유입을 막는다.

풀이

과잉번식된 조류(algae)는 황산구리($CuSO_4$)을 살포하여 제거 또는 억제할 수 있다.

122 호소의 부영양화를 방지하기 위해서 호소로 유입되는 영양염류의 저감과 성장조류를 제거하는 수면관리 대책을 동시에 수립하여야 하는데, 유입저감 대책으로 바르지 않은 것은?

① 배출허용기준의 강화
② 약품에 의한 영양염류의 침전 및 황산동 살포
③ 하·폐수의 고도처리
④ 수변구역의 설정 및 유입배수의 우회

풀이
약품에 의한 영양염류의 침전 및 황산동 살포는 수면관리대책에 해당한다.

123 바다에서 발생되는 적조현상에 관한 설명과 가장 거리가 먼 것은?

① 적조 조류의 독소에 의한 어패류의 피해가 발생한다.
② 해수 중 용존산소의 결핍에 의한 어패류의 피해가 발생한다.
③ 갈수기 해수 내 염소량이 높아질 때 발생한다.
④ 플랑크톤의 번식에 충분한 광량과 영양염류가 공급될 때 발생한다.

풀이
홍수기 해수 내 염소량이 낮아질 때 발생한다.

124 적조(red tide)의 원인과 일반적인 대책에 대한 설명으로 옳지 않은 것은? 2021년 지방직9급

① 적조의 원인생물은 편조류와 규조류가 대부분이다.
② 해상가두리 양식장에서 사용할 수 있는 적조대책으로 액화산소의 공급이 있다.
③ 해상가두리 양식장에서는 적조가 발생해도 평소와 같이 사료를 계속 공급하는 것이 바람직하다.
④ 적조생물을 격리하는 방안으로 해상가두리 주위에 적조차단막을 설치하는 방법 등이 있다.

풀이
해상가두리 양식장에서는 적조가 발생해도 평소와 같이 사료를 계속 공급하는 것이 바람직하지 못하다.

정답 119 ① 120 ② 121 ③ 122 ② 123 ③ 124 ③

125 하천의 자정계수(f)에 관한 설명으로 맞는 것은?(단, 온도 외의 조건은 동일하다.)

① 수온이 상승할수록 자정계수는 작아진다.
② 수온이 상승할수록 자정계수는 커진다.
③ 수온이 상승하여도 자정계수는 변화가 없이 일정하다.
④ 수온이 20℃인 경우, 자정계수는 가장 크며 그 이상의 수온에서는 점차로 낮아진다.

풀이

수온이 상승하면 재포기계수에 비해 탈산소계수의 증가율이 높기 때문에 자정계수는 감소하게 된다.

$$f = \frac{K_2}{K_1} = \frac{K_{2(20℃)} \times 1.024^{(T-20)}}{K_{1(20℃)} \times 1.047^{(T-20)}}$$

126 자정상수(f)의 영향 인자에 관한 설명으로 옳은 것은?

① 수심이 깊을수록 자정상수는 커진다.
② 수온이 높을수록 자정상수는 작아진다.
③ 유속이 완만할수록 자정상수는 커진다.
④ 바닥구배가 클수록 자정상수는 작아진다.

풀이

① 수심이 깊을수록 자정상수는 작아진다.
③ 유속이 완만할수록 자정상수는 작아진다.
④ 바닥구배가 클수록 자정상수는 커진다.

127 적조(red tide)에 관한 설명으로 틀린 것은?

① 갈수기로 인하여 염도가 증가된 정체해역에서 주로 발생한다.
② 수중 용존산소 감소에 의한 어패류의 폐사가 발생된다.
③ 수괴의 연직안정도가 크고 독립해 있을 때 발생한다.
④ 해저에 빈산소층이 형성될 때 발생한다.

풀이

홍수기 해수 내 염소량이 낮아질 때 발생한다.

128 우리나라 근해의 적조(red tide)현상의 발생 조건에 대한 설명으로 가장 적절한 것은?

① 햇빛이 약하고 수온이 낮을 때 이상 균류의 이상 증식으로 발생한다.
② 수괴의 연직 안정도가 적어질 때 발생된다.
③ 정체수역에서 많이 발생된다.
④ 질소, 인 등의 영양분이 부족하여 적색이나 갈색의 적조 미생물이 이상적으로 증식한다.

풀이

바르게 고쳐보면
① 햇빛이 강하고 수온이 높을 때 이상 조류의 이상 증식으로 발생한다.
② 수괴의 연직 안정도가 클 때 발생된다.
④ 질소, 인 등의 영양분이 많아 적색이나 갈색의 적조 미생물이 이상적으로 증식한다.

129 호소의 영양상태를 평가하기 위한 Carlson지수를 산정하기 위해 요구되는 인자가 아닌 것은?

① Chlorophyll－a　　② SS
③ 투명도　　④ T－P

풀이

Carlson지수를 산정하기 위해 요구되는 인자는 클로로필a, 투명도, 총인 등이다.

130 하천수의 단위시간당 산소전달계수(K_{LA})를 측정코자 하천수의 용존산소(DO) 농도를 측정하니 12mg/L였다. 이 때 용존산소의 농도를 완전히 제거하기 위하여 투입하는 Na_2SO_3의 이론적 농도는?(단, 원자량은 Na 23, S 32, O 16)

① 64.5mg/L　　② 74.5mg/L
③ 84.5mg/L　　④ 94.5mg/L

풀이

✓ Na_2SO_3와 산소의 반응식을 이용

$Na_2SO_3 + 0.5O_2 \rightarrow Na_2SO_4$

126g : 0.5 × 32g = □mg/L : 12mg/L

□ = 94.5mg/L

정답 125 ① 126 ② 127 ① 128 ③ 129 ② 130 ④

131 **하천의 자정작용에 관한 설명 중 틀린 것은?**

① 생물학적 자정작용인 혐기성분해는 중간 화합물이 휘발성이므로 유해한 경우가 많으며 호기성 분해에 비하여 장시간이 요구된다.

② 자정작용 중 가장 큰 비중을 차지하는 것은 생물학적 작용이라 할 수 있다.

③ 자정계수는 탈산소계수 / 재폭기계수를 뜻한다.

④ 화학적 자정작용인 응집작용은 흡수된 산소에 의해 오염물질이 분해될 때 발생되는 탄산가스가 물의 pH를 증가시켜 수산화물의 생성을 촉진시키므로 용해되어 있는 철이나 망간 등을 침전시킨다.

풀이

$f = \dfrac{K_2(\text{재포기계수})}{K_1(\text{탈산소계수})}$ → 온도변화에 의한 보정: $\dfrac{K_{2(20℃)} \times 1.024^{(T-20)}}{K_{1(20℃)} \times 1.047^{(T-20)}}$

132 **하천의 자정단계와 오염의 정도를 파악하는 Whipple의 자정단계(지대별 구분)에 대한 설명으로 틀린 것은?**

① 분해지대 : 유기성 부유물의 침전과 환원 및 분해에 의한 탄산가스의 방출이 일어난다.

② 분해지대 : 용존산소의 감소가 현저하다.

③ 활발한 분해지대 : 수중환경은 혐기성상태가 되어 침전저니는 흑갈색 또는 황색을 띤다.

④ 활발한 분해지대 : 오염에 강한 실지렁이가 나타나고 혐기성 곰팡이가 증식한다.

풀이

분해지대 : 오염에 강한 실지렁이가 나타나고 혐기성 곰팡이가 증식한다.

133 **최근 해양에서의 유류 유출로 인한 피해가 증가하고 있는데, 유출된 유류를 제어하는 방법으로 적당하지 않은 것은?**

① 계면활성제를 살포하여 기름을 분산시키는 방법

② 미생물을 이용하여 기름을 생화학적으로 분해하는 방법

③ 오일펜스를 띄워 기름의 확산을 차단하는 방법

④ 누출된 기름의 막이 두꺼워졌을 때 연소시키는 방법

풀이

누출된 기름의 막이 얇을 때 연소시키는 방법

134 해양유류오염 발생 시 방제 조치로 옳지 않은 것은? 2024년 지방직9급

① 유출된 유류를 유흡착재로 회수하여 제거한다.
② 유처리제를 살포하여 유류를 분산시킨다.
③ 유류제거 선박을 이용하여 유류를 흡입 회수한다.
④ 깨끗한 심층수로 희석 확산시켜 유류의 농도를 낮춘다.

풀 이

해양유류오염에서 희석 확산에 의한 유류의 농도를 낮추는 것은 적절한 방제조치로 볼 수 없다.

135 해양에 유출된 기름을 제거하는 화학적 방법에 해당하는 것은? 2019년 지방직9급

① 진공장치를 이용하여 유출된 기름을 제거한다.
② 비중차를 이용한 원심력으로 기름을 제거한다.
③ 분산제로 기름을 분산시켜 제거한다.
④ 패드형이나 롤형과 같은 흡착제로 유출된 기름을 제거한다.

풀 이

분산제를 이용하는 방법은 화학적인 방법이며 나머지는 물리적인 방법에 해당한다.

정 답 131 ③ 132 ④ 133 ④ 134 ④ 135 ③

136 유량 $2m^3s^{-1}$, 온도 15℃인 하천이 용존 산소로 포화되어 있다. 이 하천에 유량 $0.5m^3s^{-1}$, 온도 25℃, 용존 산소 농도 $1.5mgL^{-1}$인 지천이 유입될 때, 합류지점에서의 용존 산소 부족량[mgL^{-1}]은? (단, 포화 용존 산소 농도는 15℃에서 $10.2mgL^{-1}$, 17℃에서 $9.7mgL^{-1}$, 20℃에서 $9.2mgL^{-1}$이다)

2023년 지방직9급

① 1.24 ② 3.54
③ 6.26 ④ 8.46

풀이

혼합공식을 이용하여 합류지점에서의 수온과 산소농도를 산정한다.

$$C_m = \frac{C_1Q_1 + C_2Q_2}{Q_1 + Q_2}$$

1) 합류지점에서의 수온

$$C_m = \frac{2\times15+0.5\times25}{2+0.5} = 17℃$$

2) 합류지점에서의 산소농도

$$C_m = \frac{2\times10.2+0.5\times1.5}{2+0.5} = 8.46mg/L$$

3) 합류지점(17℃)에서의 산소부족량

9.7 − 8.46 = 1.24mg/L

137 염소의 농도가 25mg/L이고, 유량속도가 $12m^3$/sec인 하천에 염소의 농도가 40mg/L이고, 유량속도가 $3m^3$/sec인 지류가 혼합된다. 혼합된 하천 하류의 염소 농도[mg/L]는? (단, 염소가 보존성이고, 두 흐름은 완전히 혼합된다)

2021년 지방직9급

① 28
② 30
③ 32
④ 34

풀이

$$C_m = \frac{C_1Q_1 + C_2Q_2}{Q_1 + Q_2}$$

$$\frac{25mg/L\times12m^3/\mathrm{sec} + 40mg/L\times3m^3/\mathrm{sec}}{(12+3)m^3/\mathrm{sec}} = 28mg/L$$

정답 136 ① 137 ①

Chapter 02 수처리기술

제1절 수처리 계통 및 처리방법 총론

01 수질오염방지시설 중 화학적 처리시설에 속하는 것은?

① 응집시설　　② 접촉조
③ 폭기시설　　④ 살균시설

풀이

① 응집시설: 물리적 처리시설
② 접촉조: 생물화학적 처리시설
③ 폭기시설: 생물화학적 처리시설

02 다음 중 하·폐수 처리시설의 일반적인 처리계통으로 가장 적합한 것은?

① 침사지 – 1차 침전지 – 소독조 – 포기조
② 침사지 – 1차 침전지 – 포기조 – 소독조
③ 침사지 – 소독조 – 포기조 – 1차 침전지
④ 침사지 – 포기조 – 소독조 – 1차 침전지

03 폐수처리 과정에 대한 설명으로 옳지 않은 것은? 2022년 지방직9급

① 천, 막대 등의 제거는 전처리에 해당한다.
② 폐수 내 부유물질 제거는 1차 처리에 해당한다.
③ 생물학적 처리는 2차 처리에 해당한다.
④ 생분해성 유기물 제거는 3차 처리에 해당한다.

풀이

생분해성 유기물 제거는 2차 처리에 해당한다.
폐수처리 중 3차처리(고도처리)는 주로 총인, 총질소, 고도산화처리 등이 해당한다.

정답 01 ④ 02 ② 03 ④

제2절 처리 기술

1 예비처리

01 직경이 8cm인 관에서 유체의 유속이 20m/sec일 때 직경이 40cm인 곳에서의 유속(m/sec)은? (단, 유량 동일, 기타 조건은 고려하지 않음)

① 0.8 ② 1.6 ③ 2.2 ④ 3.4

풀이

단면적과 유속은 변하지만 유량은 동일

$Q = A_1 V_1 = A_2 V_2$

$\frac{\pi}{4}(0.08m)^2 \times 20m/\sec = \frac{\pi}{4}(0.4m)^2 \times \square m/\sec$

□ = 0.8m/sec

02 기계식 봉 스크린을 0.6m/sec로 흐르는 수로에 설치하고자 한다. 봉의 두께는 10mm이고, 간격이 30mm라면 봉 사이로 지나는 유속(m/sec)은?

① 0.75 ② 0.80 ③ 0.85 ④ 0.90

풀이

$Q = A_1 V_1 = A_2 V_2$

0.6m/s × 40mm × D = V_A × 30mm × D

V_A = 0.8m/s

03 물리적 처리에 관한 설명으로 거리가 먼 것은?

① 폐수가 흐르는 수로에 관망을 설치하여 부유물 중 망의 유효간격보다 큰 것을 망 위에 걸리게 하여 제거하는 것이 스크린의 처리원리이다.
② 스크린의 접근유속은 0.15m/sec 이상이어야 하며, 통과 유속이 5m/sec를 초과해서는 안된다.
③ 침사지는 모래, 자갈, 뼛조각, 기타 무기성 부유물로 구성된 혼합물을 제거하기 위해 이용된다.
④ 침사지는 일반적으로 스크린 다음에 설치되며, 침전한 그릿이 쉽게 제거되도록 밑바닥이 한 쪽으로 급한 경사를 이루도록 한다.

풀이

스크린의 접근유속은 0.45m/sec 이상이어야 하며, 통과 유속이 1m/sec를 초과해서는 안된다.

04 **폐수처리에 있어서 스크린(Screen) 조작으로 옳은 것은?**

① 수로 흐름을 용이하게 하기 위해 큰 고형물(나무조각, 플라스틱 등)을 제거하는 조작이다.
② 화학적 플록을 제거하는 조작이다.
③ 비교적 밀도가 크고, 입자의 크기가 작은 고형물을 제거하는 조작이다.
④ BOD와 관계가 있는 유기물인 가용성 물질을 제거하는 조작이다.

풀이

② 화학적 플록을 제거하는 조작이다. : 침전지
③ 비교적 밀도가 크고, 입자의 크기가 작은 고형물을 제거하는 조작이다. : 침전지
④ BOD와 관계가 있는 유기물인 가용성 물질을 제거하는 조작이다. : 포기조, 침전지

2 물리적 처리 공정

05 **유량 120,000 m^3d^{-1}, 체류시간 4hr, 표면부하율 $30m^3m^{-2}d^{-1}$인 하수가 8개의 침전조로 유입될 때, 침전조 1개의 유효 표면적[m^2]은?**

2023년 지방직9급

① 125 ② 250
③ 500 ④ 1,000

풀이

표면부하율 = 유량/침전면적

$$\frac{30m^3}{m^2 \cdot day} = \frac{\frac{120,000m^3}{day}}{A(m^2)} \rightarrow A = 4000m^2$$

8개의 침전조로 유입되므로 4000/8 = 500m^2가 침전조 1개의 유효표면적이 된다.

정답 01 ① 02 ② 03 ② 04 ① 05 ③

06 A 도시에서 발생하는 2,000m^3/day 하수를 1차 침전지에서 침전속도가 2m/day보다 큰 입자들을 완전히 제거하기 위해 요구되는 1차 침전지의 표면적으로 가장 적합한 것은?

① 100m^2 이상 ② 500m^2 이상
③ 1,000m^2 이상 ④ 4,000m^2 이상

풀이

$\eta = \frac{\text{입자의 침전속도}}{\text{수면적부하율}}$, 효율이 100%인 침전지는 입자의 침전속도 = 수면적부하율의 관계가 성립된다.

$\frac{2m}{day} = \frac{2,000m^3/day}{\text{표면적}}$, 표면적 = 1,000m^2

수면적부하율 $= \frac{\text{유량}}{\text{침전되는 단면적}} = \frac{VH}{L}$ → 100% 제거되는 입자의 침강속도

07 수량이 30,000m^3/d, 수심이 4.8m, 하수 체류시간이 2.4hr인 침전지의 수면부하율(또는 표면부하율)은?

① 30m^3/m^2·d ② 36m^3/m^2·d
③ 44m^3/m^2·d ④ 48m^3/m^2·d

풀이

표면부하율 $= \frac{\text{유량}}{\text{침전면적}} = \frac{AV}{WL} = \frac{WHV}{WL} = \frac{HV}{L} = \frac{H}{HRT}$ 이므로,

$\frac{H}{HRT} = \frac{4.8m}{2.4hr \times \frac{1day}{24hr}}$ = 48m/day = 48m^3/m^2·day

08 정수처리시설 중에서 이상적인 침전지에서의 효율을 검증하고자 한다. 실험결과 입자의 침전속도가 1.5m/day이고 유량이 300m^3/day로 나타났을 때 침전효율(제거율, %)은?(단, 침전지의 유효 표면적은 100m^{2}이고, 수심은 4m이며 이상적 흐름상태 가정)

① 20% ② 30% ③ 40% ④ 50%

풀이

✓ 침전지에서 표면부하율과 효율과의 관계

표면부하율 $= \frac{\text{유량}}{\text{침전면적}}$

효율 $= \frac{\text{중력침강속도}(V_g)}{\text{표면부하율}(V_0)} = \frac{\text{중력침강속도}(V_g)}{\frac{\text{유량}(Q)}{\text{침전면적}(A)}} = \frac{V_g \times A}{Q} = \frac{\frac{1.5m}{day} \times 100m^2}{\frac{300m^3}{day}}$ = 0.5 → 50%

09 도시 하수처리장의 원형 침전지에 3000m^3/day의 하수가 유입되고 위어의 월류부하를 12m^3/m · day로 하고자 한다면, 최종침전지 월류위어(weir)의 길이는?

① 220m

② 230m

③ 240m

④ 250m

풀이

Weir의 월류부하 $= \frac{\text{유량}}{Weir\text{의 길이}}$ → Weir의 길이 $= \frac{\text{유량}}{Weir\text{의 월류부하}}$

Weir의 길이 $= \frac{\frac{3000m^3}{day}}{\frac{12m^3}{m \cdot day}} = 250\text{m}$

10 침전현상의 분류 중 독립침전에 대한 설명으로 가장 적합한 것은?

① 부유물의 농도가 낮은 상태에서 응결하지 않는 입자와 침전으로 입자의 특성에 따라 침전한다.

② 서로 응결하여 입자가 점점 커져 속도가 빨라지는 침전이다.

③ 입자의 농도가 큰 경우의 침전으로 입자들이 너무 가까이 있을 때 행해지는 침전이다.

④ 입자들이 고농도로 있을 때의 침전으로 서로 접촉해 있을 때의 침전이다.

풀이

② 서로 응결하여 입자가 점점 커져 속도가 빨라지는 침전이다. : 응집침전

③ 입자의 농도가 큰 경우의 침전으로 입자들이 너무 가까이 있을 때 행해지는 침전이다. : 방해침전

④ 입자들이 고농도로 있을 때의 침전으로 서로 접촉해 있을 때의 침전이다. : 압밀침전

11 폐수 중의 오염물질을 제거할 때 부상이 침전보다 좋은 점을 설명한 것으로 가장 적합한 것은?

① 침전속도가 느린 작거나 가벼운 입자를 짧은 시간 내에 분리시킬 수 있다.

② 침전에 의해 분리되기 어려운 유해 중금속을 효과적으로 분리시킬 수 있다.

③ 침전에 의해 분리되기 어려운 색도 및 경도 유발물질을 효과적으로 분리시킬 수 있다.

④ 침전속도가 빠르고 큰 입자를 짧은 시간 내에 분리시킬 수 있다.

정답 06 ③ 07 ④ 08 ④ 09 ④ 10 ① 11 ①

12 MLSS의 농도가 1870mg/L인 슬러지를 부상법(Flotation)에 의해 농축시키고자 한다. 압축탱크의 유효전달 압력이 4기압이며 공기의 밀도를 1.3g/L, 공기의 용해량이 18.7mL/L일 때 Air/Solid(A/S) 비는?(단, 유량 = 300m^3/day, f = 0.5, 처리수의 반송은 없다.)

① 0.008

② 0.010

③ 0.013

④ 0.016

풀이

A/S비 산정을 위한 관계식은 아래와 같다.

$$A/S\text{비} = \frac{1.3 \times C_a(f \times P - 1)}{SS}$$

1.3 : 공기의 밀도g/L

Ca : 공기의 용해량 → 18.7mL/L

f : 0.5

P : 유효전달압력 → 4atm

SS : SS의 농도 → 1870mg/L

$$A/S\text{비} = \frac{1.3 \times C_a(f \times P - 1)}{SS} = \frac{1.3 \times 18.7 \times (0.5 \times 4 - 1)}{1,870} = 0.013$$

13 폐수처리에 관련된 침전현상으로 입자 간의 작용하는 힘에 의해 주변입자들의 침전을 방해하는 중간정도 농도 부유액에서의 침전은?

① 제1형침전(독립입자침전)

② 제2형침전(응집침전)

③ 제3형침전(계면침전)

④ 제4형침전(압밀침전)

14 정수처리시설 중에서 이상적인 침전지에서의 효율을 검증하고자 한다. 실험결과 입자의 침전속도가 0.15cm/sec이고 유량이 30000m^3/day로 나타났을 때 침전효율(제거율, %)은?(단, 침전지의 유효표면적은 100m^2이고, 수심은 4m이며 이상적 흐름상태 가정)

① 73.2

② 63.2

③ 53.2

④ 43.2

풀이

침전지에서 표면부하율과 효율과의 관계

$$\text{표면부하율} = \frac{\text{유량}}{\text{침전면적}}$$

$$\text{효율} = \frac{\text{중력침강속도}(V_g)}{\text{표면부하율}(V_0)} = \frac{\text{중력침강속도}(V_g)}{\frac{\text{유량}(Q)}{\text{침전면적}(A)}} = \frac{V_g \times A}{Q}$$

$$= \frac{\frac{0.15cm}{\sec} \times \frac{86400\sec}{day} \times \frac{1m}{100cm} \times 100m^2}{\frac{30000m^3}{day}} = 0.432 \rightarrow 43.2\%$$

15 수량이 30000m^3/d, 수심이 3.5m, 하수 체류시간이 2.4hr인 침전지의 수면부하율(또는 표면부하율)은?

① 65m^3/m^2 · d

② 55m^3/m^2 · d

③ 45m^3/m^2 · d

④ 35m^3/m^2 · d

풀이

$$\text{표면부하율} = \frac{\text{유량}}{\text{침전면적}} = \frac{AV}{WL} = \frac{WHV}{WL} = \frac{HV}{L} = \frac{H}{HRT}$$ 이므로,

ⓐ 표면부하율 산정

$$\frac{H}{HRT} = \frac{3.5m}{2.4hr \times \frac{1day}{24hr}} = 35\text{m/day} = 35\text{m}^3/\text{m}^2 \cdot \text{day}$$

16 경사판 침전지에서 경사판의 효과가 아닌 것은?

① 수면적 부하율의 증가효과

② 침전지 소요면적의 저감효과

③ 고형물의 침전효율 증대효과

④ 처리효율의 증대효과

풀이

경사판 침전지의 유효침전면적 증가로 수면적부하율은 감소한다.

정답 12 ③ 13 ③ 14 ④ 15 ④ 16 ①

17 직경이 1.0×10^{-2}cm인 원형 입자의 침강속도(m/hr)는?(단, Stokes 공식 사용, 물의 밀도 = $1.0g/cm^3$, 입자의 밀도 = $2.1g/cm^3$, 물의 점성계수 = 1.0087×10^{-2}g/cm · sec)

① 21.4 ② 25.4
③ 30.4 ④ 35.4

풀 이

ⓐ 침전속도 산정

$$V_g = \frac{d_p^2 \times (\rho_p - \rho) \times g}{18 \times \mu}$$

$$V_g = \frac{(1.0 \times 10^{-2})^2 \times (2.1 - 1) \times 980}{18 \times 1.0087 \times 10^{-2}} = 0.5937cm/\text{sec}$$

ⓑ 단위환산

$$\frac{0.5937cm \times \frac{m}{100cm}}{\text{sec} \times \frac{1hr}{3600\text{sec}}} = 21.3732\text{m/hr}$$

18 유량 $4000m^3$/day, 부유물질 농도 206mg/L인 하수를 처리하는 일차침전지에서 발생되는 슬러지의 양(m^3/day)은? (단, 슬러지 단위 중량(비중) = 1.03, 함수율 = 94%, 일차 침전지 체류시간 = 2시간, 부유물질 제거효율 = 60%, 기타 조건은 고려하지 않음)

① 0.8 ② 8.0
③ 80 ④ 800

풀 이

$$\frac{206mg}{L} \times \frac{4000m^3}{day} \times \frac{1kg}{10^6 mg} \times \frac{10^3 L}{1m^3} \times \frac{60}{100} \times \frac{100}{6} \times \frac{1m^3}{1030kg} = 8m^3 day$$

19 상수처리를 위한 사각 침전조에 유입되는 유량은 $30000m^3$/day이고 표면부하율은 $24m^3/m^2$ · day이며 체류시간은 6시간이다. 침전조이 길이와 폭의 비는 2 : 1이라면 조의 크기는?

① 폭 : 20m, 길이 : 40m, 깊이 : 6m
② 폭 : 20m, 길이 : 40m, 깊이 : 4m
③ 폭 : 25m, 길이 : 50m, 깊이 : 6m
④ 폭 : 25m, 길이 : 50m, 깊이 : 4m

풀이

표면부하율 $= \frac{\text{유량}}{\text{침전면적}} = \frac{AV}{WL} = \frac{WHV}{WL} = \frac{HV}{L} = \frac{H}{HRT}$ 이므로,

ⓐ H 산정

표면부하율 = H / HRT

$$\frac{24m^3}{m^2 \cdot day} = \frac{H}{6hr \times \frac{day}{24hr}}$$

H = 6m

ⓑ 침전면적 산정

표면부하율 = 유량 / 침전면적

$$\frac{24m^3}{m^2 \cdot day} = \frac{30000m^3/day}{A}$$

A = $1250m^2$

ⓒ 길이와 폭 산정

W : L = 1 : 2 이므로 L = 2W

침전면적 = 길이 × 폭 = $2W^2$ = $1250m^2$

W = 25m

L = 50m

20 표면적이 $2m^2$이고 깊이가 2m인 침전지에 유량 $48m^3$/day의 폐수가 유입될 때 폐수의 체류시간(hr)은?

① 2

② 4

③ 6

④ 8

풀이

유량 = 부피/체류시간의 관계를 이용

ⓐ 부피 산정

$2m^2 \times 2m = 4m^3$

ⓑ 체류시간 산정

$$\text{체류시간} = \frac{\text{부피}}{\text{유량}} = \frac{4m^3}{\frac{48m^3}{day} \times \frac{day}{24hr}} = 2hr$$

정답 17 ① 18 ② 19 ③ 20 ①

21 도시하수처리장 1차 침전지의 SS 제거효율이 약 38%이다. 유입수의 SS가 260mg/L이고, 유량이 8000m³/day라면 1차 침전지에서 제거되는 슬러지의 양은?(단, 1차 슬러지는 5%의 고형물을 함유하며, 슬러지의 비중은 1.1이다.)

① 6.4m³/day ② 9.4m³/day
③ 12.4m³/day ④ 14.4m³/day

풀이

$$\frac{260mg}{L}\times\frac{8000m^3}{day}\times\frac{1kg}{10^6mg}\times\frac{10^3L}{1m^3}\times\frac{38}{100}\times\frac{100}{5}\times\frac{1m^3}{1100kg}=14.3709m^3day$$

22 MLSS의 농도가 1500mg/L인 슬러지를 부상법(Flotation)에 의해 농축시키고자 한다. 압축 탱크의 유효전달 압력이 4기압이며 공기의 밀도를 1.3g/L, 공기의 용해량이 18.7ml/L일 때 A/S비는?(단, 유량은 3000m³/day이며 처리수의 반송은 없고 f = 0.5이다.)

① 0.008 ② 0.010 ③ 0.016 ④ 0.020

풀이

A/S비 산정을 위한 관계식은 아래와 같다.

$$A/S비=\frac{1.3\times C_a(f\times P-1)}{SS}$$

1.3 : 공기의 밀도g/L

C_a : 공기의 용해량 → 18.7mL/L

f : 0.5

P : 유효전달압력 → 4atm

SS : SS의 농도 → 1,500mg/L

$$A/S비=\frac{1.3\times C_a(f\times P-1)}{SS}=\frac{1.3\times18.7\times(0.5\times4-1)}{1500}=0.016$$

23 수량이 30000m³/day, 수심이 3.5m, 하수 체류시간이 4.8hr인 침전지의 수면부하율(또는 표면부하율, m³/m²·day)은?

① 47.1 ② 34.2 ③ 21.5 ④ 17.5

풀이

$$표면부하율=\frac{유량}{침전면적}=\frac{AV}{WL}=\frac{WHV}{WL}=\frac{HV}{L}=\frac{H}{HRT}$$ 이므로,

ⓐ 표면부하율 산정

$$\frac{H}{HRT}=\frac{3.5m}{4.8hr\times\frac{1day}{24hr}}=17.5m/day=17.56m^3/m^2\cdot day$$

24 침전지 침전효율과 관련된 내용으로 옳은 것은?

① 침전제거율 향상을 위해 침전지의 침강면적(A)을 작게 한다.
② 침전제거율 향상을 위해 플록의 침강속도(V)를 작게 한다.
③ 침전제거율 향상을 위해 유량(Q)을 크게 한다.
④ 가장 기본적인 지표는 표면부하율이다.

풀이

침전지에서 표면부하율과 효율과의 관계

$$표면부하율 = \frac{유량}{침전면적}$$

$$효율 = \frac{중력침강속도(V_g)}{표면부하율(V_0)} = \frac{중력침강속도(V_g)}{\frac{유량(Q)}{침전면적(A)}} = \frac{V_g \times A}{Q}$$

바르게 고쳐보면
① 침전제거율 향상을 위해 침전지의 침강면적(A)을 크게 한다.
② 침전제거율 향상을 위해 플록의 침강속도(V)를 크게 한다.
③ 침전제거율 향상을 위해 유량(Q)을 작게 한다.

25 수량 36000m^3/day의 하수를 폭 15m, 길이 30m, 깊이 2.5m의 침전지에서 표면적 부하 40m^3/m^2 · day의 조건으로 처리하기 위한 침전지 수는?(단, 병렬기준)

① 2 ② 3 ③ 4 ④ 5

풀이

표면적 부하를 통해 총 침전면적을 산정한 후 침전지 면적으로 나눠 침전지 수 산정
ⓐ 총 침전면적 산정

$$표면부하율 = \frac{유량}{침전면적}$$

$$40m^3/m^2 \cdot day = \frac{36000m^3/day}{Am^2}$$

총 침전면적 = 900m^2

ⓑ 침전지 수 산정

$$침전지수 = \frac{총면적}{개당면적} = \frac{900m^2}{(15 \times 30)m^2/지} = 2지$$

정답 21 ④ 22 ③ 23 ④ 24 ④ 25 ①

26 유량 10,000m^3/day인 폐수를 처리하기 위한 정방형 skimming 탱크의 표면적 부하율($m^3/m^2 \cdot day$)은? (단, 체류시간은 10분이고, 상승속도는 200mm/min 임)

① 213
② 233
③ 258
④ 288

풀 이

표면부하율 $= \frac{유량}{침전면적} = \frac{AV}{WL} = \frac{WHV}{WL} = \frac{HV}{L} = \frac{H}{HRT}$ 이므로,

ⓐ H 산정
깊이(H) = 상승속도 × 체류시간

$$\frac{200mm}{\text{min}} \times \frac{1m}{10^3 mm} \times 10\text{min} = 2m$$

ⓑ 표면부하율 산정

$$\frac{H}{HRT} = \frac{2m}{10\text{min} \times \frac{1day}{1440\text{min}}}$$ = 288m/day = 288$m^3/m^2 \cdot$ day

27 침전지에서 입자의 침강속도가 증대되는 원인이 아닌 것은?

① 입자 비중의 증가
② 액체 점성계수 증가
③ 수온의 증가
④ 입자 직경의 증가

풀 이

Stoke's 법칙에 따라 액체의 점도가 증가하면 침강속도는 감소한다.

$$V_g = \frac{dp^2(\rho_p - \rho)g}{18\mu}$$

V_g : 중력침강속도
d_p : 입자의 직경
ρ_p : 입자의 밀도
ρ : 유체의 밀도
μ : 유체의 점성계수
g : 중력가속도

28 플록을 형성하여 침강하는 입자들이 서로 방해를 받으므로 침전속도는 점차 감소하게 되며 침전하는 부유물과 상등수 간에 뚜렷한 경계면이 생기는 침전형태는?

① 지역침전 ② 압축침전
③ 압밀침전 ④ 응집침전

풀이

Ⅰ형 침전 : 독립침전, 자유침전, 스토크스법칙을 따름
Ⅱ형 침전 : 플록침전, 응결침전, 응집침전, 입자들이 서로 위치를 바꾸려 함
Ⅲ형 침전 : 지역침전, 계면침전, 방해침전, 입자들이 서로 위치를 바꾸려 하지 않음
Ⅳ형 침전 : 압축침전, 압밀침전, 고농도의 폐수에 적용됨

29 길이 : 폭의 비가 3 : 1인 장방형 침전조에 유량 $850m^3/day$의 흐름이 도입된다. 깊이는 4.0m이고 체류시간은 1.92hr이라면 표면부하율($m^3/m^2 \cdot day$)은?(단, 흐름은 침전조 단면적에 균일하게 분배)

① 20 ② 30 ③ 40 ④ 50

풀이

표면부하율의 관계식

$$\text{표면부하율} = \frac{\text{유량}}{\text{침전면적}} = \frac{AV}{WL} = \frac{WHV}{WL} = \frac{H}{HRT} \text{ 이므로,}$$

$$= \frac{4m}{1.92hr} \times \frac{24hr}{day} = 50m/day = 50m^3/m^2 day$$

30 평균유량이 $20,000m^3/d$이고 최고유량이 $30,000m^3/d$인 하수처리장에 1차 침전지를 설계하고자 한다. 표면월류는 평균유량 조건하에서 25m/d, 최대유량조건하에서 60m/d를 유지하고자 할 때 실제 설계하여야 하는 1차 침전의 수면적(m^2)은? (단, 침전지는 원형침전지라 가정)

① 500 ② 650 ③ 800 ④ 1,300

풀이

표면부하율의 관계식

$$\text{평균유량 : 침전면적} = \frac{\text{유량}}{\text{표면부하율}} = \frac{20000m^3}{day} \times \frac{day}{25m} = 800m^2$$

$$\text{최대유량 : 침전면적} = \frac{\text{유량}}{\text{표면부하율}} = \frac{30000m^3}{day} \times \frac{day}{60m} = 500m^2$$

면적이 더 넓은 평균유량에 의한 침전면적을 택한다.

정답 26 ④ 27 ② 28 ① 29 ④ 30 ③

3 화학적 처리 공정

31 폐수처리 유량이 2,000m^3/day이고, 염소요구량이 6.0mg/L, 잔류염소농도가 0.5mg/L일 때, 하루에 주입해야 할 염소량(kg/day)는?

① 6.0kg/day
② 6.5kg/day
③ 12.0kg/day
④ 13.0kg/day

풀이

① 염소주입량(mg/L)
염소주입량 = 염소요구량 + 염소잔류량 = 6 + 0.5 = 6.5mg/L
② 염소주입량(kg/day)
총량(부하량) = 유량 × 농도

부하량 : $\underset{\text{농도}}{\frac{6.5mg}{L}} \times \underset{\text{유량}}{\frac{2,000m^3}{day}} \times \underset{mg \to kg}{\frac{1kg}{10^6 mg}} \times \underset{m^3 \to L}{\frac{10^3 L}{m^3}} = 13kg/day$

32 염소의 주입으로 발생되는 결합잔류염소와 유리염소의 살균력 크기를 순서대로 바르게 나열한 것은? 2020년 지방직9급

① $HOCl > OCl^- > NH_2Cl$
② $NH_2Cl > HOCl > OCl^-$
③ $OCl^- > NH_2Cl > HOCl$
④ $HOCl > NH_2Cl > OCl^-$

33 정수 시설에서 오존처리에 관한 설명으로 가장 거리가 먼 것은?

① 오존은 강력한 산화력이 있어 원수 중의 미량 유기물질의 성상을 변화시켜 탈색효과가 뛰어나다.
② 맛과 냄새 유발물질의 제거에 효과적이다.
③ 소독 효과가 우수하면서도 소독 부산물을 적게 형성한다.
④ 잔류성이 뛰어나 잔류 소독효과를 얻기 위해 염소를 추가로 주입할 필요가 없다.

풀이

오존처리는 잔류성이 없어 잔류 소독효과를 얻기 위해 염소를 추가로 주입할 필요가 있다.

34 하수 소독방법인 UV살균의 장점과 거리가 먼 것은?

① 유량과 수질의 변동에 대해 적응력이 강하다.
② 접촉시간이 짧다.
③ 물의 탁도나 혼탁이 소독효과에 영향을 미치지 않는다.
④ 강한 살균력으로 바이러스에 대해 효과적이다.

풀이
물의 탁도나 혼탁이 소독효과에 영향을 미친다.

35 다음 중 폐수의 응집처리 시 응집의 원리로서 볼 수 없는 것은?

① Zeta potential을 감소시킨다.
② Van Der Waals를 증가시킨다.
③ 응집제를 투여하여 입자끼리 뭉치게 한다.
④ 콜로이드 입자의 표면전하를 증가시킨다.

풀이
콜로이드 입자의 표면전하를 감소시킨다.

36 콜로이드(colloids)에 대한 설명으로 옳지 않은 것은?

① 브라운 운동을 한다.
② 표면전하를 띠고 있다.
③ 입자 크기는 0.001~1μm이다.
④ 모래여과로 완전히 제거된다.

풀이
콜로이드는 모래여과로는 제거되지 않으며 응집과 침전에 의해 제거된다.

정답 31 ④ 32 ① 33 ④ 34 ③ 35 ④ 36 ④

37 무기응집제인 알루미늄염의 장점으로 가장 거리가 먼 것은?

① 적정 pH 폭이 2~12 정도로 매우 넓은 편이다.
② 독성이 거의 없어 대량으로 주입할 수 있다.
③ 시설을 더럽히지 않는 편이다.
④ 가격이 저렴한 편이다.

풀이

적정 pH 폭이 4~8 정도이다.

38 효과적인 응집을 위해 실시하는 약품교반 실험장치(jar tester)의 일반적인 실험순서가 바르게 나열된 것은?

① 정치 침전 → 상징수 분석 → 응집제주입 → 급속 교반 → 완속 교반
② 급속 교반 → 완속 교반 → 응집제 주입 → 정치 침전 → 상징수 분석
③ 상징수 분석 → 정치 분석 → 완속 교반 → 급속교반 → 응집제 주입
④ 응집제 주입 → 급속 교반 → 완속 교반 → 정치 침전 → 상징수 분석

39 폐수처리공정에서 최적 응집제 투입량을 결정하기 위한 Jar–Test에 관한 설명으로 가장 적합한 것은?

① 응집제 투입량 대 상징수의 SS 잔류량을 측정하여 최적 응집제 투입량을 결정
② 응집제 투입량 대 상징수의 알칼리도를 측정하여 최적 응집제 투입량을 결정
③ 응집제 투입량 대 상징수의 용존산소를 측정하여 최적 응집제 투입량을 결정
④ 응집제 투입량 대 상징수의 대장균군수를 측정하여 최적 응집제 투입량을 결정

40 명반(Alum)을 폐수에 첨가하여 응집처리를 할 때, 투입조에 약품 주입 후 응집조에서 완속교반을 행하는 주된 목적은?

① 명반이 잘 용해되도록 하기 위해
② floc과 공기와의 접촉을 원활히 하기 위해
③ 형성되는 floc을 가능한 한 뭉쳐 밀도를 키우기 위해
④ 생성된 floc을 가능한 한 미립자로 하여 수량을 증가시키기 위해

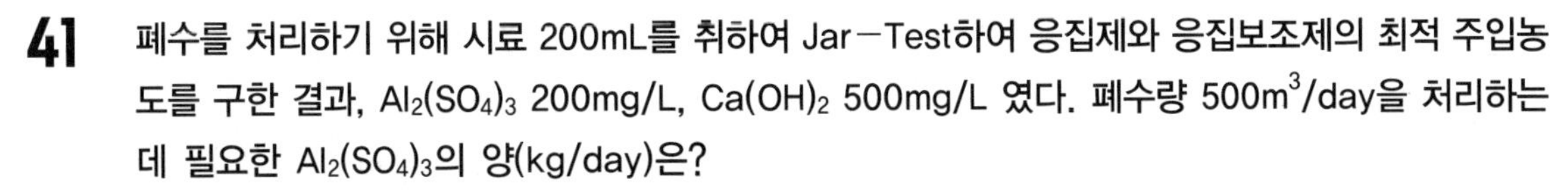
41 폐수를 처리하기 위해 시료 200mL를 취하여 Jar－Test하여 응집제와 응집보조제의 최적 주입농도를 구한 결과, $Al_2(SO_4)_3$ 200mg/L, $Ca(OH)_2$ 500mg/L 였다. 폐수량 500m^3/day을 처리하는데 필요한 $Al_2(SO_4)_3$의 양(kg/day)은?

① 50　② 100

③ 150　④ 200

풀 이

Jar－Test의 목표는 응집제의 종류와 농도의 산정이다. 시료 200mL에서 최적의 주입농도가 $Al_2(SO_4)_3$ 200mg/L이므로 폐수량 500m^3/day을 처리하는데 필요한 농도 또한 200mg/L이다.

ⓐ 관계식의 산정 : 총량 = 유량 × 농도

$$Al_2(SO_4)_3(kg/day) = \frac{200mg}{L} \times \frac{500m^3}{day} \times \frac{10^3 L}{1m^3} \times \frac{1kg}{10^6 mg} = 100kg/day$$

42 하수소독 시 적용되는 UV 소독방법에 관한 설명으로 틀린 것은?(단, 오존 및 염소소독 방법과 비교)

① pH 변화에 관계없이 지속적인 살균이 가능하다.

② 유량과 수질의 변동에 대해 적응력이 강하다.

③ 설치가 복잡하고, 전력 및 램프 수가 많이 소요되므로 유지비가 높다.

④ 물이 혼탁하거나 탁도가 높으면 소독능력에 영향을 미친다.

풀 이

설치가 간단하고, 전력 및 램프 수가 적게 소요되므로 유지비가 낮다.

43 하수처리시설 중 소독시설에서 사용하는 오존의 장 · 단점으로 틀린 것은?

① 병원균에 대하여 살균작용이 강하다.

② 철 및 망간의 제거능력이 크다.

③ 경제성이 좋다.

④ 바이러스의 불활성화 효과가 크다.

풀 이

경제성이 좋지 않다.

정답　37 ①　38 ④　39 ①　40 ③　41 ②　42 ③　43 ③

44 소독을 위한 자외선방사에 관한 설명으로 틀린 것은?

① 5~400nm 스펙트럼 범위의 단파장에서 발생하는 전자기 방사를 말한다.
② 미생물이 사멸되며 수중에 잔류방사량(잔류살균력이 있음)이 존재한다.
③ 자외선소독은 화학물질 소비가 없고 해로운 부산물도 생성되지 않는다.
④ 물과 수중의 성분은 자외선의 전달 및 흡수에 영향을 주며 Beer－Lambert 법칙이 적용된다.

풀이

염소소독: 미생물이 사멸되며 수중에 잔류방사량(잔류살균력이 있음)이 존재한다.

45 염소살균에 관한 설명으로 틀린 것은?

① HOCl의 살균력은 OCl^-의 약 80배 정도 강한 것으로 알려져 있다.
② 수중 용존 염소는 페놀과 반응하여 클로로페놀을 형성하여 불쾌한 맛과 냄새를 유발한다.
③ pH 9 이상에서는 물에 주입된 염소는 대부분이 HOCl로 존재한다.
④ 유리잔류염소는 수중의 암모니아나 유기성 질소화합물이 존재할 경우 이들과 반응하여 결합잔류염소를 형성한다.

풀이

pH 9 이상에서는 대부분이 OCl^-로 존재한다.

46 염소의 살균력에 대한 설명으로 옳지 않은 것은?

① 살균강도는 HOCl > OCl^- 이다.
② 염소의 살균력은 반응시간이 길고 온도가 높을 때 강하다.
③ 염소의 살균력은 주입농도가 높고 pH가 낮을 때 강하다.
④ Chloramines은 살균력은 강하나 살균작용은 오래 지속되지 않는다.

풀이

Chloramines(결합잔류염소)은 살균력이 약하고 살균작용은 오래 지속되지 않는다.

47 **하수처리과정에서 소독 방법 중 염소와 자외선 소독의 장 · 단점을 비교할 때 염소소독의 장 · 단점으로 틀린 것은?**

① 암모니아의 첨가에 의해 결합잔류염소가 형성된다.
② 염소접촉조로부터 휘발성유기물이 생성된다.
③ 처리수의 총용존고형물이 감소한다.
④ 처리수의 잔류독성이 탈염소과정에 의해 제거되어야 한다.

풀이
처리수의 염소소독에서 총용존고형물은 증가한다.

48 **오존을 이용한 소독에 관한 설명으로 틀린 것은?**

① 오존은 화학적으로 불안정하여 현장에서 직접 제조하여 사용해야 한다.
② 오존은 산소의 동소체로서 HOCl보다 더 강력한 산화제이다.
③ 오존은 20℃ 증류수에서 반감기 20~30분이고 용액 속에 산화제를 요구하는 물질이 존재하면 반감기는 더욱 짧아진다.
④ 잔류성이 강하여 2차 오염을 방지하며 냄새제거에 매우 효과적이다.

풀이
오존은 잔류성이 없다.

49 **염소소독의 장 · 단점으로 틀린 것은?(단, 자외선 소독과 비교 기준)**

① 소독력 있는 잔류염소를 수송관거 내에 유지시킬 수 있다.
② 처리수의 총용존고형물이 감소한다.
③ 염소접촉조로부터 휘발성 유기물이 생성된다.
④ 처리수의 잔류독성이 탈염소과정에 의해 제거되어야 한다.

풀이
처리수의 염소소독에서 총용존고형물은 증가한다.

정답 44 ② 45 ③ 46 ④ 47 ③ 48 ④ 49 ②

50 정수장에서 염소 소독 시 pH가 낮아질수록 소독효과가 커지는 이유는?

① OCl^-의 증가 ② HOCl의 증가
③ H^+의 증가 ④ 산소의 증가

풀 이

차아염소산(HOCl)과 차아염소산이온(OCl^-)은 같은 유효염소지만, 살균력에 차이가 있으며 차아염소산(HOCl)이 살균작용이 강하다. 차아염소산과 차아염소산이온의 존재비는 pH가 낮아질수록 차아염소산의 존재비율이 높아지므로 소독효과는 커진다.

51 잔류염소 농도 0.6mg/L에서 4.6분간에 90%의 세균이 사멸되었다면 같은 농도에서 95% 살균을 위해서 필요한 시간(분)은?(단, 염소소독에 의한 세균의 사멸이 1차반응속도식을 따른다고 가정)(ln(0.1) = −2.3, ln(0.05) = −3)

① 2.5 ② 3.0 ③ 6.0 ④ 7.5

풀 이

염소소독에 의한 세균의 사멸은 일차반응을 따른다.

$$\ln\frac{C_t}{C_o} = -K \times t$$

ⓐ K 값 산정

$$\ln\frac{10}{100} = -K \times 4.6\,\text{min}$$

$-2.3 = -K \times 4.6$

$\therefore K = 0.5\ \text{min}^{-1}$

ⓑ 95% 살균을 위한 시간 산정

$$\ln\frac{5}{100} = -\frac{0.5}{\text{min}} \times t\ \text{min}$$

$-3 = -0.5 \times t$

$\therefore t = 6\text{min}$

52 수산화나트륨(NaOH) 10g을 물에 녹여서 500mL로 하였을 경우 몇 N 용액인가?

① 1.0N ② 0.25N ③ 0.5N ④ 0.75N

풀 이

N = eq/L

$$N = \frac{10g \times \frac{1eq}{(40/1)g}}{500mL \times \frac{1L}{10^3 mL}} = 0.5\text{eq/L}$$

53 화학적 응집에 영향을 미치는 인자의 설명 중 잘못된 내용은?

① 수온 : 수온 저하 시 플록형성에 소요되는 시간이 길어지고, 응집제의 사용량도 많아진다.
② pH : 응집제의 종류에 따라 최적의 pH 조건을 맞추어 주어야 한다.
③ 알칼리도 : 하수의 알칼리도가 많으면 플록을 형성하는데 효과적이다.
④ 응집제 양 : 응집제 양을 많이 넣을수록 응집효율이 좋아진다.

풀이

약품주입률은 자-테스트(jar-test)로 결정하는 방식이 일반적이다.

54 응집을 이용하여 하수를 처리할 때 하수온도가 응집반응에 미치는 영향을 설명한 내용으로 틀린 것은?

① 수온이 높으면 반응속도는 증가한다.
② 수온이 높으면 물의 점도저하로 응집제의 화학반응이 촉진된다.
③ 수온이 낮으면 입자가 커지고 응집제 사용량도 적어진다.
④ 수온이 낮으면 플록 형성에 소요되는 시간이 길어진다.

풀이

수온이 낮으면 입자가 작아지고 응집제 사용량도 많아진다.

55 유량이 6,750m³/day, 부유물질농도(SS)가 55mg/L인 폐수에 황산제이철($Fe_2(SO_4)_3$)100mg/L를 응집제로 주입한다. 이 물에 알칼리도가 없는 경우 매일 첨가해야 하는 석회($Ca(OH)_2$)의 양(kg/day)은?(단, Fe = 55.8, Ca = 40)

① 315 ② 346 ③ 375 ④ 386

풀이

ⓐ 반응식의 산정

$$Fe_2(SO_4)_3 + 3Ca(OH)_2 \rightarrow 2Fe(OH)_3 + 3CaSO_4$$

ⓑ $Ca(OH)_2$의 산정

$$Fe_2(SO_4)_3 : 3Ca(OH)_2$$

$$399.6g : 222g = \frac{100mg}{L} \times \frac{6750m^3}{day} \times \frac{10^3 L}{1m^3} \times \frac{1kg}{10^6 mg} : X$$

X = 375kg/day

정답 50 ② 51 ③ 52 ③ 53 ④ 54 ③ 55 ③

56 G = 200/sec, V = 150m³, 교반기 효율 90%, $\mu = 1.35 \times 10^{-2}$g/cm · sec일 때 소요동력 P(kW)는?

① 18kW
② 15kW
③ 9kW
④ 8.1kW

풀이

✓ **속도경사(G)를 이용하여 동력(P)를 산정**

$$G = \sqrt{\frac{P}{\mu \times \forall}}$$

ⓐ 점성계수의 단위 환산

$$\mu = \frac{1.35 \times 10^{-2} g \times \frac{1kg}{1000g}}{cm \cdot \sec \times \frac{1m}{100cm}} = 1.35 \times 10^{-3} kg/m \cdot \sec$$

ⓑ 속도경사(G)를 이용한 동력(P)의 산정

$$G = \sqrt{\frac{P}{\mu \times \forall}} \rightarrow P = G^2 \times \mu \times \forall$$

$$= \frac{200^2}{\sec^2} \times \frac{1.35 \times 10^{-3} kg}{\mathrm{m \cdot sec}} \times 150\mathrm{m}^3 = 8100\mathrm{W} = 8.1\mathrm{kW}$$

ⓒ 효율 보정
8.1kW / 0.9 = 9kW

57 수처리 과정에서 부유되어 있는 입자의 응집을 초래하는 원인으로 가장 거리가 먼 것은?

① 제타 포텐셜의 감소
② 플록에 의한 체거름 효과
③ 정전기 전하 작용
④ 가교현상

풀이

응집의 원리로는 이중층의 압축, 전하의 전기적 중화, 침전물에 의한 포착, 입자간의 가교작용, 제타전위의 감소, 플록의 체거름효과 등이다.

58 pH = 3.0인 산성폐수 1000m³/day를 도시하수 시스템으로 방출하는 공장이 있다. 도시하수의 유량은 10000m³/day이고 pH = 8.0이다. 하수와 폐수의 온도는 20℃이고 완충작용이 없다면 산성폐수 첨가 후 하수의 pH는?(log3 = 0.48)

① 3.2
② 3.5
③ 3.8
④ 4.0

풀이

ⓐ 관계식의 산정
불완전중화로 산의 eq와 염기의 eq를 비교하여 차이만큼이 pH에 영향을 주게 된다.
$N'V' - NV = N_0(V' + V)$

ⓑ $[H^+]$의 eq 산정
pH = 3 이므로 $H^+ = 10^{-3}mol/L = 10^{-3}eq/L$

$[H^+]$의 eq = $\frac{10^{-3}eq}{L} \times \frac{1,000m^3}{day} \times \frac{10^3L}{1m^3} = 10^3eq$

ⓒ $[OH^-]$의 eq 산정
pH = 8 이므로 pOH = 6이며,
$[OH^-] = 10^{-6}mol/L = 10^{-6}eq/L$

$[OH^-]$의 eq = $\frac{10^{-6}eq}{L} \times \frac{10,000m^3}{day} \times \frac{10^3L}{1m^3} = 10eq$

ⓓ 혼합폐수의 eq
산의 eq가 염기의 eq보다 크므로 $[H^+]$의 eq − $[OH^-]$의 eq = 남은 $[H^+]$의 eq 가 된다.
$N'V' - NV = N_0(V' + V)$

$$\underbrace{\frac{10^{-3}eq}{L} \times \frac{1,000m^3}{day} \times \frac{10^3L}{1m^3}}_{\text{산의}\ eq} - \underbrace{\frac{10^{-6}eq}{L} \times \frac{10,000m^3}{day} \times \frac{10^3L}{1m^3}}_{\text{염기의}\ eq} =$$

$$\underbrace{N_0(1000 + 10000)\frac{m^3}{day} \times \frac{1,000L}{1m^3}}_{\text{혼합폐수의}\ eq}$$

$N_0 = 9 \times 10^{-5}eq/L$

ⓔ pH 산정
pH = $-\log(9 \times 10^{-5}) = (-2 \times 0.48) + 5 = 4.04$

정답 56 ③ 57 ③ 58 ④

4 생물학적 처리 공정

59 BOD가 200mg/L이고, 폐수량이 1,500m^3/day인 폐수를 활성슬러지법으로 처리하고자 한다. F/M비가 0.4kg_{-BOD}/kg_{-MLSS} · day이라면 MLSS 1,500mg/L로 운전하기 위해서 요구되는 포기조 용적은?

① 500m^3 ② 600m^3
③ 800m^3 ④ 900m^3

풀이

$$F/M = \frac{Q \times BOD_{in}}{X \times \forall} \rightarrow 0.4 = \frac{1,500 \times 200}{1,500 \times \forall} \rightarrow \forall = \frac{1,500 \times 200}{1,500 \times 0.4} = 500m^3$$

F/M : 0.4
Q : 1,500m^3/day
BOD_{in} : 200mg/L
X : 1,500mg/L

60 활성슬러지 공정에서 발생할 수 있는 운전상의 문제점과 그 원인으로 옳지 않은 것은?

2020년 지방직9급

① 슬러지 부상－탈질화로 생성된 가스의 슬러지 부착
② 슬러지 팽윤(팽화)－포기조 내의 낮은 DO
③ 슬러지 팽윤(팽화)－유기물의 과도한 부하
④ 포기조 내 갈색거품－높은 F/M(먹이/미생물) 비

풀이

포기조 내 갈색거품－슬러지 체류시간(SRT)이 길 때 생긴다.
포기조 내 흰색거품－높은 F/M(먹이/미생물) 비와 짧은 SRT일 때 생긴다.

61 활성슬러지 공정에서 폭기조 유입 BOD가 250mg/L, SS가 200mg/L, BOD－슬러지 부하가 0.5kg－BOD/kg－MLSS · day 일 때, MLSS 농도(mg/L)는?(단, 폭기조 수리학적 체류시간 = 6시간)

① 1500 ② 2000
③ 2500 ④ 3000

풀이

BOD−MLSS 부하의 관계식은 아래와 같으며 단위(kg/kg · day)에 유의해야 한다.

$$BOD-MLSS부하=\frac{BOD_i\times Q}{MLSS\times\forall}=\frac{BOD_i}{MLSS\times t}$$

여기서, 유량 = 부피/시간이므로 $\frac{Q}{\forall}=\frac{1}{t}$ 이 된다.

$$0.5kg/kg\cdot day=\frac{250mg/L}{MLSS\times(6/24)day}$$

MLSS = 2000mg/L

62 눈금이 있는 실린더에 슬러지 1L를 담아 30분간 침전시킨 결과 슬러지의 부피가 180mL였다. 이 슬러지의 SVI는?(단, MLSS 농도는 2,000mg/L 이다.)

① 20 ② 50 ③ 90 ④ 111

풀이

$$SVI=\frac{SV_{30(mL)}}{MLSS}\times10^3\ \rightarrow\ SVI=\frac{180}{2000}\times10^3=90$$

※ $SVI=\frac{SV_{30(\%)}}{MLSS}\times10^4$ 이다.

63 하수종말처리장에서 30분 침강율 20%, SVI 100, 반송슬러지 SS농도가 7000mg/L일 때, 슬러지 반송율은?

① 20% ② 30% ③ 40% ④ 50%

풀이

SVI와 MLSS 관련식을 이용하여 MLSS 산정 후 반송비 계산

ⓐ MLSS 산정

$$SVI=\frac{SV_{30}(\%)}{MLSS}\times10000\ \rightarrow\ 100=\frac{20}{MLSS}\times10000$$

MLSS = 2000mg/L

ⓑ 반송률 관계식 이용

$$R=\frac{MLSS-SS_i}{X_r-MLSS}$$ → 유입수의 SS를 무시하면 $\frac{MLSS}{X_r-MLSS}$

$$R=\frac{2000}{7000-2000}\times100=40\%$$

정답 59 ① 60 ④ 61 ② 62 ③ 63 ③

64 다음 조건에서 폐슬러지의 배출량은?

- 폭기조 용적 : $10,000m^3$
- 폭기조 MLSS 농도 : 3,000mg/L
- SRT : 3day
- 폐슬러지 함수율 : 99%
- 유출수 SS 농도는 무시

① $1,000m^3/day$
② $1,500m^3/day$
③ $2,000m^3/day$
④ $2,500m^3/day$

풀이

$$SRT = \frac{\forall \cdot X}{Q_w X_w}$$

$$SRT = \frac{10000m^3 \times 3000mg/L}{Q_w \times 10000mg/L} = 3day$$

$Qw = 1000m^3/day$

65 BOD_5가 85mg/L인 하수가 완전혼합 활성슬러지공정으로 처리된다. 유출수의 BOD_5가 15mg/L, 온도 20℃, 유입유량 40,000ton/day, MLVSS가 2,000mg/L, Y값 0.6mgVSS/mgBOD₅, K_d값 $0.6day^{-1}$, 미생물 체류시간 10일이라면 Y값과 K_d값을 이용한 반응조의 부피(m^3)는? (단, 비중은 1.0 기준)

① 800
② 1,000
③ 1,200
④ 1,400

풀이

$$\frac{1}{\theta_0} = \frac{Y \times Q \times (BOD_i - BOD_0)}{\forall \times X} - Kd = \frac{Y \times (BOD_i - BOD_0)}{HRT \times X} - K_d \; \frac{1}{10day} = \frac{0.6 \times 40000m^3/day \times (85-15)mg/L}{\forall \times 2000mg/L} - 0.6$$

$\forall = 1200m^3$

66 다음 중 슬러지 팽화의 지표로서 가장 관계가 깊은 것은?

① 함수율
② SVI
③ TSS
④ NBDCOD

풀이
SVI가 200 이상이면 슬러지 팽화의 우려가 있다.

67 활성슬러지공법을 적용하고 있는 폐수종말처리시설에서 운전상 발생하는 문제점에 관한 설명으로 옳지 않은 것은?

① 슬러지 팽화는 플록의 침전성이 불량하여 농축이 잘 되지 않는 것을 말한다.
② 슬러지 팽화의 원인 대부분은 각종 환경조건이 악화된 상태에서 사상성 박테리아나 균류등의 성장이 둔화되기 때문이다.
③ 포기조에서 암갈색의 거품은 미생물 체류시간이 길고 과도한 과포기를 할 때 주로 발생한다.
④ 침전성이 좋은 슬러지가 떠오르는 슬러지 부상문제는 주로 과포기나 저부하에 의해 포기조에서 상당한 질산화가 진행되는 경우 침전조에서 침전슬러지를 오래 방치할 때 탈질이 진행되어 야기된다.

풀이
슬러지 팽화의 원인 대부분은 각종 환경조건이 악화된 상태에서 사상성 박테리아나 균류등의 성장이 활성화되기 때문이다.

68 하수처리에 사용되는 생물학적 처리공정 중 부유미생물을 이용한 공정이 아닌 것은?

① 산화구법
② 접촉산화법
③ 질산화내생탈질법
④ 막분리활성슬러지법

풀이
부착미생물법 : 접촉산화법, 회전원판법, 살수여상법

정답 64 ① 65 ③ 66 ② 67 ② 68 ②

69 **다음 중 살수여상법으로 폐수를 처리할 때 유지관리상 주의할 점이 아닌 것은?**

① 슬러지의 팽화 ② 여상의 폐쇄
③ 생물막의 탈락 ④ 파리의 발생

풀이
슬러지의 팽화는 활성슬러지법의 유지관리상 주의할 점이다.

70 **하수처리방식 중 회전원판법에 관한 설명으로 가장 거리가 먼 것은?**

① 활성슬러지법에 비해 2차 침전지에서 미세한 SS가 유출되기 쉽고 처리수의 투명도가 나쁘다.
② 운전관리상 조작이 간단한 편이다.
③ 질산화가 거의 발생하지 않으며, pH 저하도 거의 없다.
④ 소비 전력량이 소규모 처리시설에서는 표준 활성 슬러지법에 비하여 적은 편이다.

풀이
질산화가 발생하기 쉬운편이며 pH가 저하되는 경우가 있다.

71 **유량 400000m^3/day의 하천에 인구 20만 명의 도시로부터 30000m^3/day의 하수가 유입되고 있다. 하수 유입 전 하천의 BOD는 0.5mg/L이고 유입 후 하천의 BOD를 2mg/L로 하기 위해서 하수처리장을 건설하려고 한다면 이 처리장의 BOD 제거효율(%)은?(단, 인구 1인당 BOD 배출량 30g/day)**

① 89 ② 86 ③ 91 ④ 84

풀이
ⓐ 도시 → 하수처리장으로 유입되는 BOD 농도 산정

$$C_i = \frac{30g}{\text{인} \cdot \text{일}} \times 200{,}000\text{인} \times \frac{day}{30{,}000m^3} \times \frac{10^3 mg}{1g} \times \frac{1m^3}{10^3 L} = 200\text{mg/L}$$

ⓑ 하천의 BOD를 2mg/L으로 하기 위한 유입가능 허용 BOD 농도 산정

$$2\text{mg/L} = \frac{(400{,}000 \times 0.5) + (30{,}000 \times C_o)}{400{,}000 + 30{,}000}$$

$C_o = 22\text{mg/L}$

ⓒ 하수처리장 효율 산정

$$\therefore \eta = \left(1 - \frac{C_t}{C_o}\right) \times 100$$

$$= \left(1 - \frac{22}{200}\right) \times 100 = 89\%$$

72 표준활성슬러지법에 관한 내용으로 틀린 것은?

① 수리학적 체류시간은 6~8시간을 표준으로 한다.
② 반응조 내 MLSS 농도는 1500~2500mg/L를 표준으로 한다.
③ 포기조의 유효수심은 심층식의 경우 10m를 표준으로 한다.
④ 포기조의 여유고는 표준식의 경우 30~60cm 정도를 표준으로 한다.

풀이

여유고는 표준식은 80cm 정도를 심층식은 100cm 정도를 표준으로 한다.

73 포기조의 MLSS 농도가 3,000mg/L이고, 1L 실린더에 30분 동안 침전시킨 후 슬러지 부피가 150mL이면 슬러지의 SVI는?

① 20 ② 50 ③ 100 ④ 150

풀이

✓ SVI 산정식 이용

$$SVI = \frac{SV_{30}(\%)}{MLSS} \times 10^4 = \frac{SV_{30}(mL)}{MLSS} \times 10^3$$

$$SVI = \frac{150mL}{3000mg/L} \times 10^3 = 50$$

74 활성슬러지 공정에서 폭기조 유입 BOD가 180mg/L, SS가 180mg/L, BOD−슬러지부하가 0.6kg BOD/kg MLSS · day일 때, MLSS 농도는?(단, 폭기조 수리학적 체류시간은 6시간이다.)

① 1100mg/L ② 1200mg/L
③ 1300mg/L ④ 1400mg/L

풀이

BOD−MLSS 부하의 관계식은 아래와 같으며 단위(kg/kg · day)에 유의해야 한다.

$$BOD-MLSS\text{부하} = \frac{BOD_i \times Q}{MLSS \times \forall} = \frac{BOD_i}{MLSS \times t}$$

여기서, 유량 = 부피/시간이므로 $\frac{Q}{\forall} = \frac{1}{t}$이 된다.

$$0.6kg/kg \cdot day = \frac{180mg/L}{MLSS \times (6/24)day}$$

MLSS = 1200mg/L

정답 69 ① 70 ③ 71 ① 72 ④ 73 ② 74 ②

75 **회전원판법의 장 · 단점에 대한 설명으로 틀린 것은?**

① 단회로 현상의 제어가 어렵다.
② 폐수량 변화에 강하다.
③ 파리는 발생하지 않으나 하루살이가 발생하는 수가 있다.
④ 활성슬러지법에 비해 최종침전지에서 미세한 부유물질이 유출되기 쉽다.

풀이

단회로 현상의 제어가 쉽다.
단회로현상: 반응조 내 유체의 속도차에 의해 발생하는 현상으로 속도가 빠른 부분과 속도가 느린 부분이 생기는 현상이다. 속도가 빠른 부분은 속도가 느린 부분에 비해 적은 접촉시간 및 침전시간을 갖기 때문에 효율에 나쁜 영향을 미친다.

76 **회전원판법의 특징에 해당되지 않은 것은?**

① 운전관리상 조작이 간단하고 소비전력량은 소규모 처리시설에서는 표준활성슬러지법에 비하여 적다.
② 질산화가 일어나기 쉬우며 이로 인하여 처리수의 BOD가 낮아진다.
③ 활성슬러지법에 비해 이차침전지에서 미세한 SS가 유출되기 쉽고 처리수의 투명도가 나쁘다.
④ 살수여상과 같이 파리는 발생하지 않으나 하루살이가 발생하는 수가 있다.

풀이

질산화가 일어나기 쉬우며 이로 인하여 처리수의 pH가 낮아진다.

77 **폭기조의 MLSS농도를 3000mg/L로 유지하기 위한 재순환율은?(단, SVI = 120, 유입 SS는 고려하지 않으며 방류수 SS는 0mg/L임.)**

① 36.3%
② 46.3%
③ 56.3%
④ 66.3%

풀이

반송률 관계식 이용

$R = \dfrac{MLSS - SS_i}{X_r - MLSS}$ → 유입수의 SS를 무시하면 $\dfrac{MLSS}{X_r - MLSS} = \dfrac{MLSS}{(10^6/SVI) - MLSS}$

$R = \dfrac{3{,}000}{(10^6/120) - 3{,}000} \times 100 = 56.25(\%)$

78 활성슬러지 공정의 폭기조 내 MLSS 농도 2000mg/L, 폭기조의 용량 $5m^3$, 유입 폐수의 BOD 농도 300mg/L, 폐수 유량 $15m^3$/day일 때, F/M비(kg BOD/kg MLSS · day)는?

① 0.35 ② 0.45
③ 0.55 ④ 0.65

풀이

✓ BOD−MLSS 관계식 이용

$$\text{BOD−MLSS} = \frac{\text{유입 BOD 총량}}{\text{포기조 내의 MLSS량}} = \frac{BOD_i \times Q_i}{\forall \times X} = \frac{BOD_i}{HRT \times X}$$

$$= \frac{300mg/L \times 15m^3/day}{5m^3 \times 2000mg/L} = 0.45\text{kg BOD/kg MLSS · day}$$

79 하수처리에 생물막법의 효과적 적용이 필요한 경우가 아닌 것은?

① 특수한 기능을 가진 미생물을 반응조 내 고정화해야 할 필요가 있는 경우
② 증식속도가 빨라 고정화하지 않으면 미생물의 유출농도를 제어할 수 없는 경우
③ 활성슬러지로는 대응할 수 없는 정도의 큰 부하변동이 있는 경우
④ 생물반응의 저해물질이 유입되는 경우

풀이

바르게 고쳐보면
증식속도가 느려 고정화하지 않으면 유출될 가능성이 있는 미생물이 필요한 경우

80 하수처리시설인 순산소활성슬러지법에 관한 설명으로 틀린 것은?

① 잉여슬러지 발생량은 슬러지의 체류시간에 의해서 큰 차이가 나므로 표준활성슬러지법에 비해서 일반적으로 적다.
② MLSS 농도는 표준활성슬러지법의 2배 이상으로 유지 가능하다.
③ 포기조 내의 SVI는 보통 100 이하로 유지되고 슬러지 침강성은 양호하다.
④ 이차침전지에서 스컴이 거의 발생하지 않는다.

풀이

이차침전지에서 스컴이 발생할 가능성이 있다.

정답 75 ① 76 ② 77 ③ 78 ② 79 ② 80 ④

81 폭기조 혼합액의 SVI가 170에서 130으로 감소하였다. 처리장 운전 시 대응 방법은?

① 별다른 조치가 필요없다.
② 반송슬러지 양을 감소시킨다.
③ 폭기시간을 증가시킨다.
④ 모기응집제를 첨가한다.

풀이

SVI의 적절한 범위는 50~150이다.
SVI 200 이상이 되면 슬러지 팽화현상이 발생할 가능성이 높다.

82 표준활성슬러지법에서 하수처리를 위해 사용되는 미생물에 관한 설명으로 맞는 것은?

① 지체기로부터 대수증식기에 걸쳐 존재하는 미생물에 의해 하수가 주로 처리된다.
② 대수증식기로부터 감쇠증식기에 걸쳐 존재하는 미생물에 의해 하수가 주로 처리된다.
③ 감쇠증식기로부터 내생호흡기에 걸쳐 존재하는 미생물에 의해 하수가 주로 처리된다.
④ 내생호흡기로부터 사멸기에 걸쳐 존재하는 미생물에 의해 하수가 주로 처리된다.

83 MLSS 농도 3000mg/L, F/M비가 0.4인 포기조에 BOD 350mg/L의 폐수가 $3000m^3$/day로 유입되고 있다. 포기조 체류시간(hr)은?

① 5　　② 7
③ 9　　④ 11

풀이

F/M비 계산식 이용

$$F/M(day^{-1}) = \frac{\text{유입 BOD량}}{\text{포기조 내의 미생물량}} = \frac{BOD_i \times Q_i}{X \times \forall} = \frac{BOD_i}{t \times X}$$

$$\frac{0.4}{day} = \frac{\frac{350mg}{L}}{\square(hr) \times \frac{day}{24hr} \times \frac{3000mg}{L}}$$

$\therefore \square = 7hr$

84 혐기성 처리와 호기성 처리의 비교 설명으로 가장 거리가 먼 것은?

① 호기성 처리가 혐기성 처리보다 유출수의 수질이 더 좋다.
② 혐기성 처리가 호기성 처리보다 슬러지 발생량이 더 적다.
③ 호기성 처리에서는 1차침전지가 필요하지만 혐기성 처리에서는 1차침전지가 필요 없다.
④ 주어진 기질량에 대한 영양물질의 필요성은 호기성 처리보다 혐기성 처리에서 더 크다.

풀이

주어진 기질량에 대한 영양물질의 필요성은 혐기성 처리보다 호기성 처리에서 더 크다.

85 활성슬러지법 운전 중 슬러지부상 문제를 해결할 수 있는 방법이 아닌 것은?

① 폭기조에서 이차침전지로의 유량을 감소시킨다.
② 이차침전지 슬러지 수집장치의 속도를 높인다.
③ 슬러지 폐기량을 감소시키다.
④ 이차침전지에서 슬러지체류시간을 감소시킨다.

풀이

슬러지 폐기량을 증가시키다.

86 회전 원판 접촉법(RBC)의 장점이 아닌 것은?

① 충격부하의 조절이 가능하다.
② 다단계 공정에서 높은 질산화율을 얻을 수 있다.
③ 활성슬러지 공법에 비하여 소요동력이 적다.
④ 반송에 따른 처리효율의 효과적 증대가 가능하다.

풀이

회전 원판 접촉법(RBC)은 슬러지의 반송이 필요하지 않다.

정답 81 ① 82 ③ 83 ② 84 ④ 85 ③ 86 ④

87 포기조 내의 혼합액 중 부유물 농도(MLSS)가 $2000g/m^3$, 반송슬러지의 부유물 농도가 $8000g/m^3$이라면 슬러지 반송률은?(단, 유입수 내 SS는 고려하지 않음)

① 23.2%
② 33.3%
③ 42.6%
④ 48.8%

풀 이

반송률 관계식 이용

$R=\dfrac{MLSS-SS_i}{X_r-MLSS}$ → 유입수의 SS를 무시하면 $\dfrac{MLSS}{X_r-MLSS}$

$R=\dfrac{2,000}{8,000-2,000}\times100=33.3333(\%)$

88 활성슬러지 처리시설에서 1차 침전 후의 BOD_5가 200mg/L인 폐수 $2000m^3/d$를 처리하려고 한다. 포기조 유기물 부하는 0.2kg BOD/kg MLVSS · d, 체류시간이 6hr일 때, MLVSS는?

① 1000mg/L
② 2000mg/L
③ 3000mg/L
④ 4000mg/L

풀 이

BOD−MLVSS의 관계식 이용

$BOD/MLVSS(day^{-1})=\dfrac{\text{유입 BOD량}}{\text{포기조 내의 미생물량}}=\dfrac{BOD_i\times Q_i}{\forall\cdot MLVSS}=\dfrac{BOD_i}{HRT\times MLVSS}$

$\dfrac{0.2kg\,BOD}{kg\,MLVSS\cdot day}=\dfrac{\dfrac{200mg}{L}}{6hr\times\dfrac{day}{24hr}\times\dfrac{\square mg}{L}}$

$\square=4000mg/L$

89 활성슬러지 폭기조의 유효용적이 $1000m^3$, MLSS 농도는 3000mg/L이고 MLVSS는 MLSS 농도의 75%이다. 유입 하수의 유량은 $4000m^3$/day이고, 합성계수 Y는 0.63mg MLVSS/mg−$BOD_{removed}$, 내생분해계수 K_d는 $0.05day^{-1}$, 1차 침전조 유출수의 BOD는 200mg/L, 폭기조 유출수의 BOD는 20mg/L일 때 슬러지 생성량은?

① 301kg/day

② 321kg/day

③ 341kg/day

④ 361kg/day

풀이

폐슬러지발생량 산정식 이용

$Q_wX_w = Y \times (BOD_i - BOD_o) \times Q - K_d \times \forall \times X$

$$= 0.63 \times \frac{(200-20)mg}{L} \times \frac{4000m^3}{day} \times \frac{kg}{10^6 mg} \times \frac{10^3 L}{m^3} - \frac{0.05}{day} \times 1000m^3 \times \frac{(3000 \times 0.75)mg}{L} \times \frac{kg}{10^6 mg} \times \frac{10^3 L}{m^3}$$

= 341.1kg/day

90 하수종말처리장에서 30분 침강율 20%, SVI 100, 반송슬러지 SS농도가 8000mg/L일 때, 슬러지 반송율은?

① 33.3%

② 43.3%

③ 53.3%

④ 63.3%

풀이

SVI와 MLSS 관련식을 이용하여 MLSS 산정 후 반송비 계산

ⓐ MLSS 산정

$$SVI = \frac{SV_{30}(\%)}{MLSS} \times 10000$$

$$100 = \frac{20}{MLSS} \times 10000$$

MLSS = 2000mg/L

ⓑ 반송률 관계식 이용

$$R = \frac{MLSS - SS_i}{X_r - MLSS}$$ → 유입수의 SS를 무시하면 $\frac{MLSS}{X_r - MLSS}$

$$R = \frac{2000}{8000-2000} \times 100 = 33.3333\%$$

정답 87 ② 88 ④ 89 ③ 90 ①

91 유입 폐수량 $50m^3/hr$, 유입수 BOD 농도 $200g/m^3$, MLVSS 농도 $2kg/m^3$, F/M비 0.5kg BOD/kg MLVSS · day일 때 폭기조 용적은?

① $240m^3$

② $380m^3$

③ $430m^3$

④ $520m^3$

풀 이

BOD−MLVSS의 관계식 이용

$$BOD/MLVSS(day^{-1}) = \frac{\text{유입 BOD량}}{\text{포기조 내의 미생물량}} = \frac{BOD_i \times Q_i}{\forall \cdot MLVSS} = \frac{BOD_i}{HRT \times MLVSS}$$

$$0.5kg/kg \cdot day \frac{\frac{200g}{m^3} \times \frac{50m^3}{hr} \times \frac{24hr}{day}}{\square \times \frac{2kg}{m^3} \times \frac{1000g}{kg}}$$

$\square = 240m^3$

92 폭기조 내 MLSS 농도가 4000mg/L이고 슬러지 반송률이 55%인 경우 이 활성슬러지의 SVI는? (단, 유입수 SS 고려하지 않음)

① 약 69

② 약 79

③ 약 89

④ 약 99

풀 이

반송률 관계식 이용

$$R = \frac{MLSS - SS_i}{X_r - MLSS} \rightarrow \text{유입수의 SS를 무시하면 } \frac{MLSS}{X_r - MLSS} = \frac{MLSS}{(10^6/SVI) - MLSS}$$

$$R = \frac{4,000}{(10^6/SVI) - 4,000} \times 100 = 55(\%)$$

SVI = 88.7096

93 **연속회분식반응조(Sequencing Batch Reactor)에 관한 설명으로 틀린 것은?**

① 하나의 반응조 안에서 호기성 및 혐기성 반응 모두 이룰 수 있다.
② 별도의 침전조가 필요 없다.
③ 기본적인 처리계통도는 5단계로 이루어지며 요구하는 유출수에 따라 운전 Mode를 채택할 수 있다.
④ 기존 활성슬러지 처리에서의 시간개념을 공간개념으로 전환한 것이라 할 수 있다.

풀이

기존 활성슬러지 처리에서의 공간개념을 시간개념으로 전환한 것이라 할 수 있다.

94 **SBR공법의 일반적인 운전단계 순서로 옳은 것은?**

① 주입(Fill) → 휴지(Idle) → 반응(React) → 침전(Settle) → 제거(Draw)
② 주입(Fill) → 반응(React) → 휴지(Idle) → 침전(Settle) → 제거(Draw)
③ 주입(Fill) → 반응(React) → 침전(Settle) → 휴지(Idle) → 제거(Draw)
④ 주입(Fill) → 반응(React) → 침전(Settle) → 제거(Draw) → 휴지(Idle)

풀이

연속회분식활성슬러지법 : 1개의 반응조에 반응조와 이차침전지의 기능을 갖게 하여 활성슬러지에 의한 반응과 혼합액의 침전, 상징수의 배수, 침전슬러지의 배출공정 등을 반복하여 처리하는 방식이다.

95 **SBR의 장점이 아닌 것은?**

① BOD 부하의 변화폭이 큰 경우에 잘 견딘다.
② 처리용량이 큰 처리장에 적용이 용이하다.
③ 슬러지 반송을 위한 펌프가 필요 없어 배관과 동력이 절감된다.
④ 질소와 인의 효율적인 제거가 가능하다.

풀이

처리용량이 큰 처리장에 적용이 어렵다.

정답 91 ① 92 ③ 93 ④ 94 ④ 95 ②

96 **연속회분식 활성슬러지법인 SBR(Sequencing Batch Reactor)에 대한 설명으로 '최대의 수량을 포기조 내에 유지한 상태에서 운전 목적에 따라 포기와 교반을 하는 단계'는?**

① 유입기
② 반응기
③ 침전기
④ 유출기

97 **연속회분식 활성슬러지법(SBR, Sequencing Batch Reactor)에 대한 설명으로 잘못된 것은?**

① 단일 반응조에서 1주기(Cycle) 중에 호기-무산소-혐기 등의 조건을 설정하여 질산화와 탈질화를 도모할 수 있다.
② 충격부하 또는 첨두유량에 대한 대응성이 약하다.
③ 처리용량이 큰 처리장에는 적용하기 어렵다.
④ 질소(N)와 인(P)의 동시제거 시 운전의 유연성이 크다.

풀 이

충격부하 또는 첨두유량에 대한 대응성이 강하다.

98 **연속회분식(SBR)의 운전단계에 관한 설명으로 틀린 것은?**

① 주입 : 주입단계 운전의 목적은 기질(원폐수 또는 1차 유출수)을 반응조에 투입하는 것이다.
② 주입 : 주입단계는 총 cycle 시간의 약 25% 정도이다.
③ 반응 : 반응단계는 총 cycle 시간의 약 65% 정도이다.
④ 침전 : 연속흐름식 공정에 비하여 일반적으로 더 효율적이다.

풀 이

반응 : 반응단계는 총 cycle 시간의 약 35% 정도이다.

5 고도처리

99 펜톤(Fenton) 반응에서 사용되는 과산화수소의 용도는?

① 응집제
② 촉매제
③ 산화제
④ 침강촉진제

풀이
펜톤시약을 이용하여 난분해성 유기물을 처리하는 과정은 대체로 산화반응과 함께 pH 조절, 펜톤산화, 중화 및 응집, 침전으로 크게 4단계로 나눌 수 있다.

100 폐수특성에 따른 적합한 처리법으로 옳지 않은 것은?

① 비소 함유폐수 – 수산화 제2철 공침법
② 시안 함유폐수 – 오존 산화법
③ 6가 크롬 함유폐수 – 알칼리 염소법
④ 카드뮴 함유폐수 – 황화물 침전법

풀이
6가크롬: 환원침전법에 의해 제거(환원제: $FeSO_4$, Na_2SO_4, $NaHSO_3$ 등), 전해법, 이온교환법
시안: 알칼리염소법, 오존산화법, 전해법, 충격법, 감청법

101 수중에 존재하는 오염물질과 제거방법을 기술한 내용 중 틀린 것은?

① 부유물질 – 급속여과, 응집침전
② 용해성 유기물질 – 응집침전, 오존산화
③ 용해성 염류 – 역삼투, 이온교환
④ 세균, 바이러스 – 소독, 급속여과

풀이
세균, 바이러스 – 오존 또는 UV 소독

정답 96 ② 97 ② 98 ③ 99 ③ 100 ③ 101 ④

102 직사각형 급속여과지를 설계하고자 한다. 설계조건이 다음과 같을 때 급속여과지의 지수는 몇 개가 필요한가?

〈설계조건〉
유량 30,000m^3/day, 여과속도 120m/day, 여과지 1지의 길이 10m, 폭 7m, 기타 조건은 고려하지 않음

① 2
② 4
③ 6
④ 8

풀이

여과유량 = 여과속도 × 여과면적

$$\frac{30000m^3}{day} = \frac{120m}{day} \times \frac{(10\times7)m^2}{지} \times \square 지$$

□ = 3.5714지 → 4지

103 폐수처리에서 여과공정에 사용되는 여재로 틀린 것은?

① 모래
② 무연탄
③ 규조토
④ 유리

104 상수도계획 시 여과에 관한 설명으로 옳지 않은 것은?

① 완속여과를 채용할 경우, 색도, 철, 망간도 어느 정도 제거된다.
② 완속여과는 생물막에 의한 세균, 탈질제거와 생화학적 산화반응에 의해 다양한 수질인자에 대응할 수 있다.
③ 급속여과의 여과속도는 70~90m/day를 표준으로 하고, 침전은 필수적이나, 약품사용은 필요치 않다.
④ 급속여과는 탁도 유발물질의 제거효과는 좋으나 세균은 안심할 정도로의 제거가 어려운 편이다.

풀이

급속여과의 여과속도는 120~150m/day를 표준으로 하고 약품사용이 필요하다.
급속여과지는 원수 중의 현탁물질을 약품으로 응집시킨 후에 입상여과층에서 비교적 빠른 속도로 물을 통과시켜 여재에 부착시키거나 여과층에서 체거름작용으로 탁질을 제거하는 고액분리공정을 총칭한다. 제거대상이 되는 현탁물질을 미리 응집시켜 부착 또는 체거름되기 쉬운 상태의 플록으로 형성하는 것이 필요하다.

105 난분해성 폐수처리에 이용되는 펜톤시약은 어느 것인가?

① H_2O_2 + 철염
② 알루미늄염 + 철염
③ H_2O_2 + 알루미늄염
④ 철염 + 고분자응집제

풀이

펜톤처리공정의 특징
- 펜톤시약의 반응시간은 철염과 과산화수소의 주입 농도에 따라 변화를 보인다.
- 펜톤시약을 이용하여 난분해성 유기물을 처리하는 과정은 대체로 산화반응과 함께 pH조절, 펜톤산화, 중화 및 응집, 침전으로 크게 4단계로 나눌 수 있다.
- 펜톤시약의 효과는 pH 3~4.5범위에서 가장 강력한 것으로 알려져 있다.
- 폐수의 COD는 감소하지만 BOD는 증가할 수 있다.

106 환원처리공법으로 크롬함유 폐수를 수산화물 침전법으로 처리하고자 할 때 침전을 위한 적정 pH 범위는? (단, $Cr^{3+} + 3OH^- \rightarrow Cr(OH)_3 \downarrow$)

① pH 4.0~4.5
② pH 5.5~6.5
③ pH 8.0~8.5
④ pH 11.0~11.5

풀이

6가크롬 → 3가크롬으로 환원을 위한 pH범위 : pH 2.0~3.0
침전을 위한 적정 pH범위 : pH 8.0~8.5

107 펜톤처리공정에 관한 설명으로 가장 거리가 먼 것은?

① 펜톤시약의 반응시간은 철염과 과산화수소의 주입 농도에 따라 변화를 보인다.
② 펜톤시약을 이용하여 난분해성 유기물을 처리하는 과정은 대체로 산화반응과 함께 pH조절, 펜톤산화, 중화 및 응집, 침전으로 크게 4단계로 나눌 수 있다.
③ 펜톤시약의 효과는 pH 8.3~10범위에서 가장 강력한 것으로 알려져 있다.
④ 폐수의 COD는 감소하지만 BOD는 증가할 수 있다.

풀이

펜톤시약의 효과는 pH 3~4.5범위에서 가장 강력한 것으로 알려져 있다.

정답 102 ② 103 ④ 104 ③ 105 ① 106 ③ 107 ③

제3절 흡착

01 활성탄을 이용하여 흡착법으로 A폐수를 처리하고자 한다. 폐수 내 오염물질의 농도를 30mg/L에서 10mg/L로 줄이는데 필요한 활성탄의 양은?(단, $\frac{X}{M}=KC^{1/n}$ 사용, K = 0.5, n = 1)

① 3.0mg/L
② 3.3mg/L
③ 4.0mg/L
④ 4.6mg/L

풀이

$\frac{X}{M}=KC^{1/n}$

$\frac{(30-10)}{M}=0.5\times10^{1/1}$

M : 4.0mg/L

02 Langmuir 등은 흡착식을 유도하기 위한 가정으로 옳지 않은 것은?

① 한정된 표면만이 흡착에 이용된다.
② 표면에 흡착된 용질물질은 그 두께가 분자 한 개 정도의 두께이다.
③ 흡착은 비가역적이다.
④ 평형조건이 이루어졌다.

풀이

흡착은 가역적이고 화학적 흡착을 가정한다.

03 BAC(Biologocal Activated Carbon : 생물활성탄)의 단점에 관한 설명으로 틀린 것은?

① 활성탄이 서로 부착, 응집되어 수두손실이 증가될 수 있다.
② 정상상태까지의 시간이 길다.
③ 미생물 부착으로 일반 활성탄보다 사용시간이 짧다.
④ 활성탄에 병원균이 자랐을 때 문제가 야기될 수 있다.

풀이

미생물 부착으로 일반 활성탄보다 사용시간이 길다.

04 다음 화학적 흡착의 설명으로 틀린 것은 어느 것인가?

① 비가역적반응이다.
② 흡착제의 재생성이 낮다.
③ 여러층의 흡착이 가능하다.
④ 흡착열이 높다.

05 수중의 오염물질을 흡착 제거할 때 Freundlich 등온흡착식을 따르는 장치에서 농도 6.0mg/L인 오염물질을 1.0mg/L로 처리하기 위하여 폐수 1L 당 필요한 흡착제의 양[mg]은? (단, Freundlich 상수 k = 0.5, 실험상수 n = 1이다) 2022년 지방직9급

① 6.0 ② 10.0 ③ 12.0 ④ 15.0

풀이

$$\frac{X}{M} = kC^{\frac{1}{n}}$$

$$\frac{(6-1)mg/L}{M} = 0.5 \times 1^{\frac{1}{1}}$$

M = 10mg/L X : 흡착된 피흡착물의 농도
M : 주입된 흡착제의 농도 C : 흡착되고 남은 피흡착물질의 농도 K, n : 상수

06 물리적 흡착과 화학적 흡착에 대한 비교설명으로 옳은 것은?

① 물리적 흡착과정은 가역적이기 때문에 흡착제의 재생이나 오염가스의 회수에 매우 편리하다.
② 물리적 흡착은 온도의 영향을 받지 않는다.
③ 물리적 흡착은 화학적 흡착보다 분자 간의 인력이 강하기 때문에 흡착과정에서의 발열량도 크다.
④ 물리적 흡착에서는 용질의 분자량이 적을수록 유리하게 합착한다.

풀이

바르게 고쳐보면,
② 물리적 흡착은 온도의 영향을 받는다.
③ 화학적 흡착은 물리적 흡착보다 분자 간의 인력이 강하기 때문에 흡착과정에서의 발열량도 크다.
④ 물리적 흡착에서는 용질의 분자량이 클수록 유리하게 흡착한다.

정답 01 ③ 02 ③ 03 ③ 04 ③ 05 ② 06 ①

07 폐수 내 함유된 NH_4^+ 36mg/L를 제거하기 위하여 이온교환능력이 100g $CaCO_3/m^3$인 양이온 교환수지를 이용하여 1000m^3의 폐수를 처리하고자 할 때 필요한 양이온 교환수지의 부피는?

① 1000m^3
② 2000m^3
③ 3000m^3
④ 4000m^3

풀이

✓ 양이온 교환수지의 소요량 산정

$$\forall(m^3) = \frac{\text{폐수 중 암모늄 이온의 양(eq)}}{\text{이온교환용량(eq/m}^3\text{)}}$$

ⓐ 폐수 중 암모늄 이온의 양(eq)

$$\text{암모늄이온(eq)} = \frac{36mg}{L} \times 1000m^3 \times \frac{10^3L}{1m^3} \times \frac{1g}{10^3mg} \times \frac{1eq}{(18/1)g} = 2000\,eq$$

ⓑ 이온교환용량 100g · $CaCO_3/m^3$

$$\forall(m^3) = \frac{\text{폐수 중 암모늄 이온의 양(eq)}}{\text{이온교환용량(eq/m}^3\text{)}}$$

$$= 2000eq \times \frac{100/2g}{1eq} \times \frac{m^3}{100g \cdot CaCO_3} = 1000m^3$$

08 흡착제가 아닌 것은?

2023년 지방직9급

① 활성탄
② 실리카겔
③ 활성알루미나
④ 수산화나트륨

풀이

수산화나트륨(NaOH)는 대표적인 강알칼리성 물질로 중화반응 시에 주로 이용된다.

제 4 절 막여과공법

01 정수처리를 위한 막여과설비에서 적절한 막여과의 유속 설정 시 고려사항으로 틀린 것은?

① 막의 종류
② 막공급의 수질과 최고 수온
③ 전처리설비의 유무와 방법
④ 입지조건과 설치공간

풀 이

막공급의 수질과 최저 수온을 고려해야 한다.

02 역삼투장치로 하루에 20,000L의 3차 처리된 유출수를 탈염시키고자 한다. 25℃에서의 물질전달계수는 0.2L/{(day − m²)(kPa)}, 유입수와 유출수의 압력차는 2,400kPa, 유입수와 유출수의 삼투압차는 400kPa, 최저 운전온도는 10℃이다. 요구되는 막면적(m²)은? (단, $A_{10℃} = 1.2A_{25℃}$)

① 40
② 60
③ 80
④ 100

풀 이

$$A(m^2) = \frac{\text{처리수의 양(L/day)}}{\text{단위면적당 처리수의 양}(L/m^2 \cdot day)}$$

ⓐ 단위면적당 처리수량 산정

단위면적당 처리수량 = 물질전달전이계수 × (압력차 − 삼투압차)

$$Q_F = \frac{Q}{A} = K(\Delta P - \Delta\pi) = \frac{0.2L}{day \cdot m^2 \cdot kPa} \times (2,400 - 400)kPa = 400L/m^2 \cdot day$$

ⓑ 면적 산정

처리수의 양 Q = 20,000L/day

$A_{10℃} = 1.2A_{25℃}$

$$A_{10℃} = \frac{20,000L/day}{400L/m^2 \cdot day} \times 1.2 = 60m^2$$

정답 07 ① 08 ④ / 01 ② 02 ②

03 분리막을 이용한 수처리 방법 중 추진력이 정수압차가 아닌 것은?

① 투석
② 정밀여과
③ 역삼투
④ 한외여과

풀이

투석: 농도차

04 막모듈형식으로 가장 거리가 먼 것은?

① 중공사형
② 투사형
③ 판형
④ 나선형

풀이

분리막의 모듈은 관형, 판형, 중공사형, 나선형으로 구분된다.

05 정수시설인 막여과시설에서 막모듈의 파울링에 해당되는 내용은?

① 막모듈의 공급유로 또는 여과수 유로가 고형물로 폐색되어 흐르지 않는 상태
② 미생물과 막 재질의 자화 또는 분비물의 작용에 의한 변화
③ 건조되거나 수축으로 인한 막 구조의 비가역적인 변화
④ 원수 중의 고형물이나 진동에 의한 막 면의 상처나 마모, 파단

풀이

② 미생물과 막 재질의 자화 또는 분비물의 작용에 의한 변화: 열화
③ 건조되거나 수축으로 인한 막 구조의 비가역적인 변화: 열화
④ 원수 중의 고형물이나 진동에 의한 막 면의 상처나 마모, 파단: 열화

06 하수 고도처리(잔류 SS 및 잔류 용존 유기물 제거) 방법인 막 분리법에 적용되는 분리막 모듈형식으로 가장 거리가 먼 것은?

① 중공사형
② 투사형
③ 판형
④ 나선형

풀이
분리막의 모듈은 관형, 판형, 중공사형, 나선형으로 구분된다.

07 정수방법인 완속여과방식에 관한 설명으로 틀린 것은?

① 약품처리가 필요없다.
② 완속여과의 정화는 주로 생물작용에 의한 것이다.
③ 비교적 양호한 원수에 알맞은 방식이다.
④ 소요 부지면적이 적다.

풀이
소요 부지면적이 넓다.

08 정수장에 적용되는 완속여과의 장점이라 볼 수 없는 것은?

① 여과시스템의 신뢰성이 높고, 양질의 음용수를 얻을 수 있다.
② 수량과 탁질이 급격한 부하변동에 대응할 수 있다.
③ 고도의 지식이나 기술을 가진 운전자를 필요로 하지 않고, 최소한의 전력만 필요로 한다.
④ 여과지를 간헐적으로 사용하여도 양질의 여과수를 얻을 수 있다.

풀이
여과지를 간헐적으로 사용하면 여과수의 수질이 나빠진다.

정답 03 ① 04 ② 05 ① 06 ② 07 ④ 08 ④

09 고도 수처리를 하기 위한 방법인 정밀여과에 관한 설명으로 틀린 것은?

① 막은 대칭형 다공성막 형태이다.
② 분리형태는 pore size 및 흡착현상에 기인한 체거름이다.
③ 추진력은 농도차이다.
④ 전자공업의 초순수제조, 무균수제조, 식품의 무균여과에 적용한다.

풀이

추진력은 정수압차이다.

10 막여과시설에서 막모듈의 열화에 대한 내용으로 틀린 것은?

① 미생물과 막 재질의 자화 또는 분비물의 작용에 의한 변화
② 산화제에 의하여 막 재질의 특성변화나 분해
③ 건조되거나 수축으로 인한 막 구조의 비가역적인 변화
④ 응집제 투입에 따른 막모듈의 공급유로가 고형물로 폐색

풀이

응집제 투입에 따른 막모듈의 공급유로가 고형물로 폐색되는 현상은 막의 파울링 현상이다.

11 해수의 담수화 방법으로 옳지 않은 것은?

2021년 지방직9급

① 오존산화법
② 증발법
③ 전기투석법
④ 역삼투법

풀이

담수화 방식

상변화 방식	증발법	다단플래쉬법, 다중효용법, 증기압축법, 투과기화법
	결정법	냉동법, 가스수화물법
상불변 방식	막법	역삼투법, 전기투석법
	용매추출법	

제 5 절 하수처리시설에서의 질소와 인의 제거공정

01 **하수 내 함유된 유기물질뿐 아니라 영양물질까지 제거하기 위한 공법인 phostrip 공법에 관한 설명으로 옳지 않은 것은?**

① 생물학적 처리방법과 화학적 처리방법을 조합한 공법이다.
② 유입수의 일부를 혐기성 상태의 조로 유입시켜 인을 방출시킨다.
③ 유입수의 BOD 부하에 따라 인 방출이 큰 영향을 받지 않는다.
④ 기존의 활성슬러지처리장에 쉽게 적용이 가능하다.

풀이
반송슬러지의 일부를 혐기성 상태의 조로 유입시켜 인을 방출시킨다.

02 **생물학적 하수 고도처리공법인 A/O 공법에 대한 설명으로 틀린 것은?**

① 사상성 미생물에 의한 벌킹이 억제되는 효과가 있다.
② 표준활성슬러지법의 반응조 전반 20~40% 정도를 혐기반응조로 하는 것이 표준이다.
③ 혐기반응조에서 탈질이 주로 이루어진다.
④ 처리수의 BOD 및 SS농도를 표준 활성슬러지법과 동등하게 처리할 수 있다.

풀이
A/O 공정는 인의 제거 공정이다.

03 **3차 처리 프로세스 중 5단계－Bardenpho 프로세스에 대한 설명으로 가장 거리가 먼 것은 어느 것인가?**

① 1차 폭기조에서는 질산화가 일어난다.
② 혐기조에서는 용해성 인의 과잉흡수가 일어난다.
③ 인의 제거는 인의 함량이 높은 잉여슬러지를 제거함으로써 가능하다.
④ 무산소조에서는 탈질화과정이 일어난다.

풀이
혐기조에서는 용해성 인의 방출이 일어난다.

정답 09 ③ 10 ④ 11 ① / 01 ② 02 ③ 03 ②

04 하수고도처리를 위한 A/O 공정의 특징으로 옳은 것은?(단, 일반적인 활성슬러지공법과 비교 기준)

① 혐기조에서 인의 과잉흡수가 일어난다.
② 폭기조 내에서 탈질이 잘 이루어진다.
③ 잉여슬러지 내의 인 농도가 높다.
④ 표준 활성슬러지공법의 반응조 전반 10% 미만을 혐기반응조로 하는 것이 표준이다.

풀 이

바르게 고쳐보면
① 호기조에서 인의 과잉흡수가 일어난다.
② A/O 공법은 인의 제거를 위한 공정으로 질소는 처리되지 않는다.
④ 표준 활성슬러지공법의 반응조 전반 20~40%를 혐기반응조로 하는 것이 표준이다.

05 생물학적 방법과 화학적 방법을 함께 이용한 고도처리 방법은?

① 수정 Bardenpho 공정
② Phostrip 공정
③ SBR 공정
④ UCT 공정

풀 이

① 수정 Bardenpho 공정: 생물학적 인과 질소 제거
③ SBR(연속회분식활성슬러지법) 공정: 생물학적 인과 질소 제거
④ UCT 공정: 생물학적 인과 질소 제거

06 하수 내 질소 및 인을 생물학적으로 처리하는 UCT 공법의 경우 다른 공법과는 달리 침전지에서 반송되는 슬러지를 혐기조로 반송하지 않고 무산소조로 반송하는데 그 이유로 가장 적합한 것은?

① 혐기조에 질산염의 부하를 감소시킴으로써 인의 방출을 증대시키기 위해
② 호기조에서 질산화된 질소의 일부를 잔류 유기물을 이용하여 탈질시키기 위해
③ 무산소조에 유입되는 유기물 부하를 감소시켜 탈질을 증대시키기 위해
④ 후속되는 호기조의 질산화를 증대시키기 위해

07 하수의 고도처리를 위한 생물학적공법 중 인 제거만을 주목적으로 개발된 것은?

① Bardenpho Process
② A_2/O Process
③ 수정 Bardenpho Process
④ A/O Process

풀이
① Bardenpho Process : 질소제거
② A_2/O Process : 질소와 인 동시제거
③ 수정 Bardenpho Process : 질소와 인 동시제거

08 잘소와 인을 동시에 제거하는 A_2/O 공정에서 각 반응조의 주요 기능에 대하여 옳은 것은?

① 혐기조 : 인의 방출, 무산소조 : 질산화, 폭기조 : 탈질, 인의 과잉 섭취
② 혐기조 : 인의 방출, 무산소조 : 탈질, 폭기조 : 질산화, 인의 과잉 섭취
③ 혐기조 : 탈질, 무산소조 : 질산화, 폭기조 : 인의 방출 및 과잉섭취
④ 혐기조 : 탈질, 무산소조 : 인의 과잉섭취, 폭기조 : 질산화, 인의 방출

09 5단계 Bardenpho공법에 관한 설명으로 틀린 것은?

① 혐기 → 호기 → 무산소 → 호기 → 무산소의 반응을 거쳐 질소와 인을 제거한다.
② 호기조에서 1차 무산소조로 내부반송을 한다.
③ 효과적인 인 제거를 위해서는 혐기조에 질산성 질소가 유입되지 않아야 한다.
④ 인 제거는 과잉의 인을 섭취한 슬러지를 폐기함으로써 이루어진다.

풀이
5단계 Bardenpho 공법은 혐기 → 무산소 → 호기 → 무산소 → 호기의 반응을 거쳐 질소와 인을 제거한다.

정답 04 ③ 05 ② 06 ① 07 ④ 08 ② 09 ①

10 생물학적 원리를 이용하여 하수 내 질소를 제거(3차처리)하기 위한 공정으로 가장 거리가 먼 것은?

① SBR 공정
② UCT 공정
③ A/O 공정
④ Bardenpho 공정

풀이

A/O 공정는 인의 제거 공정이다.

11 A_2/O 공법에 대한 설명으로 틀린 것은?

① 혐기조 – 무산소조 – 호기조 – 침전조 순으로 구성된다.
② A^2/O 공정은 내부재순환이 있다.
③ 미생물에 의한 인의 섭취는 주로 혐기조에서 일어난다.
④ 무산소조에서는 질산성질소가 질소가스로 전환된다.

풀이

미생물에 의한 인의 섭취는 주로 호기조에서 일어난다.

12 도시하수 중의 질소제거를 위한 방법에 대한 설명으로 틀린 것은?

① 탈기법 : 하수의 pH를 높여 하수중 질소(암모늄이온)를 암모니아로 전환시킨 수 대기로 탈기시킴
② 파괴점 염소처리법 : 충분한 염소를 투입하여 수중의 질소를 염소와 결합한 형태로 공침제거 시킴
③ 이온교환수지법 : NH_4^+이온에 대해 친화성 있는 이온교환수지를 사용하여 NH_4^+를 제거시킴
④ 생물학적 처리법 : 미생물의 산화 및 환원반응에 의하여 질소를 제거시킴

풀이

파괴점 염소처리법 : 충분한 염소를 투입하여 수중의 질소를 질소기체로 제거시킴

13 생물학적으로 질소를 제거하기 위해 질산화－탈질공정을 운영함에 있어, 호기성상태에서 산화된 NO_3^- 60mg/L를 탈질시키는데 소모되는 이론적인 메탄올 농도(mg/L)는?

$$\frac{5}{6}CH_3OH + NO_3^- + \frac{1}{6}H_2CO_3 \rightarrow \frac{1}{2}N_2 + HCO_3^- + \frac{4}{3}H_2O$$

① 약 14
② 약 18
③ 약 22
④ 약 26

풀이

질산염과 메탄올과의 반응비

$\frac{5}{6}CH_3OH : NO_3^-$

$\frac{5}{6} \times 32(g) : 62(g) = \square mg/L : 60mg/L$

$\therefore \square = 25.8mg/L$

14 생물화학적 인 및 질소 제거 공법 중 인 제거만을 주목적으로 개발된 공법은?

① Phostrip
② A_2/O
③ UCT
④ Bardenpho

풀이

생물학적 공법 중 '인' 제거를 목적으로 하는 공법에 해당되는 것은 Phostrip이다.
수정Phostrip공법은 인과 질소의 제거가 가능하다.
② A_2/O : 인과 질소의 제거
③ UCT : 인과 질소의 제거
④ Bardenpho : 4단계 － 질소제거 / 5단계 － 인과 질소의 제거

정답 10 ③ 11 ③ 12 ② 13 ④ 14 ①

15 **하수 내 질소, 인을 효과적으로 제거하기 위한 어떤 공법으로 혐기 – 무산소 – 호기 – 무산소 – 호기의 순서로 반응을 시켜 처리하는 공법을 무엇이라 하는가?**

① VIP process
② A^2/O process
③ 수정–Bardenpho process
④ phostrip process

풀 이

5단계(수정) Bardenpho process에 대한 설명이다.

16 **생물학적 질소 및 인 동시제거공정으로서 혐기조, 무산소조, 호기조로 구성되며 혐기조에서 인 방출, 무산소조에서 탈질화, 호기조에서 질산화 및 인 섭취가 일어나는 공정은?**

① A_2/O 공정
② Phostrip 공정
③ 4딘계 Bardenphor 공정
④ A/O 공정

풀 이

② Phostrip 공정: 인 제거
③ 4딘계 Bardenphor 공정: 질소 제거
④ A/O 공정: 인 제거

제 6 절 슬러지처리

01 **일반적인 슬러지 처리공정을 순서대로 배치한 것은?**

① 농축 → 약품조정(개량) → 유기물의 안정화 → 건조 → 탈수 → 최종처분
② 농축 → 유기물의 안정화 → 약품조정(개량) → 탈수 → 건조 → 최종처분
③ 약품조정(개량) → 농축 → 유기물의 안정화 → 탈수 → 건조 → 최종처분
④ 유기물의 안정화 → 농축 → 약품조정(개량) → 탈수 → 건조 → 최종처분

02 하수 슬러지의 농축 방법별 특징으로 옳지 않은 것은?

① 중력식 : 잉여슬러지의 농축에 부적합
② 부상식 : 악취문제가 발생함
③ 원심분리식 : 악취가 적음
④ 중력벨트식 : 별도의 세정장치가 필요 없음

풀이

중력벨트식: 별도의 세정장치가 필요함

03 슬러지를 농축시킴으로써 얻는 이점으로 가장 거리가 먼 것은?

① 소화조 내에서 미생물과 양분이 잘 접촉할 수 있으므로 효율이 증대된다.
② 슬러지 개량에 소모되는 약품이 적게 든다.
③ 후속처리시설인 소화조 부피를 감소시킬 수 있다.
④ 난분해성 중금속이 완전제거가 용이하다.

풀이

슬러지를 농축시킴으로써 난분해성 중금속이 완전 제거되지 않는다.

04 분뇨의 생물학적 처리공법으로서 호기성 미생물이 아닌 혐기성 미생물을 이용한 혐기성처리공법을 주로 사용하는 근본적인 이유는?

① 분뇨에는 혐기성미생물이 살고 있기 때문에
② 분뇨에 포함된 오염물질은 혐기성미생물만이 분해할 수 있기 때문에
③ 분뇨의 유기물 농도가 너무 높아 포기에 너무 많은 비용이 들기 때문에
④ 혐기성처리공법으로 발생되는 메탄가스가 공법에 필수적이기 때문에

정답 15 ③ 16 ① / 01 ② 02 ④ 03 ④ 04 ③

05 각종 폐수처리 공정에서 발생되는 슬러지를 소화시키는 목적으로 거리가 먼 것은?

① 유기물을 분해시켜 안정화시킨다.
② 슬러지의 무게와 부피를 감소시킨다.
③ 병원균을 죽이거나 통제할 수 있다.
④ 함수율을 높여 수송을 용이하게 할 수 있다.

풀이

슬러지를 소화시킴으로 슬러지의 탈수성을 향상시켜 최종처분 비용을 절감할 수 있다.

06 혐기성 소화 시 소화가스 발생량 저하의 원인이 아닌 것은?

① 저농도 슬러지 유입
② 소화슬러지 과잉배출
③ 소화가스 누적
④ 조내 온도저하

풀이

소화가스 누적 → 소화가스 누출

07 하수슬러지의 감량시설인 소화조의 소화효율은 일반적으로 슬러지의 VS 감량률로 표시된다. 소화조로 유입되는 슬러지의 VS/TS 비율이 80%, 소화슬러지의 VS/TS 비율이 50%일 경우 소화조의 효율은 몇 %인가?

① 60
② 65
③ 70
④ 75

풀이

$$\eta = \left(1 - \frac{VS_2/FS_2}{VS_1/FS_1}\right) \times 100 \rightarrow \eta = \left(1 - \frac{50/50}{80/20}\right) \times 100 = 75\%$$

08 **혐기성 소화법과 비교한 호기성 소화법의 장단점으로 옳지 않은 것은?**

① 운전이 용이하다.
② 소화슬러지 탈수가 용이하다.
③ 가치 있는 부산물이 생성되지 않는다.
④ 저온 시의 효율이 저하된다.

풀이

탈수성: 혐기성 소화슬러지 > 호기성 소화슬러지

09 **슬러지 개량법의 특징으로 가장 거리가 먼 것은?**

① 고분자 응집제 첨가: 슬러지 응결을 촉진한다.
② 무기약품 첨가: 무기약품은 슬러지의 pH를 변화시켜 무기질 비율을 증가시키고 안정화를 도모한다.
③ 세정: 혐기성 소화슬러지의 알칼리도를 감소시켜 산성금속염의 주입량을 감소시킨다.
④ 열처리: 슬러지의 함수율을 감소시키고 응결핵을 생성시켜 탈수를 개선한다.

풀이

열처리: 슬러지의 성분을 변화시켜 탈수성을 향상시킨다.

10 **활성슬러지를 탈수하기 위하여 98%(중량비)의 수분을 함유하는 슬러지에 응집제를 가했더니 [상등액: 침전 슬러지]의 용적비가 2 : 1이 되었다. 이 때 침전 슬러지의 함수율(%)은? (단, 응집제의 양은 매우 적고, 비중 = 1.0)**

① 92 ② 93 ③ 94 ④ 95

풀이

$SL_1(1-X_1) = SL_2(1-X_2)$

$SL_2 = 1/3SL_1$

$SL_1(1-0.98) = \frac{1}{3}SL_1(1-X_2)$

$X_2 = 0.94$

정답 05 ④ 06 ③ 07 ④ 08 ② 09 ④ 10 ③

11 건조고형물량이 3000kg/day인 생슬러지를 저율혐기성소화조로 처리할 때 휘발성고형물은 건조고형물의 70%이고 휘발성고형물의 60%는 소화에 의해 분해된다. 소화된 슬러지의 총고형물(kg/day)은?

① 1040　② 1740
③ 2040　④ 2440

풀이

소화슬러지 중 TS = 유입FS + 소화 후 VS = 900 + 840 = 1740kg/day

$\leftarrow FS = \frac{3000kg}{day} \times \frac{30}{100} = 900kg/day$

$\leftarrow$ 소화후 $VS = \frac{3000kg}{day} \times \frac{70}{100} \times \frac{40}{100} = 840kg/day$

12 인구가 10,000명인 마을에서 발생되는 하수를 활성슬러지법으로 처리하는 처리장에 저율 혐기성 소화조를 설계하려고 한다. 생슬러지(건조고형물 기준) 발생량은 0.1kg/인 · 일이며, 휘발성고형물은 건조고형물의 70%이다. 가스 발생량은 0.9m^3/kgVS이고 휘발성고형물의 60%가 소화된다면 1일 가스발생량(m^3/day)은?

① 198　② 378
③ 485　④ 554

풀이

$10,000인 \times \frac{0.1kg}{인 \cdot 일} \times \frac{70_{-VS}}{100_{-TS}} \times \frac{60}{100} \times \frac{0.9m^3_{-gas}}{VSSkg} = 378m^3 day$

13 슬러지의 함수율이 95%에서 90%로 줄어들면 슬러지의 부피는? (단, 슬러지 비중은 1.0)

① 2/3로 감소한다.
② 1/2로 감소한다.
③ 1/3로 감소한다.
④ 3/4으로 감소한다.

풀이

$SL_1(1-X_1) = SL_2(1-X_2)$

$SL_1(1-0.95) = SL_2(1-0.90)$

$\frac{SL_2}{SL_1} = \frac{1-0.95}{1-0.9} = 0.5$

14 분뇨에 의한 슬러지 발생량은 1일 분뇨투입량의 10%이다. 발생된 소화슬러지의 탈수 전 함수율이 96%라고 하면 탈수된 소화슬러지의 1일 발생량(m^3)은?(단, 분뇨투입량 = 360m^3/day, 탈수된 소화슬러지의 함수율 = 72%, 분뇨 비중 = 1.0)

① 2.47
② 3.78
③ 4.21
④ 5.14

풀이 1

ⓐ 분뇨에 의한 슬러지 발생량 산정

$$\frac{360m^3}{day}\times\frac{10}{100}=36m^3/day$$

ⓑ 함수율에 따른 소화슬러지 발생량 산정

$$SL_1(1-X_1)=SL_2(1-X_2)$$

SL_1 : 탈수 전 슬러지 발생량
X_1 : 탈수 전 슬러지 함수율
SL_2 : 탈수 후 슬러지 발생량
X_2 : 탈수 후 슬러지 함수율

$$36m^3/day(1-0.96)=SL_2(1-0.72)$$

$$SL_2=5.14m^3/day$$

15 1차 처리결과 슬러지의 함수율이 80%, 고형물 중 무기성고형물질이 40%, 유기성고형물질이 60%, 유기성 고형물질의 비중 1.2, 무기성고형물질의 비중이 2.4일 때 슬러지의 비중은?

① 1.017
② 1.045
③ 1.051
④ 1.071

풀이

$$\frac{SL}{\rho_{SL}}=\frac{TS}{\rho_{TS}}+\frac{W}{\rho_w}=\frac{VS}{\rho_{VS}}+\frac{FS}{\rho_{FS}}+\frac{W}{\rho_w}$$

$$\frac{100}{\rho_{SL}}=\frac{20\times0.6}{1.2}+\frac{20\times0.4}{2.4}+\frac{80}{1}$$

$\rho_{SL}=1.071$

정답 11 ② 12 ② 13 ② 14 ④ 15 ④

16 1차 처리결과 슬러지의 함수율이 80%, 고형물 중 무기성고형물질이 30%, 유기성고형물질이 70%, 유기성 고형물질의 비중 1.1, 무기성고형물질의 비중이 2.2일 때 슬러지의 비중은?

① 1.917 ② 1.823 ③ 1.532 ④ 1.047

풀이

슬러지의 함수율과 비중과의 관계를 이용

$$\frac{SL_{-\text{슬러지양}}}{\rho_{SL-\text{슬러지비중}}} = \frac{VS_{-\text{유기물양}}}{\rho_{VS-\text{유기물비중}}} + \frac{FS_{-\text{무기물양}}}{\rho_{FS-\text{무기물비중}}} + \frac{W_{-\text{수분양}}}{\rho_{W-\text{수분밀도}}}$$

$$\frac{100}{\rho_{SL}} = \frac{20\times0.7}{1.1} + \frac{20\times0.3}{2.2} + \frac{80}{1}$$

슬러지 비중 = 1.047

17 슬러지를 진공 탈수시켜 부피가 50% 감소되었다. 유입슬러지 함수율이 98%이었다면 탈수 후 슬러지의 함수율(%)은?(단, 슬러지 비중은 1.0 기준)

① 90 ② 92 ③ 94 ④ 96

풀이

함수율에 따른 소화슬러지 발생량 산정

$$SL_1(1-X_1) = SL_2(1-X_2)$$

SL_1 : 탈수 전 슬러지 발생량

X_1 : 탈수 전 슬러지 함수율

SL_2 : 탈수 후 슬러지 발생량

X_2 : 탈수 후 슬러지 함수율

$$100(1-0.98) = 50(1-X_2)$$

$X_2 = 0.96$ → 96%

18 150kL/day의 분뇨를 포기하여 BOD의 20%를 제거하였다. BOD 1kg을 제거하는 데 필요한 공기공급량이 60m^3이라 했을 때 시간당 공기공급량(m^3)은?(단, 연속포기, 분뇨의 BOD는 20000mg/L이다.)

① 100 ② 500 ③ 1000 ④ 1500

풀이

단위환산을 이용한다.

$$X\left(\frac{m^3\text{-공기}}{hr}\right) = \frac{20{,}000mg\text{-}BOD}{L} \times \frac{150kL}{day} \times \frac{20}{100} \times \frac{10^3L}{1kL} \times \frac{1kg}{10^6mg} \times \frac{1day}{24hr} \times \frac{60m^3\text{-공기}}{kg\text{-}BOD}$$

= 1500(m^3/hr)

19 함수율이 90%인 슬러지 겉보기 비중이 1.02이었다. 이 슬러지를 탈수하여 함수율이 60%인 슬러지를 얻었다면 탈수된 슬러지가 갖는 비중은? (단, 물의 비중 1.0)

① 약 1.09
② 약 1.39
③ 약 1.69
④ 약 1.99

풀이

✓ 슬러지의 함수율과 비중과의 관계를 이용

$$\frac{SL_{-\text{슬러지 양}}}{\rho_{SL-\text{슬러지 비중}}} = \frac{VS_{-\text{유기물 양}}}{\rho_{VS-\text{유기물 비중}}} + \frac{FS_{-\text{무기물 양}}}{\rho_{FS-\text{무기물 비중}}} + \frac{W_{-\text{수분 양}}}{\rho_{W-\text{수분 밀도}}}$$

ⓐ 탈수 전 TS 비중 산정

$$\frac{SL}{\rho_{SL}} = \frac{W}{\rho_w} + \frac{TS}{\rho_{TS}}$$

$$\frac{100}{1.02} = \frac{90}{1} + \frac{10}{\rho_{TS}}$$

$\therefore \rho_{TS} = 1.2439$

ⓑ 탈수 후 슬러지 비중 산정

$$\frac{SL}{\rho_{SL}} = \frac{W}{\rho_w} + \frac{TS}{\rho_{TS}}$$

$$\frac{100}{\rho_{SL}} = \frac{60}{1} + \frac{40}{1.2439}$$

$\therefore \rho_{SL} = 1.085$

20 슬러지 개량법의 특징으로 가장 거리가 먼 것은?

① 고분자 응집제 첨가 : 슬러지 응결을 촉진한다.
② 무기약품 첨가 : 무기약품은 슬러지의 pH를 변화시켜 무기질 비율을 증가시키고 안정화를 도모한다.
③ 세정 : 혐기성 소화슬러지의 알칼리도를 감소시켜 산성금속염의 주입량을 감소시킨다.
④ 열처리 : 슬러지의 함수율을 감소시키고 응결핵을 생성시켜 탈수를 개선한다.

풀이

열처리 : 슬러지의 성분을 변화시켜 탈수성을 향상시킨다.

정답 16 ④ 17 ④ 18 ④ 19 ① 20 ④

21 $1000m^3$의 폐수 중에서 SS 농도가 210mg/L일 때 처리효율 70%인 처리장에서 발생하는 슬러지의 양은?(단, 처리된 SS량과 발생슬러지량은 같다고 가정함. 슬러지 비중 : 1.03, 함수율 94%)

① 약 $2.4m^3$
② 약 $3.8m^3$
③ 약 $4.2m^3$
④ 약 $5.1m^3$

풀이

$$\frac{1000m^3}{day} \times \frac{210mg}{L} \times \frac{kg}{10^6mg} \times \frac{10^3L}{m^3} \times \frac{70}{100} \times \frac{100}{6} \times \frac{1m^3}{1030kg} = 2.3786m^3$$

22 농축슬러지를 혐기성소화로 안정화시키고자 할 때 메탄 생성량(kg/day)은?(단, 농축슬러지에 포함된 유기성분은 모두 글루코오스($C_6H_{12}O_6$)이며 미생물에 의해 100% 분해, 소화조에서 모두 메탄과 이산화탄소로 전환된다고 가정, 농축슬러지 BOD = 480mg/L, 유입유량 = $200m^3$/day)

① 18
② 24
③ 32
④ 41

풀이

ⓐ BOD를 이용한 글루코스 농도 산정

$C_6H_{12}O_6 + 6O_2 \rightarrow 6H_2O + 6CO_2$

180g : 6 × 32g = □mg/L : 480mg/L

□ = 450mg/L

ⓑ 글루코스(($C_6H_{12}O_6$)의 혐기성 분해 반응식 이용하여 발생하는 메탄 농도 산정

$C_6H_{12}O_6 \rightarrow 3CH_4 + 3CO_2$

180g : 3 × 16g

450mg/L : □ mg/L

□ = 120mg/L

ⓒ 메탄 발생량(kg/day) 산정

$$\frac{120mg}{L} \times \frac{200m^3}{day} \times \frac{1kg}{10^6mg} \times \frac{10^3L}{m^3} = 24kg/day$$

23 인구가 10,000명인 마을에서 발생되는 하수를 활성슬러지법으로 처리하는 처리장에 저율 혐기성 소화조를 설계하려고 한다. 생슬러지(건조고형물 기준) 발생량은 0.11kg/인 · 일이며, 휘발성고형물은 건조고형물의 70%이다. 가스 발생량은 $0.94m^3$/kgVS이고 휘발성고형물의 65%가 소화된다면 1일 가스발생량(m^3/day)은 어느 것인가?

① 약 345
② 약 471
③ 약 563
④ 약 644

풀이

$$10000인 \times \frac{0.11kg}{인 \cdot 일} \times \frac{70_{-VS}}{100_{-TL}} \times \frac{65}{100} \times \frac{0.94m^3_{-gas}}{VSS \cdot kg} = 470.47m^3 day$$

24 농축 후 소화를 하는 공정이 있다. 농축조에서의 건조슬러지가 $1m^3$이고, 소화공정에서 VSS 60%, 소화율 50%, 소화 후 슬러지의 함수율이 96%일 때 소화 후 슬러지의 부피(m^3)는?

① 0.7
② 9
③ 18
④ 36

풀이

소화슬러지 = 무기물 + 소화 후 잔류 VS + 수분

ⓐ 유입건조슬러지량
슬러지의 비중을 1로 가정하면 $1m^3$ → 1000kg

ⓑ 무기물 함량 산정

$$FS = 1m^3 \times \frac{1000kg}{m^3} \times \frac{40}{100} = 400kg$$

ⓒ 소화 후 잔류 VS

$$소화\ 후\ VS = 1m^3 \times \frac{1000kg}{m^3} \times \frac{60}{100} \times \frac{50}{100} = 300kg/day$$

ⓓ 소화 후 잔류하는 고형물의 양 산정
소화 후 잔류하는 고형물의 양(TS) = FS + 잔류 VS = 700kg

ⓔ 소화슬러지 산정
소화슬러지 = 무기물 + 소화 후 잔류 VS + 수분

$$SL = 700kg \times \frac{100}{(100-96)} \times \frac{1m^3}{1000kg} = 17.5m^3$$

정답 21 ① 22 ② 23 ② 24 ③

25 고형물 함량 2.5%인 슬러지 $2m^3$을 고형물 함량 4%로 농축할 때, 슬러지 부피 감소율[%]은? (단, 슬러지 밀도는 1kg L^{-1}이다) 2023년 지방직9급

① 22.5

② 37.5

③ 45.5

④ 50.5

풀이

$SL_1(100 - X_1) = SL_2(100 - X_2)$

SL : 슬러지 부피

X : 함수율

100 − 함수율 = 고형물 함량

$2m^3 \times 2.5 = SL_2 \times 4$

$SL_2 = 1.25m^3$

슬러지 감소율 $= \frac{2-1.25}{2} \times 100 = 37.5\%$

26 수분함량이 60%인 음식물쓰레기를 수분함량이 20%가 되도록 건조시켰다. 건조 후 음식물쓰레기의 무게 감량률[%]은? (단, 이 쓰레기는 수분과 고형물로만 구성되어 있다) 2022년 지방직9급

① 40

② 45

③ 50

④ 55

풀이

$SL_1(1 - X_1) = SL_2(1 - X_2)$

$100(1 - 0.6) = SL_2(1 - 0.2)$

$SL_2 = 50$

감량율 $= \frac{100-50}{100} \times 100 = 50\%$

정답 25 ② 26 ③

Chapter

03 상하수도계획

제1절 상하수도 기본계획

01 하수도 배제방식 중 분류식에 관한 설명으로 옳지 않은 것은? (단, 합류식과 비교 기준)

① 관거오접 : 없다.

② 관거 내 퇴적 : 관거 내 퇴적이 적다.

③ 처리장으로의 토사유입 : 토사의 유입이 있지만, 합류식 정도는 아니다.

④ 건설비 : 오수관거와 우수관거의 2계통을 건설하는 경우는 비싸지만, 오수관거만을 건설하는 경우는 가장 저렴하다.

풀이

관거오접: 철저한 감시가 필요하다.

02 신도시를 중심으로 설치되며 생활오수는 하수처리장으로, 우수는 별도의 관거를 통해 직접 수역으로 방류하는 배제방식은?

① 합류식　　② 분류식

③ 직각식　　④ 원형식

03 일반적으로 분류식 하수관거로 유입되는 물의 종류와 가장 거리가 먼 것은?

① 가정하수　　② 산업폐수

③ 우수　　④ 침투수

풀이

우수는 합류식 또는 우수관로로 유입된다.

정답 01 ① 02 ② 03 ③

04 집수정에서 가정까지의 급수계통을 순서적으로 나열한 것으로 옳은 것은?

① 취수 → 도수 → 정수 → 송수 → 배수 → 급수
② 취수 → 도수 → 정수 → 배수 → 송수 → 급수
③ 취수 → 송수 → 도수 → 정수 → 배수 → 급수
④ 취수 → 송수 → 배수 → 정수 → 도수 → 급수

05 취수지점으로부터 정수장까지 원수를 공급하는 시설 배관은?

① 취수관
② 송수관
③ 도수관
④ 배수관

풀이

취수 → 도수 → 정수 → 송수 → 배수 → 급수

06 상수도 시설용량의 계획에 대한 설명 중 틀린 것은?

① 취수시설의 계획취수량은 계획1일 최대급수량을 기준으로 한다.
② 도수시설의 계획도수량은 계획취수량을 기준으로 한다.
③ 정수시설의 계획정수량은 계획1일 최대급수량을 기준으로 한다.
④ 배수시설의 계획배수량은 계획1일 최대급수량을 기준으로 한다.

풀이

배수시설의 계획배수량은 시간당 최대급수량으로 한다.

07 하수처리계획에서 계획오염부하량 및 계획유입 수질에 관한 설명으로 틀린 것은?

① 계획유입수질 : 하수의 계획유입수질은 계획오염부하량을 계획1일 평균오수량으로 나눈 값으로 한다.
② 공장폐수에 의한 오염부하량 : 폐수배출부하량이 큰 공장은 업종별 오염부하량원단위를 기초로 추정하는 것이 바람직하다.
③ 생활오수에 의한 오염부하량 : 1인1일당 오염부하량 원단위를 기초로 하여 정한다.
④ 관광오수에 의한 오염부하량 : 당일관광과 숙박으로 나누고 각각의 원단위에서 추정한다.

풀 이

폐수배출부하량이 큰 공장에 대해서는 부하량을 실측하는 것이 바람직하며, 실측치를 얻기 어려운 경우에 대해서는 업종별의 출하액당 오염부하량 원단위에 기초를 두고 추정한다.

08 하수도계획 목표연도는 몇 년을 원칙으로 하는가?

① 10년
② 20년
③ 30년
④ 40년

풀 이

상수도계획 목표연도 : 15~20년
하수도계획 목표연도 : 20년

09 우물의 양수량 결정시 적용되는 "적정양수량"의 정의로 옳은 것은?

① 최대양수량의 70% 이하
② 최대양수량의 80% 이하
③ 한계양수량의 70% 이하
④ 한계양수량의 80% 이하

풀 이

우물의 양수량 결정시 적용되는 "적정양수량"이란 한계양수량의 70% 이하를 말한다.

정 답 04 ① 05 ③ 06 ④ 07 ② 08 ② 09 ③

10 하수도 관거 계획 시 고려할 사항으로 틀린 것은?

① 오수관거는 계획시간 최대오수량을 기준으로 계획한다.
② 오수관거와 우수관거가 교차하여 역사이펀을 피할 수 없는 경우, 우수관거를 역사이펀으로 하는 것이 좋다.
③ 분류식과 합류식이 공존하는 경우에는 원칙적으로 양 지역의 관거는 분리하여 계획한다.
④ 관거는 원칙적으로 암거로 하며 수밀한 구조로 하여야 한다.

풀이

오수관거와 우수관거가 교차하여 역사이펀을 피할 수 없는 경우, 오수관거를 역사이펀으로 하는 것이 좋다.

11 정수시설의 시설능력에 관한 내용으로 ( )에 옳은 내용은?

> 소비자에게 고품질의 수도 서비스를 중단 없이 제공하기 위하여 정수시설은 유지보수, 사고대비, 시설 개량 및 확장 등에 대비하여 적절한 예비용량을 갖춤으로서 수도시스템으로서의 안정성을 높여야 한다. 이를 위하여 예비용량을 감안한 정수시설의 가동율은 ( )내외가 적당하다.

① 55%
② 65%
③ 75%
④ 85%

12 하수관로의 유속과 경사는 하류로 갈수록 어떻게 되도록 설계하여야 하는가?

① 유속 : 증가, 경사 : 감소
② 유속 : 증가, 경사 : 증가
③ 유속 : 감소, 경사 : 증가
④ 유속 : 감소, 경사 : 감소

풀이

유속은 일반적으로 하류방향으로 흐름에 따라 점차로 커지고, 관거경사는 점차 작아지도록 다음 사항을 고려하여 유속과 경사를 결정한다.

제 2 절 수원과 상하수도시설

01 하수관거 설계 시 오수관거의 최소관경에 관한 기준은?

① 150mm를 표준으로 한다.
② 200mm를 표준으로 한다.
③ 250mm를 표준으로 한다.
④ 300mm를 표준으로 한다.

풀이

오수관거 최소관경 : 200mm
우수관거 및 합류관거 최소관경 : 250mm

02 하수 관거시설에 대한 설명으로 틀린 것은?

① 오수관거의 유속은 계획시간 최대오수량에 대하여 최소 0.6m/s, 최대 3.0m/s로 한다.
② 우수관거 및 합류관거에서의 유속은 계획우수량에 대하여 최소 0.8m/s, 최대 3.0m/s로 한다.
③ 오수관거의 최소관경은 200mm를 표준으로 한다.
④ 우수관거 및 합류관거의 최소관경은 350mm를 표준으로 한다.

풀이

우수관거 및 합류관거의 최소관경은 250mm를 표준으로 한다.

03 직경 1m의 콘크리트 관에 20℃의 물이 동수구배 0.01로 흐르고 있다. 매닝(Manning)공식에 의해 평균 유속을 구한 식으로 올바른 것은?(단, n = 0.014 이다.)

① $V=\frac{1}{0.014}\times 0.01^{\frac{2}{3}}\times 0.25^{\frac{1}{2}}$
② $V=\frac{1}{0.014}\times 0.25^{\frac{2}{3}}\times 0.01^{\frac{1}{2}}$
③ $V=0.014\times 0.25^{\frac{2}{3}}\times 0.01^{\frac{1}{2}}$
④ $V=0.014\times 0.01^{\frac{2}{3}}\times 0.25^{\frac{1}{2}}$

풀이

$V=\frac{1}{n}R^{\frac{2}{3}}I^{\frac{1}{2}}\rightarrow V=\frac{1}{0.014}\times 0.25^{\frac{2}{3}}\times 0.01^{\frac{1}{2}}=2.8346m/\sec$

− n = 0.014
− I = 0.01
− $R(\text{경심})=\frac{A(\text{단면적})}{P(\text{윤변})}=\frac{D}{4}=\frac{1}{4}=0.25$

정답 10 ② 11 ③ 12 ① / 01 ② 02 ④ 03 ②

04 계획오수량 및 계획유입수질에 관한 내용으로 옳지 않은 것은?

① 관광오수에 의한 오염부하량은 당일관광과 숙박으로 나누고 각각의 원단위에서 추정한다.
② 영업오수에 의한 오염부하량은 업무의 종류 및 오수의 특징 등을 감안하여 결정한다.
③ 생활오수에 의한 오염부하량은 1인 1일당 오염부하량 원단위를 기초로 하여 정한다.
④ 하수의 계획유입수질은 계획오염부하량을 계획 1일 최대오수량으로 나눈 값으로 한다.

풀이

계획유입수질: 하수의 계획유입수질은 계획오염부하량을 계획1일 평균오수량으로 나눈 값으로 한다.

05 "계획오수량"에 관한 설명으로 옳지 않은 것은?

① 합류식에서 우천 시 계획오수량은 원칙적으로 계획시간 최대오수량의 3배 이상으로 한다.
② 계획시간 최대오수량은 계획 1일 최대오수량의 1시간당 수량의 1.3~1.8배를 표준으로 한다.
③ 계획 1일 평균오수량은 계획 1일 최대오수량의 60~70%를 표준으로 한다.
④ 지하수량은 1인 1일 최대오수량의 10~20%로 한다.

풀이

계획 1일 평균오수량은 계획 1일 최대오수량의 70~80%를 표준으로 한다.

06 계획우수량을 정할 때 고려하여야 할 사항 중 틀린 것은?

① 하수관거의 확률년수는 원칙적으로 10~30년으로 한다.
② 유입시간은 최소단위배수구의 지표면특성을 고려하여 구한다.
③ 유출계수는 지형도를 기초로 답사를 통하여 충분히 조사하고 장래 개발계획을 고려하여 구한다.
④ 유하시간은 최상류관거의 끝으로부터 하류관거의 어떤 지점까지의 거리를 계획유량에 대응한 유속으로 나누어 구하는 것을 원칙으로 한다.

풀이

유출계수는 토지이용별 기초유출계수로부터 총괄유출계수를 구한다.

07 강우강도 $I=\dfrac{3000}{t+30}$ mm/hr, 유역면적 3.0km^2, 유입시간 120sec, 관거길이 1.8km, 유출계수 1.1, 하수관의 유속 100m/min 일 경우 우수유출량은?(단, 합리식 적용)

① $40m^3/sec$　　② $45m^3/sec$
③ $50m^3/sec$　　④ $55m^3/sec$

풀이

$Q=\dfrac{1}{360}CIA=\dfrac{1}{360}\times 1.1\times 60\times 300=55m^3/sec$

← 유달시간(min) = 유입시간(min) + 유하시간(min)

$=120sec\times\dfrac{1min}{60sec}+1800m\times\dfrac{min}{100m}=20min$

← 강우강도(mm/hr)

$I=\dfrac{3000}{t+30}=\dfrac{3000}{20+30}$ = 60mm/hr

← 유역면적(ha) $=3.0km^2\times\dfrac{100ha}{1km^2}=300ha$

08 상수도시설인 배수지 용량에 대한 설명이다. (　　)의 내용으로 옳은 것은?

유효용량은 시간변동조정용량과 비상대처용량을 합하여 급수구역의 (　　) 이상을 표준으로 한다.

① 계획시간최대급수량의 8시간분
② 계획시간최대급수량의 12시간분
③ 계획1일최대급수량의 8시간분
④ 계획1일최대급수량의 12시간분

09 상수의 도수관로의 자연부식 중 매크로셀 부식에 해당되지 않은 것은?

① 이종금속　　② 간섭
③ 산소농담(통기차)　　④ 콘크리트·토양

풀이

전식: 간섭

정답 04 ④ 05 ③ 06 ③ 07 ④ 08 ④ 09 ②

10 **호소의 중소량 취수시설로 많이 사용되고 구조가 간단하며 시공도 비교적 용이하나 수중에 설치되므로 호소의 표면수는 취수할 수 없는 것은?**

① 취수틀
② 취수보
③ 취수관거
④ 취수문

11 **취수탑의 취수구에 대한 설명으로 가장 거리가 먼 것은?**

① 단면형상은 정방형을 표준으로 한다.
② 취수탑의 내측이나 외측에 슬루스게이트(제수문), 버터플라이밸브 또는 제수밸브 등을 설치한다.
③ 전면에는 협잡물을 제거하기 위한 스크린을 설치해야 한다.
④ 최하단에 설치하는 취수구는 계획최저수위를 기준으로 하고 갈수 시에도 계획취수량을 확실하게 취수할 수 있는 것으로 한다.

풀이

단면형상은 장방형 또는 원형으로 한다.

12 **하천수를 수원으로 하는 경우에 사용하는 취수시설인 취수보에 관한 설명으로 틀린 것은?**

① 일반적으로 대하천에 적당하다.
② 안정된 취수가 가능하다.
③ 침사 효과가 적다.
④ 하천의 흐름이 불안정한 경우에 적합하다.

풀이

침사 효과가 크다.

13 **관로 내에서 발생하는 마찰손실수두를 Darcy−Weisbach 공식을 이용하여 구할 때의 설명으로 옳지 않은 것은?** 2021년 지방직9급

① 마찰손실수두는 마찰손실계수에 비례한다.
② 마찰손실수두는 관의 길이에 비례한다.
③ 마찰손실수두는 관경에 비례한다.
④ 마찰손실수두는 유속의 제곱에 비례한다.

풀이

마찰손실수두는 관경에 반비례한다.

$$h_L = f\times\frac{L}{D}\times\frac{V^2}{2g}$$

f : 마찰손실계수　　L : 관의 길이　　D : 관의 직경　　V : 유속

14 **상수관로의 길이 980m, 내경 200mm에서 유속 2m/sec로 흐를 때 관마찰 손실수두(m)는?(단, Darcy−Weisbach 공식을 이용), 마찰손실계수 = 0.02)**

① 20　　② 18
③ 22　　④ 16

풀이

$$h_f = f\times\frac{L}{D}\times\frac{V^2}{2g}$$

$$h_f = 0.02\times\frac{980}{0.2}\times\frac{2^2}{2\times9.8} = 20m$$

15 **수원 선정 시 고려하여야 할 사항으로 옳지 않은 것은?**

① 수량이 풍부하여야 한다.
② 수질이 좋아야 한다.
③ 가능한 한 높은 곳에 위치해야 한다.
④ 수돗물 소비지에서 먼 곳에 위치해야 한다.

풀이

수돗물 소비지에서 가까운 곳에 위치해야 한다.

정답 10 ① 11 ① 12 ③ 13 ③ 14 ① 15 ④

16 **우리나라 연평균강수량은 약 1300mm 정도로 세계 연평균강수량 970mm에 비해 많은 편이지만, UN에서는 물 부족 국가로 인정하고 있다. 이는 우리나라 하천의 특성에 의한 것인데, 그러한 이유로 타당하지 않은 것은?**

① 계절적인 강우분포의 차이가 크다.
② 하상계수가 작다.
③ 하천의 경사도가 급하다.
④ 하천의 유역면적이 작고 길이가 짧다.

풀이

하상계수가 크다
하상계수 = 최대유량 / 최소유량

17 **$I=\frac{3600}{t+14}$ mm/hr, 면적 2.0km^2, 유입시간 6분, 유출계수 C = 0.6, 관내유속이 1m/sec인 경우 관길이 600m인 하수관에서 흘러나오는 우수량(m^3/sec)은?(단, 합리식 적용)**

① 30
② 35
③ 40
④ 45

풀이

합리식에 의한 우수유출량을 산정하는 공식

$Q=\frac{1}{360}CIA$

ⓐ 유달시간 산정(min)

t(min) = 유입시간(min) + 유하시간$\left(\text{min}, =\frac{\text{길이}(L)}{\text{유속}(V)}\right)$

$= 6\text{min} + 600\text{m} \times \frac{\text{sec}}{1\text{m}} \times \frac{1\text{min}}{60\text{sec}} = 16\text{min}$

ⓑ 강우강도산정(mm/hr)

$I=\frac{3600}{t+14}=\frac{3600}{16+14} = 120\text{mm/hr}$

ⓒ 유역면적 산정(ha)

유역면적 $= 2.0km^2 \times \frac{100ha}{1km^2} = 200ha$

ⓓ 유량산정

$Q=\frac{1}{360}\times 0.6\times 120\times 200 = 40m^3/\text{sec}$

18 유출계수가 0.65인 $1km^2$의 분수계에서 흘러내리는 우수의 양(m^3/sec)은? (단, 강우강도 = 3mm/min, 합리식 적용)

① 1.3
② 6.5
③ 21.7
④ 32.5

풀이

합리식에 의한 우수유출량을 산정하는 공식

$Q=\frac{1}{360}CIA$

ⓐ 강우강도산정(mm/hr)

강우강도$=\frac{3\text{mm}}{\text{min}}\times\frac{60\text{min}}{1hr}=180mm/hr$

ⓑ 유역면적 산정(ha)

유역면적$=1km^2\times\frac{100\text{ha}}{1\text{km}^2}=100\text{ha}$

ⓒ 유량산정

$\text{Q}=\frac{1}{360}\times0.65\times180\times100=32.5\text{m}^3/\text{sec}$

19 직경 200cm 원형관로에 물이 1/2 차서 흐를 경우, 이 관로의 경심은?

① 15cm
② 25cm
③ 50cm
④ 100cm

풀이

경심산정 : 원형관로의 경우 경심은 D/4 이다.

$R=\frac{\text{단면적}}{\text{윤변}}=\frac{D}{4}=\frac{0.2\text{m}}{4}=0.5\text{m}=50\text{cm}$

정답 16 ② 17 ③ 18 ④ 19 ③

20 강우강도에 대한 설명 중 틀린 것은?

① 강우강도는 그 지점에 내린 우량을 mm/hr 단위로 표시한 것이다.
② 확률강우강도는 강우강도의 확률적 빈도를 나타낸 것이다.
③ 범람의 피해가 적을 것으로 예상될 때는 재현기간 2~5년 확률강우강도를 채택한다.
④ 강우강도가 큰 강우일수록 빈도가 높다.

풀이

강우강도가 큰 강우일수록 빈도가 낮다.

21 상수도 시설인 도수시설의 도수노선에 관한 설명으로 틀린 것은?

① 원칙적으로 공공도로 또는 수도 용지로 한다.
② 수평이나 수직방향의 급격한 굴곡을 피한다.
③ 관로상 어떤 지점도 동수경사선보다 낮게 위치하지 않도록 한다.
④ 몇 개의 노선에 대하여 건설비 등의 경제성, 유지관리의 난이도 등을 비교, 검토하고 종합적으로 판단하여 결정한다.

풀이

도수노선은 수평이나 수직방향의 급격한 굴곡은 피하고, 어떤 경우라도 최소동수경사선 이하가 되도록 노선을 선정한다.

22 하수관거 내에서 황화수소(H_2S)가 발생되는 조건으로 가장 거리가 먼 것은?

① 용존산소의 결핍
② 황산염의 환원
③ 혐기성 세균의 증식
④ 염기성 pH

풀이

콘크리트 표면에 농축되는 황산의 pH는 1~2정도로 산성이다.

PART 01

23 원형 원심력 철근콘크리트관에 만수된 상태로 송수된다고 할 때 Manning 공식에 의한 유속(m/sec)은?(단, 조도계수 = 0.013, 동수경사 = 0.002, 관지름 D = 250mm)

① $V = \frac{1}{0.013} \times (0.002)^{\frac{2}{3}} \times (0.0625)^{\frac{1}{2}}$

② $V = \frac{1}{0.013} \times (0.0625)^{\frac{2}{3}} \times (0.002)^{\frac{1}{2}}$

③ $V = 0.013 \times (0.002)^{\frac{2}{3}} \times (0.0625)^{\frac{1}{2}}$

④ $V = 0.013 \times (0.0625)^{\frac{2}{3}} \times (0.002)^{\frac{1}{2}}$

풀이

Manning에 의한 유속의 계산은 아래와 같다.

$V = \frac{1}{n} R^{\frac{2}{3}} I^{\frac{1}{2}}$

ⓐ 경심 산정

$R = \frac{단면적}{윤변} = \frac{D}{4} = \frac{0.25}{4} = 0.0625$

ⓑ 유속 산정

$V = \frac{1}{0.013} \times (0.0625)^{\frac{2}{3}} \times (0.002)^{\frac{1}{2}} = 0.54\text{m/sec}$

R : 경심 → 0.0625
n : 조도계수 → 0.013
I : 동수경사 → 0.002

24 도수관을 설계할 때 평균유속을 기준으로 옳은 것은?

자연유하식인 경우에는 허용최대한도를 (㉠)로 하고 도수관의 평균유속의 최소한도는 (㉡)로 한다.

① ㉠ 1.5m/s, ㉡ 0.3m/s
② ㉠ 1.5m/s, ㉡ 0.6m/s
③ ㉠ 3.0m/s, ㉡ 0.3m/s
④ ㉠ 3.0m/s, ㉡ 0.6m/s

풀이

자연유하식인 경우에는 허용최대한도를 3.0m/sec로 하고 도수관의 평균유속의 최소한도는 0.3m/sec로 한다.

정답 20 ④ 21 ③ 22 ④ 23 ② 24 ③

25 **유역면적이 100ha이고 유입시간(time of inlet)이 8분, 유출계수(C)가 0.36일 때 최대계획 우수 유출량(m^3/sec)은? (단, 하수관거의 길이(L) = 360m, 관유속 = 1.2m/sec로 되도록 설계, $I = \frac{1200}{\sqrt{t}+5}(mm/hr)$, 합리식 적용)**

① 12
② 24
③ 36
④ 48

풀이

합리식에 의한 우수유출량을 산정하는 공식

$Q = \frac{1}{360}CIA$

ⓐ 유달시간 산정(min)

$t(\text{min}) = \text{유입기간(min)} + \text{유하시간}\left(\text{min},\ = \frac{\text{길이}(L)}{\text{유속}(V)}\right)$

$t = 20\text{min} + 360m \times \frac{\sec}{1.2m} \times \frac{1\text{min}}{60\sec} = 25\text{min}$

ⓑ 강우강도산정(mm/hr)

$I = \frac{1200}{\sqrt{t}+5} = \frac{1200}{\sqrt{25}+5} = 120\text{mm/hr}$

ⓒ 유역면적 산정(ha)

A : 100ha

ⓓ 유량산정

$Q = \frac{1}{360} \times 0.36 \times 120 \times 100 = 12m^3/\sec$

26 **유역면적이 $1.2km^2$, 유출계수가 0.2인 산림지역에 강우강도가 2.5mm/min일 때 우수유출량 (m^3/sec)은?**

① 4
② 6
③ 8
④ 10

풀이

합리식에 의한 우수유출량을 산정하는 공식

$Q = \frac{1}{360}CIA$

ⓐ 강우강도산정(mm/hr)

$\text{강우강도} = \frac{2.5\text{mm}}{\text{min}} \times \frac{60\text{min}}{1hr} = 150mm/hr$

ⓑ 유역면적 산정(ha)

$\text{유역면적} = 1.2km^2 \times \frac{100\text{ha}}{1\text{km}^2} = 120\text{ha}$

ⓒ 유량산정

$Q = \frac{1}{360} \times 0.2 \times 150 \times 120 = 10\text{m}^3/\sec$

27 단면이 직사각형인 하천의 깊이가 0.2m이고 깊이에 비하여 폭이 매우 넓을 때 동수반경(m)은?

① 0.2 ② 0.5
③ 0.8 ④ 1.0

풀이
수심에 비하여 폭이 넓은 경우 : 경심 = 수심

28 정수처리시설인 응집지 내의 플록형성지에 관한 설명 중 틀린 것은?

① 플록형성지는 혼화지와 침전지 사이에 위치하고 침전지에 붙여서 설치한다.
② 플록형성은 응집된 미소플록을 크게 성장시키기 위해 적당한 기계식교반이나 우류식교반이 필요하다.
③ 플록형성지 내의 교반강도는 하류로 갈수록 점차 증가시키는 것이 바람직하다.
④ 플록형성지는 단락류나 정체부가 생기지 않으면서 충분하게 교반될 수 있는 구조로 한다.

풀이
플록형성지 내의 교반강도는 하류로 갈수록 점차 감소시키는 것이 바람직하다.

29 길이 1.2km의 하수관이 2‰의 경사로 매설되어 있을 경우, 이 하수관 양 끝단의 고저차(m)는?(단, 기타 사항은 고려하지 않음)

① 0.24 ② 2.4
③ 0.6 ④ 6.0

풀이
경사는 길이와 높이의 비로 아래와 같이 산정한다.

경사(‰) $= \frac{H(\text{높이})}{L(\text{길이})} \times 1{,}000$

$2‰ = \frac{H(\text{높이})}{1{,}200m} \times 1{,}000$

H = 2.4m

정답 25 ① 26 ④ 27 ① 28 ③ 29 ②

30 직경이 0.5m인 관에서의 유속이 2m/sec이다. 직경을 줄여 연결하는 레듀셔를 이용하여 직경 0.2m의 관을 접합하였다. 이 때 직경 0.2m에서의 유속(m/sec)은?(단, 만관 기준이며 유량은 변화 없음)

① 5.5　　② 8.5
③ 9.5　　④ 12.5

풀이

유량은 동일하고 단면적과 유속은 다르며 아래의 관계가 성립한다.

$Q = A_1 V_1 = A_2 V_2$

$\frac{\pi(0.5m)^2}{4} \times 2m/\sec = \frac{\pi(0.2m)^2}{4} \times V_2$

$V_2 = 12.5$(m/sec)

31 관경 1100mm, 역사이펀 관거 내의 동수경사 2.5‰, 유속 2.0m/sec, 역사이펀 관거의 길이 L = 50m 일 때, 역사이펀의 손실수두(m)는?(단, β = 1.5, α = 0.05이다.)

① 0.18　　② 0.28
③ 0.38　　④ 0.48

풀이

$H = I \times L + \beta \times \frac{V^2}{2g} + \alpha$

$= \left(\frac{2.5}{1,000} \times 50\right) + \left(1.5 \times \frac{2.0^2}{2 \times 9.8}\right) + 0.05 = 0.48m$

H : 손실수두(m)
I : 동수경사 → 2.5/1,000
L : 관거의 길이(m) → 50m
V : 관거 내의 유속(m/sec) → 2.0m/sec
g : 중력가속도(9.8$m/\sec^2$)
α : 0.05
β : 1.5

32 하수관이 부식하기 쉬운 곳은?

① 바닥 부분　　② 양 옆 부분
③ 하수관 전체　　④ 관정부(crown)

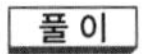

✓ 관정부식(Crown 현상) 부식 메커니즘

① 황산염이 혐기성상태에서 황산염 환원세균에 의해 환원되어 황화수소를 생성
② 황화수소는 콘크리트벽면의 결로에 재용해되고 유황산화 세균에 의해 산화되어 황산이 된다.
③ 콘크리트 표면에서 황산이 농축되어 pH가 1~2로 저하되면 콘크리트의 주성분인 수산화칼슘이 황산과 반응하여 황산칼슘이 생성되며 관정부식을 초래한다.

33 관로의 접합과 관련된 고려사항으로 틀린 것은 어느 것인가?

① 접합의 종류에는 관정접합, 관중심접합, 수면접합, 관저접합 등이 있다.
② 관로의 관경이 변화하는 경우의 접합방법은 원칙적으로 수면접합 또는 관정접합으로 한다.
③ 2개의 관로가 합류하는 경우 중심교각은 되도록 60° 이상으로 한다.
④ 지표의 경사가 급한 경우에는 관경변화에 대한 유무에 관계없이 원칙적으로 단차접합 또는 계단접합을 한다.

풀 이

2개의 관로가 합류하는 경우 중심 교각은 되도록 60° 이하로 한다.

34 하수 관거의 접합 방법 중 유수는 원활한 흐름이 되지만 굴착 깊이가 증가됨으로 공사비가 증대되고 펌프로 배수하는 지역에서는 양정이 높게 되는 단점이 있는 것은?

① 수면접합 ② 관정접합
③ 중심접합 ④ 관저접합

풀 이

✓ 관거의 접합

– 수면접합 : 수리학적으로 대개 계획수위를 일치시켜 접합시키는 것으로서 양호한 방법이다.
– 관정접합 : 관정을 일치시켜 접합하는 방법으로 유수는 원활한 흐름이 되지만 굴착깊이가 증가됨으로 사비가 증대되고 펌프로 배수하는 지역에서는 양정이 높게 되는 단점이 있다.
– 관중심접합 : 관중심을 일치시키는 방법으로 수면접합과 관정접합의 중간적인 방법이다. 이 접합 방법은 계획하수량에 대응하는 수위를 산출할 필요가 없으므로 수면접합에 준용되는 경우가 있다.
– 관저접합 : 관거의 내면 바닥이 일치되도록 접합하는 방법이다. 이 방법은 굴착깊이를 얕게 함으로 공사비용을 줄일 수 있으며, 수위상승을 방지하고 양정고를 줄일 수 있어 펌프로 배수하는 지역에 적합하다. 그러나 상류부에서는 동수경사선이 관정보다 높이 올라 갈 우려가 있다.

정답 30 ④ 31 ④ 32 ④ 33 ③ 34 ②

35 다음 표는 우수량을 산출하기 위해 조사한 지역분포와 유출계수의 결과이다. 이 지역의 전체 평균 유출계수는?

지역	분포	유출계수
상업	20%	0.6
주거	30%	0.4
공원	10%	0.2
공업	40%	0.5

① 0.30
② 0.35
③ 0.42
④ 0.46

풀이

총괄유출계수 = (유출계수 × 각 면적)/총면적

$$C_m = \frac{\sum A_i C_i}{\sum A_i} = \frac{20\times0.6+30\times0.4+10\times0.2+40\times0.5}{100} = 0.46$$

36 직경 200cm 원형관로에 물이 1/2 차서 흐를 경우, 이 관로의 경심(cm)은?

① 15
② 25
③ 50
④ 100

풀이

경심산정: 원형관로의 경우 경심은 D/4 이다.

$$R = \frac{\text{단면적}}{\text{윤변}} = \frac{D}{4} = \frac{0.2\text{m}}{4} = 0.5\text{m} = 50\text{cm}$$

제 3 절 펌프시설

01 **펌프의 운전 시 발생되는 현상이 아닌 것은?**

① 공동현상
② 수격작용(수충작용)
③ 노크현상
④ 맥동현상

풀 이

① 공동현상 : 펌프의 내부에서 유체의 압력이 저하되어 기포가 발생되는 현상
② 수격작용(수충작용) : 물의 속도가 급격히 변하여 생긴 수압의 변화로 발생되는 현상
④ 맥동현상 : 송출유량과 송출압력 사이에 주기적인 변동으로 토출유량의 변화가 생기는 현상

02 **공동현상(Cavitation)이 발생하는 것을 방지하기 위한 대책으로 틀린 것은?**

① 흡입측 밸브를 완전히 개방하고 펌프를 운전한다.
② 흡입관의 손실을 가능한 크게 한다.
③ 펌프의 위치를 가능한 한 낮춘다.
④ 펌프의 회전속도를 낮게 선정한다.

풀 이

흡입관의 손실을 가능한 한 작게 하여 펌프의 가용유효흡입수두를 크게 한다.

03 **펌프 운전 시 발생할 수 있는 비정상현상에 대한 설명이다. 펌프 운전 중에 토출량과 토출압이 주기적으로 숨이 찬 것처럼 변동하는 상태를 일으키는 현상으로 펌프 특성 곡선이산형에서 발생하며 큰 진동을 발생하는 경우는?**

① 캐비테이션(Cavitation)
② 서어징(Surging)
③ 수격작용(Water hammer)
④ 크로스커넥션(Cross connection)

정답 35 ④ 36 ③ / 01 ③ 02 ② 03 ②

04 수격작용(water hammer)을 방지 또는 줄이는 방법이라 할 수 없는 것은?

① 펌프에 fly wheel을 붙여 펌프의 관성을 증가시킨다.
② 흡입측 관로에 압력조절수조(surge tank)를 설치하여 부압을 유지시킨다.
③ 펌프 토출구 부근에 공기탱크를 두거나 부압 발생지점에 흡기밸브를 설치하여 압력강하 시 공기를 넣어준다.
④ 관내유속을 낮추거나 관거상황을 변경한다.

풀 이

토출측 관로에 압력조절수조(surge tank)를 설치하여 부압을 방지시킨다.

05 펌프효율 $\eta = 80\%$, 전양정 $H = 10.2m$인 조건하에서 양수량 $Q = 12L/sec$로 펌프를 회전시킨다면 이 때 필요한 축동력(kW)은?(단, 전동기는 직결, 물의 밀도 $\gamma = 1000kg/m^3$)

① 1.0
② 1.25
③ 1.5
④ 1.75

풀 이

$$P(kW) = \frac{\gamma \times \Delta H \times Q}{102 \times \eta} = \frac{\frac{1000kg}{m^3} \times 10.2m \times \frac{12L}{\sec} \times \frac{m^3}{1000L}}{102 \times 0.8} = 1.5kW$$

06 비교회전도(N_s)에 대한 설명으로 틀린 것은?

① 펌프는 N_s 값에 따라 그 형식이 변한다.
② N_s 값이 같으면 펌프의 크기에 관계없이 같은 형식의 펌프로 하고 특성도 대체로 같아진다.
③ 수량과 전양정이 같다면 회전수가 많을수록 N_s 값이 커진다.
④ 일반적으로 N_s 값이 적으면 유량이 큰 저양정의 펌프가 된다.

풀 이

일반적으로 N_s값이 적으면 유량이 적은 고양정의 펌프가 된다.

07 펌프의 규정회전수는 10회/sec, 규정토출량은 0.3m³/sec, 펌프의 규정양정이 5m일 때 비교회전도를 산정한 식으로 올바른 것은?

① $Ns = 600 \times \frac{5^{1/2}}{18^{3/4}}$

② $Ns = 600 \times \frac{18^{1/2}}{5^{3/4}}$

③ $Ns = 600 \times \frac{18^{3/4}}{5^{1/2}}$

④ $= 600 \times \frac{5^{3/4}}{18^{1/2}}$

풀이

$N_s = N \times \frac{Q^{1/2}}{H^{3/4}}$

$Ns = 600 \times \frac{18^{1/2}}{5^{3/4}} = 761.31$

$\leftarrow N = \frac{10회}{sec} \times \frac{60sec}{min} = 600rpm$

$\leftarrow Q = \frac{0.3m^3}{sec} \times \frac{60sec}{min} = 18m^3/min$

08 전양정에 대한 펌프의 형식 중 틀린 것은?

① 전양정 5m 이하는 펌프구경 400mm 이상의 축류펌프를 사용한다.
② 전양정 3~12m는 펌프구경 400mm 이상의 원심펌프를 사용한다.
③ 전양정 5~20m는 펌프구경 300mm 이상의 원심사류펌프를 사용한다.
④ 전양정 4m 이상은 펌프구경 80mm 이상의 원심펌프를 사용한다.

풀이

전양정 3~12m는 펌프구경 400mm 이상의 사류펌프를 사용한다.

정답 04 ② 05 ③ 06 ④ 07 ② 08 ②

09 펌프의 회전수 N = 2400rpm, 최고 효율점의 토출량 Q = 162m^3/hr, 전양정이 H = 90m인 원심 펌프의 비교회전도를 구하는 식으로 옳은 것은?

① $N_s = 2,400 \times \frac{2.7^{3/4}}{90^{1/2}}$

② $N_s = 2,400 \times \frac{90^{3/4}}{2.7^{1/2}}$

③ $N_s = 2,400 \times \frac{2.7^{1/2}}{90^{3/4}}$

④ $N_s = 2,400 \times \frac{90^{1/2}}{2.7^{3/4}}$

풀이

비교회전도의 산정을 위한 공식은 아래와 같다.

$N_s = N \times \frac{Q^{1/2}}{H^{3/4}}$

ⓐ 유량의 산정(m^3/min)

$Q(\mathrm{m^3/min}) = \frac{162\mathrm{m^3}}{\mathrm{hr}} \times \frac{1hr}{60\mathrm{min}} = 2.7m^3/\mathrm{min}$

ⓑ 비교회전도 산정

$N_s = 2,400 \times \frac{2.7^{1/2}}{90^{3/4}} = 134.96$

10 펌프의 비교회전도에 관한 설명으로 옳은 것은?

① 비교회전도가 크게 될수록 흡입성능이 나쁘고 공동현상이 발생하기 쉽다.
② 비교회전도가 크게 될수록 흡입성능은 나쁘나 공동현상이 발생하기 어렵다.
③ 공동현상이 크게 될수록 흡입성능이 좋고 공동현상이 발생하기 어렵다.
④ 비교회전도가 크게 될수록 흡입성능은 좋으나 공동현상이 발생하기 쉽다.

11 **캐비테이션(공동현상)의 방지대책에 관한 설명으로 틀린 것은?**

① 펌프의 설치위치를 가능한 한 작게 하여 가용유효흡입 수두를 크게 한다.
② 흡입관의 손실을 가능한 한 작게 하여 가용유효흡입 수두를 크게 한다.
③ 펌프의 회전속도를 낮게 선정하여 필요유효흡입 수두를 크게 한다.
④ 흡입측 밸브를 완전히 개방하고 펌프를 운전한다.

풀이
펌프의 회전속도를 낮게 선정하여 필요유효흡입 수두를 작게 한다.

12 **펌프의 수격작용(Water hammer)에 관한 설명으로 가장 거리가 먼 것은?**

① 관내 물의 속도가 급격히 변하여 수압의 심한 변화를 야기하는 현상이다.
② 정전 등의 사고에 의하여 운전 중인 펌프가 갑자기 구동력을 소실할 경우에 발생할 수 있다.
③ 펌프계에서의 수격현상은 역회전 역류, 정회전 역류, 정회전 정류의 단계로 진행된다.
④ 펌프가 급정지할 때는 수격작용 유무를 점검해야 한다.

풀이
펌프계에서의 수격현상은 정회전 정류, 정회전 역류, 역회전 역류의 단계로 진행된다.

정답 09 ③ 10 ① 11 ③ 12 ③

공정시험기준 및 법규

01 ppm을 설명한 것으로 틀린 것은?

① ppb 농도의 1000배 이다.
② 백만분율이라고 한다.
③ mg/kg이다.
④ % 농도의 1/1000 이다.

풀 이

1% = 10,000ppm이다.

02 pH 미터의 유지관리에 대한 설명으로 틀린 것은?

① 전극이 더러워졌을 때는 유리전극을 묽은 염산에 잠시 담갔다가 증류수로 씻는다.
② 유리전극을 사용하지 않을 때는 증류수에 담가둔다.
③ 유지, 그리스 등이 전극표면에 부착되면 유기용매로 적신 부드러운 종이로 전극을 닦고 증류수로 씻는다.
④ 전극에 발생하는 조류나 미생물은 전극을 보호하는 작용이므로 떨어지지 않게 주의한다.

풀 이

전극에 발생하는 조류나 미생물은 측정을 방해한다.

03 시료의 전처리 방법 중 유기물을 다량 함유하고 있으면서 산분해가 어려운 시료에 적용하는 방법은?

① 질산－염산 산분해법
② 질산 산분해법
③ 마이크로파 산분해법
④ 질산－황산 산분해법

풀 이

1. 산분해법
   - 질산법 : 유기함량이 비교적 높지 않은 시료의 전처리에 사용한다.
   - 질산－염산법 : 유기물 함량이 비교적 높지 않고 금속의 수산화물, 산화물, 인산염 및 황화물을 함유하고 있는 시료에 적용한다.

  - 질산-황산법 : 유기물 등을 많이 함유하고 있는 대부분의 시료에 적용된다.
  - 질산-과염소산법 : 유기물을 다량 함유하고 있으면서 산분해가 어려운 시료에 적용된다.
  - 질산-과염소산-불화수소산 : 다량의 점토질 또는 규산염을 함유한 시료에 적용된다.
2. 마이크로파 산분해법 : 유기물을 다량 함유하고 있으면서 산분해가 어려운 시료에 적용된다.
3. 회화에 의한 분해 : 목적성분이 400℃ 이상에서 휘산되지 않고 쉽게 회화될 수 있는 시료에 적용된다.
4. 용매추출법 : 원자흡수분광광도법을 사용한 분석 시 목적성분의 농도가 미량이거나 측정에 방해하는 성분이 공존할 경우 시료의 농축 또는 방해물질을 제거하기 위한 목적으로 사용한다.

04 유기물을 다량 함유하고 있으면서 산 분해가 어려운 시료에 적용되는 전처리법은?

① 질산-염산법
② 질산-황산법
③ 질산-초산법
④ 질산-과염소산법

05 유기물 함량이 비교적 높지 않고 금속의 수산화물, 산화물, 인산염 및 황화물을 함유하는 시료의 전처리(산분해법)방법으로 가장 적합한 것은?

① 질산법
② 질산-과염소산법
③ 질산-황산법
④ 질산-염산법

06 수질오염방지시설 중 화학적 처리시설이 아닌 것은?

① 농축시설
② 살균시설
③ 흡착시설
④ 소각시설

풀이

농축시설은 물리적 처리시설이다.

정답 01 ④ 02 ④ 03 ③ 04 ④ 05 ④ 06 ①

07 물환경보전법에서 사용하는 용어의 정의로 틀린 것은?

① 비점오염원 : 도시, 도로, 농지, 산지, 공사장 등으로서 불특정 장소에서 불특정하게 수질오염물질을 배출하는 배출원을 말한다.
② 기타수질오염원 : 점오염원 및 비점오염원으로 관리되지 아니하는 수질오염물질 배출원으로서 대통령령으로 정하는 것을 말한다.
③ 폐수 : 물에 액체성 또는 고체성의 수질오염물질이 혼입되어 그대로 사용할 수 없는 물을 말한다.
④ 강우유출수 : 비점오염원의 수질오염물질이 섞여 유출되는 빗물 또는 눈 녹은 물 등을 말한다.

풀이

"기타수질오염원"이란 점오염원 및 비점오염원으로 관리되지 아니하는 수질오염물질을 배출하는 시설 또는 장소로서 환경부령으로 정하는 것을 말한다.

08 흡광 광도 측정에서 입사광의 90%가 흡수되었을 때의 흡광도는?

① 0.2
② 0.5
③ 1.0
④ 1.5

풀이

흡광도 = log(1/투과율)
투과율 = 투과광의 세기 / 입사광의 세기

$A = \log\frac{1}{t} = \log\frac{1}{I_t/I_o} = \log\frac{1}{10/100} = 1$

09 시료채취 시 유의사항으로 틀린 것은?

① 채취용기는 시료를 채우기 전에 시료로 3회 이상 씻은 다음 사용한다.
② 시료채취용기에 시료를 채울 때에는 어떠한 경우에도 시료의 교란이 일어나서는 안된다.
③ 지하수 시료는 취수정 내에 고여 있는 물과 원래 지하수의 성상이 달라질 수 있으므로 고여 있는 물을 충분히 퍼낸 다음 새로 나온 물을 채취한다.
④ 시료채취량은 시험항목 및 시험횟수의 필요량의 3~5배 채취를 원칙으로 한다.

풀이

시료채취량은 시험항목 및 시험횟수에 따라 차이가 있으나 보통 3L ~ 5L정도이어야 한다.

10 **온도에 관한 내용으로 옳지 않은 것은?**

① 찬 곳은 따로 규정이 없는 한 0~15℃의 곳을 뜻한다.
② 냉수는 15℃ 이하를 말한다.
③ 온수는 70~90℃를 말한다.
④ 상온은 15~25℃를 말한다.

풀이
냉수는 15℃ 이하, 온수는 60℃ ~ 70℃, 열수는 약 100℃를 말한다.

11 **시료를 채취해 얻은 결과가 다음과 같고, 시료량이 50mL이었을 때 부유고형물의 농도(mg/L)와 휘발성부유고형물의 농도(mg/L)는?**

- Whatman GF/C 여과지무게 = 1.5433g
- 105℃ 건조 후 Whatman GF/C 여과지의 잔여무게 = 1.5553g
- 550℃ 소각 후 Whatman GF/C 여과지의 잔여무게 = 1.5531g

① 44, 240
② 240, 44
③ 24, 4.4
④ 4.4, 24

풀이
중량법에 의한 부유물질의 농도 계산

부유물질$mg/L = (b-a) \times \frac{1,000}{V}$

ⓐ 부유고형물의 농도(105℃)

부유고형물 $mg/L = (1.5553 - 1.5433)g \times \frac{1,000}{50mL} = 240mg/L$

ⓑ 휘발성부유고형물의 농도(550℃)

휘발성부유고형물 $mg/L = (1.5531 - 1.5433)g \times \frac{1,000}{50mL} = 44mg/L$

정답 07 ② 08 ③ 09 ④ 10 ③ 11 ②

12 '항량으로 될 때까지 강열한다.'는 의미에 해당하는 것은?

① 강열할 때 전후 무게의 차가 g당 0.1mg 이하일 때
② 강열할 때 전후 무게의 차가 g당 0.3mg 이하일 때
③ 강열할 때 전후 무게의 차가 g당 0.5mg 이하일 때
④ 강열할 때 전후 무게의 차가 없을 때

13 0.1N $Na_2S_2O_3$ 용액 100mL에 증류수를 가해 500mL로 한 다음 여기서 250mL을 취하여 다시 증류수로 전량 500mL로 하면 용액의 규정농도(N)는?

① 0.01
② 0.02
③ 0.04
④ 0.05

풀이

ⓐ eq 산정
0.1N − 100mL의 eq = 0.01eq
ⓑ 증류수 500mL 가한 후 규정농도 산정
$$\frac{0.01eq}{500mL} = 0.02eq/L$$
ⓒ 250mL를 취하여 증류수로 전량 500mL 제조 후 규정농도 산정
$$\frac{0.02eq}{L} \times \frac{250mL}{500mL} = 0.01eq/L$$

14 물환경보전법상 폐수처리방법이 생물화학적 처리방법인 경우 시운전기간 기준은?(단, 가동시작일은 2월 3일이다.)

① 가동시작일부터 50일로 한다.
② 가동시작일로부터 60일로 한다.
③ 가동시작일로부터 70일로 한다.
④ 가동시작일로부터 90일로 한다.

풀이

시운전 기간
1. 폐수처리방법이 생물화학적 처리방법인 경우 : 가동시작일부터 50일. 다만, 가동시작일이 11월 1일부터 다음 연도 1월 31일까지에 해당하는 경우에는 가동시작일부터 70일로 한다.
2. 폐수처리방법이 물리적 또는 화학적 처리방법인 경우 : 가동시작일부터 30일

15 물환경보전법상 용어의 정의 중 틀린 것은?

① 폐수라 함은 물에 액체성 또는 고체성의 수질오염물질이 혼입되어 그대로 사용할 수 없는 물을 말한다.

② 수질오염물질이라 함은 수질오염의 요인이 되는 물질로서 환경부령으로 정하는 것을 말한다.

③ 폐수배출시설이라 함은 수질오염물질을 공공수역에 배출하는 시설물・기계・기구・장소 기타 물체로서 환경부령으로 정하는 것을 말한다.

④ 수질오염방지시설이라 함은 폐수배출시설로부터 배출되는 수질오염물질을 제거하거나 감소시키는 시설로서 환경부령으로 정하는 것을 말한다.

풀이

"폐수배출시설"이란 수질오염물질을 배출하는 시설물, 기계, 기구, 그 밖의 물체로서 환경부령으로 정하는 것을 말한다.

16 수질오염 방지시설 중 화학적 처리시설에 해당되는 것은?

① 침전물 개량시설

② 혼합시설

③ 응집시설

④ 증류시설

풀이

수질오염방지시설 종류

1. 물리적 처리시설 : 스크린, 분쇄기, 침사(沈砂)시설, 유수분리시설, 유량조정시설(집수조), 혼합시설, 응집시설, 침전시설, 부상시설, 여과시설, 탈수시설, 건조시설, 증류시설, 농축시설
2. 화학적 처리시설 : 화학적 침강시설, 중화시설, 흡착시설, 살균시설, 이온교환시설, 소각시설, 산화시설, 환원시설, 침전물 개량시설
3. 생물화학적 처리시설 : 살수여과상, 폭기(瀑氣)시설, 산화시설(산화조(酸化槽) 또는 산화지(酸化池)를 말한다), 혐기성・호기성 소화시설, 접촉조, 안정조, 돈사톱밥발효시설

정답 12 ② 13 ① 14 ① 15 ③ 16 ①

17 램버트－비어(Lambert－Beer)의 법칙에서 흡광도의 의미는? (단, I_o = 입사광의 강도, I_t = 투사광의 강도, t = 투과도)

① $\frac{I_t}{I_o}$ ② $t \times 100$

③ $\log\frac{1}{t}$ ④ $I_t \times 10^{-1}$

풀이

흡광도 = log(1/투과율)

투과율 = 투과광의 세기 / 입사광의 세기

$A = \log\frac{1}{t} = \log\frac{1}{I_t/I_o}$

18 백분율(W/V, %)의 설명으로 옳은 것은?

① 용액 100g 중의 성분무게(g)을 표시

② 용액 100mL 중의 성분용량(mL)을 표시

③ 용액 100mL 중의 성분무게(g)을 표시

④ 욕액 100g 중의 성분용량(mL)을 표시

19 취급 또는 저장하는 동안에 이물질이 들어가거나 내용물이 손실되지 아니하도록 보호하는 용기는?

① 밀폐용기 ② 기밀용기

③ 밀봉용기 ④ 차광용기

풀이

용기 관련

1. "용기"라 함은 시험용액 또는 시험에 관계된 물질을 보존, 운반 또는 조작하기 위하여 넣어두는 것으로 시험에 지장을 주지 않도록 깨끗한 것을 뜻한다.
2. "밀폐용기"라 함은 취급 또는 저장하는 동안에 이물질이 들어가거나 또는 내용물이 손실되지 아니하도록 보호하는 용기를 말한다.
3. "기밀용기"라 함은 취급 또는 저장하는 동안에 밖으로부터의 공기 또는 다른 가스가 침입하지 아니하도록 내용물을 보호하는 용기를 말한다.
4. "밀봉용기"라 함은 취급 또는 저장하는 동안에 기체 또는 미생물이 침입하지 아니하도록 내용물을 보호하는 용기를 말한다.
5. "차광용기"라 함은 광선이 투과하지 않는 용기 또는 투과하지 않게 포장을 한 용기이며 취급 또는 저장하는 동안에 내용물이 광화학적 변화를 일으키지 아니하도록 방지할 수 있는 용기를 말한다.

20 **70% 질산을 물로 희석하여 5% 질산으로 제조하려고 한다. 70% 질산과 물의 비율을?**

① 1 : 9
② 1 : 11
③ 1 : 13
④ 1 : 15

풀이

$$\text{희석배율} = \frac{\text{처음농도}}{\text{나중농도}} = \frac{70\%}{5\%} = 14$$

14배 희석과 같은 1 : 13이 정답이다.

21 **BOD 실험에서 시료를 희석함에 있어 예상 BOD 값에 대한 사전경험이 없을 때, 적용되는 경우에 대한 설명으로 옳은 것은?**

① 오염이 심한 공장폐수는 1.0~5.0%의 시료가 함유되도록 희석, 조제한다.
② 침전된 하수는 5.0~10%의 시료가 함유되도록 희석, 조제한다.
③ 처리하여 방류된 공장폐수는 25~50%의 시료가 함유되도록 희석, 조제한다.
④ 오염된 하천수는 25.0~100%의 시료가 함유되도록 희석 조제한다.

풀이

예상 BOD값에 대한 사전경험이 없을 때 희석비율

- 오염정도가 심한 공장폐수 : 0.1% ~ 1.0%
- 처리하지 않은 공장폐수와 침전된 하수 : 1% ~ 5%
- 처리하여 방류된 공장폐수 : 5% ~ 25%
- 오염된 하천수 : 25% ~ 100%

정답 17 ③ 18 ③ 19 ① 20 ③ 21 ④

22 유속-면적법에 의한 하천유량을 구하기 위한 소구간 단면에 있어서의 평균유속 V_m을 구하는 식으로 맞는 것은?(단, $V_{0.2}$, $V_{0.4}$, $V_{0.5}$, $V_{0.6}$, $V_{0.8}$은 각각 수면으로부터 전수심의 20%, 40%, 50%, 60% 및 80%인 점의 유속이다.)

① 수심이 0.4m 미만일 때 $V_m = V_{0.5}$
② 수심이 0.4m 미만일 때 $V_m = V_{0.8}$
③ 수심이 0.4m 이상일 때 $Vm = (V_{0.2} + V_{0.8}) \times 1/2$
④ 수심이 0.4m 이상일 때 $Vm = (V_{0.4} + V_{0.6}) \times 1/2$

풀이

하천의 유속은 수심 0.4m를 기점으로 하여 다음과 같이 평균유속을 구한다.
① 수심이 0.4m 이상일 때
$V_m = (V_{0.2} + V_{0.8}) \times 1/2$
② 수심이 0.4m 미만일 때
$V_m = V_{0.6}$

23 공정시험기준의 내용으로 가장 거리가 먼 것은?

① 온수는 60~70℃, 냉수는 15℃ 이하를 말한다.
② 방울수는 20℃에서 정제수 20방울을 적하할 때 그 부피가 약 1mL가 되는 것을 뜻한다.
③ '정밀히 단다'라 함은 규정된 수치의 무게를 0.1mg까지 다는 것을 말한다.
④ 시험에 쓰는 물은 따로 규정이 없는 한 증류수 또는 정제수로 한다.

풀이

무게를 "정확히 단다"라 함은 규정된 수치의 무게를 0.1mg까지 다는 것을 말한다.

24 시료 채취 시 유의사항으로 틀린 것은?

① 시료 채취 용기는 시료를 채우기 전에 시료로 3회 이상 씻은 다음 사용한다.
② 유류 또는 부유물질 등이 함유된 시료는 균질성이 유지될 수 있도록 채취하여야 하며, 침전물 등이 부상하여 혼입되어서는 안된다.
③ 심부층의 지하수 채취 시에는 고속양수펌프를 이용하여 채취시간을 최소화함으로써 수질의 변질을 방지하여야 한다.
④ 용존가스, 환원성 물질, 휘발성유기화합물, 냄새, 유류 및 수소이온 등을 측정하기 위한 시료를 채취할 때는 운반중 공기와의 접촉이 없도록 시료용기에 가득 채운 후 빠르게 뚜껑을 닫는다.

풀 이

지하수 시료채취 시 심부층의 경우 저속양수펌프 등을 이용하여 반드시 저속시료채취하여 시료 교란을 최소화하여야 하며, 천부층의 경우 저속양수펌프 또는 정량이송펌프 등을 사용한다.

25 수질 및 수생태계 상태를 등급으로 나타내는 경우, "좋음" 등급에 대한 설명으로 옳은 것은?(단, 수질 및 수생태계 생활 환경기준)

① 용존산소가 풍부하고 오염물질이 거의 없는 청정상태에 근접한 생태계로 침전 등 간단한 정수처리 후 생활용수로 사용할 수 있음

② 용존산소가 풍부하고 오염물질이 거의 없는 청정상태에 근접한 생태계로 여과 · 침전 등 간단한 정수처리 후 생활용수로 사용할 수 있음

③ 용존산소가 많은 편이고 오염물질이 거의 없는 청정상태에 근접한 생태계로 여과 · 침전 · 살균 등 일반적인 정수처리 후 생활용수로 사용할 수 있음

④ 용존산소가 많은 편이고 오염물질이 거의 없는 청정상태에 근접한 생태계로 활성탄 투입 등 일반적인 정수처리 후 생활용수로 사용할 수 있음

풀 이

[환경정책기본법] 등급별 수질 및 수생태계 상태는 다음과 같다.

① 매우 좋음 : 용존산소가 풍부하고 오염물질이 없는 청정상태의 생태계로 여과 · 살균 등 간단한 정수처리 후 생활용수로 사용할 수 있음.

② 좋음 : 용존산소가 많은 편이고 오염물질이 거의 없는 청정상태에 근접한 생태계로 여과 · 침전 · 살균 등 일반적인 정수처리 후 생활용수로 사용할 수 있음.

③ 약간 좋음 : 약간의 오염물질은 있으나 용존산소가 많은 상태의 다소 좋은 생태계로 여과 · 침전 · 살균 등 일반적인 정수처리 후 생활용수 또는 수영용수로 사용할 수 있음.

④ 보통 : 보통의 오염물질로 인하여 용존산소가 소모되는 일반 생태계로 여과, 침전, 활성탄 투입, 살균 등 고도의 정수처리 후 생활용수로 이용하거나 일반적 정수처리 후 공업용수로 사용할 수 있음.

⑤ 약간 나쁨 : 상당량의 오염물질로 인하여 용존산소가 소모되는 생태계로 농업용수로 사용하거나 여과, 침전, 활성탄 투입, 살균 등 고도의 정수처리 후 공업용수로 사용할 수 있음.

⑥ 나쁨 : 다량의 오염물질로 인하여 용존산소가 소모되는 생태계로 산책 등 국민의 일상생활에 불쾌감을 유발하지 아니하며, 활성탄 투입, 역삼투압 공법 등 특수한 정수처리 후 공업용수로 사용할 수 있음.

⑦ 매우 나쁨 : 용존산소가 거의 없는 오염된 물로 물고기가 살기 어려움.

정답 22 ③ 23 ③ 24 ③ 25 ③

26 비점오염저감시설 중 자연형 시설에 해당되는 것은?

① 생물학적 처리형 시설 ② 여과시설
③ 침투시설 ④ 와류시설

풀 이

① 자연형시설 : 저류시설, 인공습지, 침투시설, 식생형시설
② 장치형시설 : 여과형시설, 와류형시설, 스크린형시설, 응집·침전 처리형 시설, 생물학적 처리형 시설

27 95% 황산(비중1.84)이 있다면 이 황산의 N농도는?

① 15.6N ② 19.4N ③ 27.8N ④ 35.7N

풀 이

N = eq/L

$$N = \frac{1.84g \times \frac{1eq}{(98/2)g} \times \frac{95}{100}}{mL \times \frac{1L}{10^3 mL}}$$ = 35.7eq/L

28 폐수의 유량 측정법에 있어 $1m^3/min$ 이하로 폐수유량이 배출될 경우 용기에 의한 측정 방법에 관한 내용이다. ( )에 옳은 내용은?

용기는 용량 100~200L인 것을 사용하여 유수를 채우는 데에 요하는 시간을 스톱워치로 잰다. 용기에 물을 받아 넣는 시간을 ( )이 되도록 용량을 결정한다.

① 10초 이상 ② 20초 이상
③ 30초 이상 ④ 40초 이상

풀 이

✓ 용기에 의한 측정

1. 최대 유량이 $1m^3$/분 미만인 경우
   용기는 용량 100L~200L인 것을 사용하여 유수를 채우는 데에 요하는 시간을 스톱워치(stop watch)로 잰다. 용기에 물을 받아 넣는 시간을 20초 이상이 되도록 용량을 결정한다.
2. 최대유량 $1m^3$/분 이상인 경우
   이 경우는 침전지 저수지 기타 적당한 수조(水槽)를 이용한다.
   수조가 작은 경우는 한번 수조를 비우고서 유수가 수조를 채우는 데 걸리는 시간으로부터 최대유량이 1m3/분 미만인 경우와 동일한 방법으로 유량을 구한다.
   수조가 큰 경우는 유입시간에 있어서 유수의 부피는 상승한 수위와 상승수면의 평균표면적(平均表面積)의 계측에 의하여 유량을 산출한다. 이 경우 측정시간은 5분 정도 수위의 상승속도는 적어도 매분 1cm 이상이어야 한다.

29 항량으로 될 때까지 건조한다는 용어의 의미는?

① 같은 조건에서 1시간 더 건조하였을 때 전후 무게의 차가 거의 없을 때
② 같은 조건에서 1시간 더 건조하였을 때 전후 무게의 차가 g당 0.1mg 이하일 때
③ 같은 조건에서 1시간 더 건조하였을 때 전후 무게의 차가 g당 0.3mg 이하일 때
④ 같은 조건에서 1시간 더 건조하였을 때 전후 무게의 차가 g당 0.5mg 이하일 때

풀이

"항량으로 될 때까지 건조한다" 또는 "항량으로 될 때까지 강열한다"라 함은 동일한 조건에서 1시간 더 건조하거나 또는 강열할 때 전·후 차가 g당 0.3mg 이하일 때를 말한다.

30 4각 웨어에 의하여 유량을 측정하려고 한다. 웨어의 수두 0.5m, 절단의 폭이 4m이면 유량(m^3/분)을 구하는 식으로 올바른 것은?(단, 유량계수는 4.8이다.)

① $Q = 4.8 \times 4 \times 0.5^{\frac{2}{3}}$
② $Q = 4.8 \times 4 \times 0.5^{\frac{3}{2}}$
③ $Q = 4.8 \times 4 \times 0.5^{2}$
④ $Q = 4.8 \times 4 \times 0.5^{\frac{1}{2}}$

풀이

4각 웨어 유량 계산식 적용

$Q(m^3/min) = K \times b \times h^{\frac{3}{2}}$

K: 유량계수
D: 수로의 밑면으로부터 절단 하부 모서리까지의 높이(m)
B: 수로의 폭(m)
b: 절단의 폭(m)
h: 웨어의 수두(m)

$Q = 4.8 \times 4 \times 0.5^{\frac{3}{2}} = 6.78m^3/min$

정답 26 ③ 27 ④ 28 ② 29 ③ 30 ②

31 순수한 정제수 500mL에 HCl(비중 1.18) 100mL를 혼합했을 경우 이 용액의 염산농도(중량 %)는?

① 19.1
② 20.0
③ 23.4
④ 31.7

풀이

농도(중량%) $= \dfrac{\text{용질(g)}}{\text{용액(g)}}$

ⓐ 용질(HCl) g 산정

용질(g)$= \dfrac{1.18\text{g}}{\text{mL}} \times 100\text{mL} = 118\text{g}$

ⓑ 용액 g 산정

용액 = HCl + 물 = 500g + 118g = 618g

ⓒ 농도 산정

농도(중량%) $= \dfrac{\text{용질(g)}}{\text{용액(g)}} = \dfrac{118\text{g}}{618\text{g}} \times 100 = 19.09(\%)$

32 수질분석을 위한 시료 채취 시 유의사항과 가장 거리가 먼 것은?

① 채취용기는 시료를 채우기 전에 맑은 물로 3회 이상 씻은 다음 사용한다.
② 용존가스, 환원성 물질, 휘발성 유기물질 등의 측정을 위한 시료는 운반 중 공기와의 접촉이 없도록 가득 채워져야 한다.
③ 지하수 시료는 취수정 내에 고여 있는 물을 충분히 퍼낸(고여 있는 물의 4~5배 정도이나 pH 및 전기전도도를 연속적으로 측정하여 이 값이 평형을 이룰 때까지로 한다.) 다음 새로 나온 물을 채취한다.
④ 시료채취량은 시험항목 및 시험횟수에 따라 차이가 있으나 보통 3~5L 정도이어야 한다.

풀이

채취용기는 시료를 채우기 전에 시료로 3회 이상 씻은 다음 사용한다.

33 **물환경보전법령에 적용되는 용어의 정의로 틀린 것은?**

① 폐수무방류배출시설 : 폐수배출시설에서 발생하는 폐수를 당해 사업장 안에서 수질오염방지시설을 이용하여 처리하거나 동일 배출시설에 재이용하는 등 공공수역으로 배출하지 아니하는 폐수배출시설을 말한다.

② 수면관리자 : 호소를 관리하는 자를 말하며, 이 경우 동일한 호소를 관리하는 자가 3인 이상인 경우에는 하천법에 의한 하천의 관리청의 자가 수면관리자가 된다.

③ 특정수질유해물질 : 사람의 건강, 재산이나 동・식물의 생육에 직접 또는 간접으로 위해를 줄 우려가 있는 수질오염물질로서 환경부령이 정하는 것을 말한다.

④ 공공수역 : 하천・호소・항만・연안해역 그밖에 공공용에 사용되는 수역과 이에 접속하여 공공용에 사용되는 환경부령이 정하는 수로를 말한다.

풀 이

"수면관리자"란 다른 법령에 따라 호소를 관리하는 자를 말한다. 이 경우 동일한 호소를 관리하는 자가 둘 이상인 경우에는 「하천법」에 따른 하천관리청 외의 자가 수면관리자가 된다.

34 **사업장에서 1일 폐수 배출량이 150m³ 발생하고 있을 때 사업장의 규모별 구분으로 맞는 것은?**

① 2종 사업장

② 3종 사업장

③ 4종 사업장

④ 5종 사업장

풀 이

✓ 사업장의 규모별 구분

제1종 사업장 : 1일 폐수배출량이 2,000m³ 이상인 사업장

제2종 사업장 : 1일 폐수배출량이 700m³ 이상, 2,000m³ 미만인 사업장

제3종 사업장 : 1일 폐수배출량이 200m³ 이상, 700m³ 미만인 사업장

제4종 사업장 : 1일 폐수배출량이 50m³ 이상, 200m³ 미만인 사업장

제5종 사업장 : 위 제1종부터 제4종까지의 사업장에 해당하지 아니하는 배출시설

− 사업장의 규모별 구분은 1년 중 가장 많이 배출한 날을 기준으로 정한다.

정 답 31 ① 32 ① 33 ② 34 ③

35 수질오염방지시설 중 생물화학적 처리시설에 해당되는 것은?

① 살균시설
② 폭기시설
③ 환원시설
④ 침전물 개량시설

풀이

수질오염방지시설

- 물리적 처리시설: 스크린, 분쇄기, 침사(沈砂)시설, 유수분리시설, 유량조정시설(집수조), 혼합시설, 응집시설, 침전시설, 부상시설, 여과시설, 탈수시설, 건조시설, 증류시설, 농축시설
- 화학적 처리시설: 화학적 침강시설, 중화시설, 흡착시설, 살균시설, 이온교환시설, 소각시설, 산화시설, 환원시설, 침전물 개량시설
- 생물화학적 처리시설: 살수여과상, 폭기(瀑氣)시설, 산화시설(산화조(酸化槽) 또는 산화지(酸化池)를 말한다), 혐기성·호기성 소화시설, 접촉조, 안정조, 돈사톱밥발효시설

36 수질오염방지시설 중 생물화학적 처리시설이 아닌 것은?

① 살균시설
② 접촉조
③ 안정조
④ 폭기시설

37 흡광도 측정에서 투과율이 30%일 때 흡광도는?(단, log3.3 = 0.52)

① 52
② 5.2
③ 0.52
④ 0.052

풀이

흡광도는 투과도 역수의 log값이므로 다음 식으로 계산된다.

흡광도$(A) = \log\frac{1}{t(\text{투과율})} = \log\frac{1}{I_t/I_o} = \log\frac{1}{t} = \epsilon CL$

흡광도 $= \log\frac{1}{30/100} = 0.52$

38 시험할 때 사용되는 용어의 정의로 옳지 않은 것은?

① 감압 또는 진공 : 따로 규정이 없는 한 15mmHg 이하를 뜻한다.
② 바탕시험 : 시료에 대한 처리 및 측정을 할 때 시료를 사용하지 않고 같은 방법으로 조작한 측정치를 더한 것을 뜻한다.
③ 용기 : 시험용액 또는 시험에 관계된 물질을 보존, 운반 또는 조작하기 위하여 넣어두는 것으로 시험에 지장을 주지 않도록 깨끗한 것을 뜻한다.
④ 정밀히 단다 : 규정된 양의 시료를 취하여 화학저울 또는 미량저울로 칭량함을 말한다.

풀이

바탕시험: 시료에 대한 처리 및 측정을 할 때 시료를 사용하지 않고 같은 방법으로 조작한 측정치를 뺀 것을 뜻한다.

39 다음 중 관내의 유량 측정 방법이 아닌 것은?

① 오리피스
② 자기식 유량 측정기(Magnetic flow meter)
③ 피토우(pitot)관
④ 위어(Weir)

풀이

위어는 수로의 유량측정 방법이다.

40 "정확히 취하여"라고 하는 것은 규정한 양의 액체를 무엇으로 눈금까지 취하는 것을 말하는가?

① 메스실린더
② 뷰렛
③ 부피피펫
④ 눈금 비이커

풀이

"정확히 취하여"라 하는 것은 규정한 양의 액체를 부피피펫으로 눈금까지 취하는 것을 말한다.

정답 35 ② 36 ① 37 ③ 38 ② 39 ④ 40 ③

41 수질오염물질의 농도표시 방법에 대한 설명으로 적절치 않은 것은?

① 백만분율을 표시할 때는 ppm 또는 mg/L의 기호를 쓴다.
② 십억분율을 표시할 때는 $\mu g/m^3$ 또는 ppb의 기호를 쓴다.
③ 용액의 농도를 %로만 표시할 때는 W/V(%)를 말한다.
④ 십억분율은 1ppm의 1/1000이다.

풀이

십억분율 : μg/L 또는 ppb의 기호를 쓴다.

42 수질분석용 시료 채취 시 유의 사항과 가장 거리가 먼 것은?

① 채취용기는 시료를 채우기 전에 깨끗한 물로 3회 이상 씻은 다음 사용한다.
② 유류 또는 부유물질 등이 함유된 시료는 시료의 균일성이 유지될 수 있도록 채취하여야 하며 침전물 등이 부상하여 혼입되어서는 안된다.
③ 용존가스, 환원성 물질, 휘발성유기화합물, 냄새, 유류 및 수소이온 등을 측정하는 시료는 시료 용기에 가득 채워야 한다.
④ 시료 채취량은 보통 3~5L 정도이어야 한다.

풀이

채취용기는 시료를 채우기 전에 시료로 3회 이상 씻은 다음 사용한다.

43 수질오염물질을 측정함에 있어 측정의 정확성과 통일성을 유지하기 위한 제반사항에 관한 설명으로 틀린 것은?

① 시험에 사용하는 시약은 따로 규정이 없는 한 1급 이상 또는 이와 동등한 규격의 시약을 사용한다.
② "항량으로 될 때까지 건조한다."라는 의미는 같은 조건에서 1시간 더 건조할 때 전후 무게의 차가 g당 0.3mg 이하일 때를 말한다.
③ 기체 중의 농도는 표준상태(0℃, 1atm)로 환산 표시한다.
④ "정확히 취하여"라 하는 것은 규정한 양의 시료를 부피피펫으로 0.1mL까지 취하는 것을 말한다.

풀이

"정확히 취하여"라 하는 것은 규정한 양의 액체를 부피피펫으로 눈금까지 취하는 것을 말한다.

44 생물화학적 산소요구량(BOD)을 측정할 때 가장 신뢰성이 높은 결과를 갖기 위해서는 용존산소 감소율이 5일 후 어느 정도이어야 하는가?

① 10~20 ② 20~40
③ 40~70 ④ 70~90

45 시험과 관련된 총칙에 관한 설명으로 옳지 않은 것은?

① "방울수"라 함은 0℃에서 정제수 20방울을 적하할 때 그 부피가 약 10mL 되는 것을 뜻한다.
② "찬 곳"은 따로 규정이 없는 한 0~15℃의 곳을 뜻한다.
③ "감압 또는 진공"이라 함은 따로 규정이 없는 한 15mmHg 이하를 말한다.
④ "약"이라 함은 기재된 양에 대하여 ±10% 이상의 차가 있어서는 안 된다.

풀이
방울수는 20℃에서 정제수 20방울을 적하할 때 그 부피가 약 1mL가 되는 것을 뜻한다.

46 30배 희석한 시료를 15분간 방치한 후와 5일간 배양한 후의 DO가 각각 8.6mg/L, 3.6mg/L이었고, 식종액의 BOD를 측정할 때 식종액의 배양 전과 후의 DO가 각각 7.5mg/L, 3.7mg/L이었다면 이 시료의 BOD(mg/L)는? (단, 희석시료 중의 식종액 함유율과 희석한 식종액 중의 식종액 함유율의 비는 0.1임)

① 139 ② 143
③ 147 ④ 150

풀이
식종희석수를 사용한 시료의 BOD 산정

$BOD = [(D_1 - D_2) - (B_1 - B_2) \times f] \times P$

$= [(8.6 - 3.6) - (7.5 - 3.7) \times 0.1] \times 30 = 138.6mg/L$

D_1 : 15분간 방치된 후의 희석(조제)한 시료의 DO(mg/L)
D_2 : 5일간 배양한 다음의 희석(조제)한 시료의 DO(mg/L)
B_1 : 식종액의 BOD를 측정할 때 희석된 식종액의 배양전 DO(mg/L)
B_2 : 식종액의 BOD를 측정할 때 희석된 식종액의 배양후 DO(mg/L)
f : 희석시료 중의 식종액 함유율(X %)과 희석한 식종액 중의 식종액 함유율(Y %)의 비(X/Y)
P : 희석시료 중 시료의 희석배수(희석시료량/시료량)

정답 41 ② 42 ① 43 ④ 44 ③ 45 ① 46 ①

47 수질오염공정시험기준에서 사용하는 용어에 대한 설명으로 틀린 것은?

① "항량으로 될 때까지 건조한다"라 함은 같은 조건에서 1시간 더 건조하여 전후 차가 g당 0.3mg 이하일 때를 말한다.

② 시험조작 중 "즉시"란 30초 이내에 표시된 조작을 하는 것을 뜻한다.

③ "기밀용기"라 함은 취급 또는 저장하는 동안에 이물질이 들어가거나 또는 내용물이 손실되지 아니하도록 보호하는 용기를 말한다.

④ "방울수"라 함은 20℃에서 정제수 20방울을 적하할 때 그 부피가 약 1 mL가 되는 것을 뜻한다.

풀이

"기밀용기"라 함은 취급 또는 저장하는 동안에 밖으로부터의 공기 또는 다른 가스가 침입하지 아니하도록 내용물을 보호하는 용기를 말한다.
"밀폐용기"라 함은 취급 또는 저장하는 동안에 이물질이 들어가거나 또는 내용물이 손실되지 아니하도록 보호하는 용기를 말한다.

48 36%의 염산(비중 1.18)을 가지고 1N의 HCl 1L를 만들려고 한다. 36%의 염산 몇 mL를 물로 희석해야 하는가? (단, 염산을 물로 희석하는 데 있어서 용량 변화는 없다.)

① 70.4　　② 75.9
③ 80.4　　④ 85.9

풀이

염산을 희석하는데 있어서 용량변화는 없으므로 각각의 eq는 같다.

$$\frac{1.18g}{mL}\times\frac{35}{100}\times\frac{eq}{(36.5/1)g}\times\square mL=\frac{1eq}{L}\times 1L$$

□ = 85.9227mL

49 수질오염공정시험기준 총칙에서 용어의 정의가 틀린 것은?

① 무게를 "정확히 단다"라 함은 규정된 수치의 무게를 0.1mg까지 다는 것을 말한다.

② 시험조작 중 "즉시"란 30초 이내에 표시된 조작을 하는 것을 뜻한다.

③ "바탕시험을 하여 보정한다"라 함은 시료를 사용하여 같은 방법으로 조작한 측정치를 보정하는 것을 말한다.

④ "정확히 취하여"라 하는 것은 규정한 양의 액체를 부피피펫으로 눈금까지 취하는 것을 말한다.

풀이

바탕시험: 시료에 대한 처리 및 측정을 할 때 시료를 사용하지 않고 같은 방법으로 조작한 측정치를 뺀 것을 뜻한다.

PART 01

50 **총유기탄소(TOC)에 대한 설명으로 옳은 것은?** 2022년 지방직9급

① 공공폐수처리시설의 방류수 수질기준 항목이다.
② 「수질오염공정시험기준」에 따라 적정법으로 측정한다.
③ 시료를 고온 연소 시킨 후 ECD 검출기로 측정한다.
④ 수중에 존재하는 모든 탄소의 합을 말한다.

풀이
바르게 고쳐보면
② 「수질오염공정시험기준」에 따라 고온연소산화법, 과황산 UV 및 과황산 열 산화법으로 측정한다.
③ 물 속에 존재하는 총유기탄소를 측정하기 위하여 시료 적당량을 산화성 촉매로 충전된 고온의 연소기에 넣은 후에 연소를 통해서 수중의 유기탄소를 이산화탄소 (CO_2)로 산화시켜 정량하는 방법이다. 정량방법은 무기성 탄소를 사전에 제거하여 측정하거나, 무기성 탄소를 측정한 후 총 탄소에서 감하여 총 유기탄소의 양을 구한다.
④ 수중에서 유기적으로 결합된 탄소의 합을 말한다.

51 **「수질오염공정시험기준」에 따른 중크롬산칼륨에 의한 COD 분석 방법으로 옳지 않은 것은?** 2022년 지방직9급

① 시료가 현탁물질을 포함하는 경우 잘 흔들어 분취한다.
② 시료를 알칼리성으로 하기 위해 10% 수산화나트륨 1mL를 첨가한다.
③ 황산은과 중크롬산칼륨 용액을 넣은 후 2시간 동안 가열한다.
④ 냉각 후 황산제일철암모늄으로 종말점까지 적정한 후 최종 산소의 양으로 표현한다.

풀이
화학적 산소요구량 – 적정법 – 알칼리성 과망간산칼륨법에 대한 설명이다.

정답 47 ③ 48 ④ 49 ③ 50 ① 51 ②

52 BOD 측정을 위해 시료를 5배 희석 후 5일간 배양하여 다음과 같은 측정 결과를 얻었다. 이 시료의 BOD 결과치[mg/L]는? (단, 식종희석시료와 희석식종액 중 식종액 함유율의 비 f = 1이다)

2022년 지방직9급

시간 [일]	희석시료 DO [mg/L]	식종 공시료 DO [mg/L]
0	9.00	9.32
5	4.30	9.12

① 5.5
② 10.5
③ 22.5
④ 30.5

풀 이

식종희석수를 사용한 시료

생물화학적산소요구량 (mg/L) = [$(D_1 - D_2) - (B_1 - B_2) \times f$] $\times$ P

= [$(9.00 - 4.30) - (9.32 - 9.12) \times 1$] $\times 5 = 22.5$mg/L

D_1 : 15분간 방치된 후의 희석(조제)한 시료의 DO(mg/L)
D_2 : 5일간 배양한 다음의 희석(조제)한 시료의 DO(mg/L)
B_1 : 식종액의 BOD를 측정할 때 희석된 식종액의 배양전 DO(mg/L)
B_2 : 식종액의 BOD를 측정할 때 희석된 식종액의 배양후 DO(mg/L)
f : 희석시료 중의 식종액 함유율(x%)과 희석한 식종액 중의 식종액 함유율 (y%)의 비(x/y)
P : 희석시료 중 시료의 희석배수(희석시료량/시료량)

53 수중 유기물 함량을 측정하는 화학적산소요구량(COD) 분석에서 사용하는 약품에 해당하지 않는 것은?

2021년 지방직9급

① $K_2Cr_2O_7$
② $KMnO_4$
③ H_2SO_4
④ C_6H_5OH

풀 이

C_6H_5OH(페놀)은 COD 시험에 사용되지 않는다.

54 '먹는물 수질기준'에 대한 설명으로 옳지 않은 것은?

2020년 지방직9급

① '먹는물'이란 먹는 데에 일반적으로 사용하는 자연 상태의 물, 자연 상태의 물을 먹기에 적합하도록 처리한 수돗물, 먹는샘물, 먹는염지하수, 먹는해양심층수 등을 말한다.
② 먹는샘물 및 먹는염지하수에서 중온일반세균은 $100CFUmL^{-1}$을 넘지 않아야 한다.
③ 대장균·분원성 대장균군에 관한 기준은 먹는샘물, 먹는염지하수에는 적용하지 아니한다.
④ 소독제 및 소독부산물질에 관한 기준은 먹는샘물, 먹는염지하수, 먹는해양심층수 및 먹는물공동시설의 물의 경우에는 적용하지 아니한다.

풀이

먹는샘물 및 먹는염지하수에서 중온일반세균은 $5CFUmL^{-1}$을 넘지 않아야 한다.

55 수도법령상 일반수도사업자가 준수해야 할 정수처리기준에 따라, 제거하거나 불활성화하도록 요구되는 병원성 미생물에 포함되지 않는 것은?

2020년 지방직9급

① 바이러스
② 크립토스포리디움 난포낭
③ 살모넬라
④ 지아디아 포낭

풀이

수도법 시행규칙 [별표 5의3]
병원성미생물의 조사 대상시설 등(제18조의3제1항 관련)
바이러스, 크립토스포리디움 난포낭, 지아디아 포낭

56 BOD_5 실험식에 대한 설명으로 옳은 것은? (단, $BOD_5 = \frac{(DO_i - DO_f) - (B_i - B_f)(1-P)}{P}$)

2019년 지방직9급

① B_i는 식종희석수의 5일 배양 후 용존산소 농도이다.
② DO_f는 초기 용존산소 농도이다.
③ DO_i는 5일 배양 후 용존산소 농도이다.
④ P는 희석배율이다.

풀이

여기서, DO_i : 15분간 방치된 후의 희석(조제)한 시료의 DO(mg/L)
DO_f : 5일간 배양한 다음의 희석(조제)한 시료의 DO(mg/L)
B_i : 식종액의 BOD를 측정할 때 희석된 식종액의 배양 전 DO(mg/L)
B_f : 식종액의 BOD를 측정할 때 희석된 식종액의 배양 후 DO(mg/L)
P : 희석시료 중 시료의 희석배수(희석시료량/시료량)

정답 52 ③ 53 ④ 54 ② 55 ③ 56 ④

57 **공장폐수의 BOD_5 측정에 대한 설명으로 옳지 않은 것은?** 2024년 지방직9급

① 시료를 결정된 희석 배율로 희석한다.
② 측정을 위해 호기성 미생물을 식종한다.
③ 질소산화물의 산화로 소비된 DO를 측정한다.
④ 20℃에서 5일간 배양했을 때 소비된 DO를 측정한다.

풀이

미생물에 의한 유기물의 산화로 소비된 DO를 측정한다.

58 **「환경정책기본법 시행령」상 '수질 및 수생태계'에 대한 하천의 생활환경 기준에서 '좋음' 등급의 기준으로 옳지 않은 것은?** 2024년 지방직9급

① 총유기탄소량(TOC) : 3mg/L 이하
② 용존산소(DO) : 5.0mg/L 이하
③ 총인(total phosphorus) : 0.04mg/L 이하
④ 총대장균군 : 500 군수/100mL 이하

풀이

용존산소(DO) : 5.0 mg/L 이상

59 **환경오염도 조사에 적용되는 방법 중 산화-환원 반응을 이용하지 않은 것은?** 2024년 지방직9급

① 유리막 전극전위에 의한 pH 측정
② 중화 적정법에 의한 알칼리도 측정
③ 과망간산칼륨법에 의한 화학적 산소요구량 측정
④ Winkler 아지드화나트륨변법에 의한 용존산소 측정

풀이

중화반응은 산화수의 변화가 없어 산화환원반응이 아니다.

정답 57 ③ 58 ② 59 ②

대기환경

Chapter 01 대기오염
Chapter 02 대기오염물질 처리기술
Chapter 03 연료와 연소
Chapter 04 공정시험기준 및 법규

이찬범 환경공학
단원별 기출문제집

대기오염

제1절 개론

01 다음 대기오염물질 중 1차 생성오염물질인 것은?

① CO_2
② PAN
③ O_3
④ H_2O_2

풀이
- 1차 오염물질: 먼지, 매연, 일산화탄소(CO), 황산화물(SO_x), 염화수소(HCl), 질소산화물(NO_x), 탄화수소(HC), 암모니아(NH_3), 납(Pb), 삼산화이질소(N_2O_3) 등
- 2차 오염물질: 오존(O_3), PAN($CH_3COOONO_2$), 과산화수소(H_2O_2), 염화나이트로실(NOCl), 알데히드 등
- 1,2차 오염물질: SO_2, SO_3, H_2SO_4, NO, NO_2, HCHO, 케톤류, 유기산, 알데히드 등

02 대기오염물질 중 2차 오염물질로만 나열된 것은?

① NO, SO_2, HCl
② PAN, NOCl, O_3
③ PAN, NO, HCl
④ O_3, H_2S, 금속염

03 황 함유 화석연료의 완전연소 시 주로 발생하는 1차 오염물질로서 황화합물에 해당하는 물질은?

2024년 지방직9급

① SO_2
② H_2S
③ CH_3SH
④ $(NH_4)_2SO_4$

풀이
- 1차 대기오염물질: 배출 및 발생원에서 직접 대기 중으로 배출되는 오염된 물질을 의미한다.
- 2차 대기오염물질: 1차 오염물질이 대기 중에서 자외선에 의한 광화학적 반응으로 생성된 오염물질을 의미한다.
- 1·2차 대기오염물질: 배출 및 발생원에서 직접 대기 중으로 배출되거나 광화학적 반응으로 생성되는 오염물질을 의미한다.

04 먼지입자의 크기에 관한 설명으로 옳지 않은 것은?

① 공기역학적 직경이 대상 입자상 물질의 밀도를 고려하는 데 반해, 스토크스 직경은 단위밀도 ($1g/cm^3$)를 갖는 구형입자로 가정하는 것이 두 개념의 차이이다.
② 스토크스 직경은 알고자 하는 입자상 물질과 같은 밀도 및 침강속도를 갖는 입자상 물질의 직경을 말한다.
③ 공기역학적 직경은 먼지의 호흡기 침착, 공기정화기의 성능조사 등 입자의 특성파악에 주로 이용된다.
④ 공기 중 먼지 입자의 밀도가 $1g/cm^3$보다 크고, 구형에 가까운 입자의 공기역학적 직경은 실제 광학직경보다 항상 크게 된다.

풀이

스토크스 직경이 대상 입자상 물질의 밀도를 고려하는 데 반해, 공기역학적 직경은 단위밀도($1g/cm^3$)를 갖는 구형입자로 가정하는 것이 두 개념의 차이이다.

05 공기역학직경(aerodynamic diameter)의 정의로 옳은 것은?

① 원래의 먼지와 침강속도가 동일하며, 밀도가 $1g/cm^3$인 구형입자의 직경
② 원래의 먼지와 밀도 및 침강속도가 동일한 구형입자의 직경
③ 먼지의 한쪽 끝 가장자리와 다른 쪽 끝 가장자리 사이의 거리
④ 먼지의 면적과 동일한 면적을 갖는 원의 직경

풀이

② 원래의 먼지와 밀도 및 침강속도가 동일한 구형입자의 직경: 스토크스직경
③ 먼지의 한쪽 끝 가장자리와 다른 쪽 끝 가장자리 사이의 거리: 휘렛직경
④ 먼지의 면적과 동일한 면적을 갖는 원의 직경: 투영면적경

정답 01 ① 02 ② 03 ① 04 ① 05 ①

06 입경이 10μm인 미세먼지(PM−10) 한 개와 같은 질량을 가지는 초미세먼지(PM−2.5)의 최소 개수는? (단, 미세먼지와 초미세먼지는 완전 구형이고, 먼지의 밀도는 크기와 관계없이 동일하다)

2021년 지방직9급

① 4
② 10
③ 16
④ 64

풀이

$$밀도 = \frac{질량}{부피} = \frac{질량}{\frac{\pi}{6}d_p^3} \rightarrow 질량 = 밀도 \times \frac{\pi}{6}d_p^3,\ 밀도 \times \frac{\pi}{6}(10\mu m) = 밀도 \times \frac{\pi}{6}(2.5\mu m)^3 \times n$$

n = 64개

PM−10과 PM−2.5가 밀도가 서로 같으므로 질량은 직경의 세제곱에 비례한다. PM−10과 PM−2.5은 직경이 4배 차이나므로 같은 질량이 되기 위해서는 4^3개 = 64개의 입자가 필요하다.

07 레이놀드 수(Reynold Number)에 관한 설명으로 옳지 않은 것은? (단, 유체흐름 기준)

① 관성력/점성력으로 나타낼 수 있다.
② 무차원의 수이다.
③ $\frac{(유체밀도 \times 유속 \times 유체흐름관직경)}{유체점도}$로 나타낼 수 있다.
④ 점성계수/밀도로 나타낼 수 있다.

풀이

동점도는 점성계수/밀도로 나타낸다.

08 대기 중의 아황산가스(SO_2) 농도가 0.112ppmv로 측정되었다. 이 농도를 0℃, 1기압 조건에서 μg/m³의 단위로 환산하면? (단, 황 원자량 = 32, 산소 원자량 = 16이다)

2022년 지방직9급

① 160
② 320
③ 640
④ 1280

풀이

$$\frac{0.112mL \times \frac{64mg}{22.4mL} \times \frac{10^3\mu g}{mg}}{Sm^3} = 320\mu g/Sm^3$$

09 다음은 입경(직경)에 대한 설명이다. (　　) 안에 알맞은 것은?

(　　)은 입자상 물질의 끝과 끝을 연결한 선 중 가장 긴 선을 직경으로 하는 것을 말한다.

① 휘렛 직경
② 마틴 직경
③ 공기역학적 직경
④ 스토크스 직경

10 다음 입자상 물질의 크기를 결정하는 방법 중 입자상 물질의 그림자를 2개의 등면적으로 나눈 선의 길이를 직경으로 하는 입경은?

① 마틴직경
② 스톡스직경
③ 피렛직경
④ 투영면직경

11 광화학반응의 주요 생성물 중 PAN(Peroxyacetyl nitrate)의 화학식을 옳게 나타낸 것은?

① $CH_3CO_2N_4O_2$
② $CH_3C(O)O_2NO_2$
③ $C_5H_{11}C(O)O_2N4O_2$
④ $C_5H_{11}CO_2NO_2$

12 입자상 물질에 관한 설명으로 가장 거리가 먼 것은?

① 공기동력학경은 stokes경과 달리 입자밀도를 $1g/cm^3$으로 가정함으로써 보다 쉽게 입경을 나타낼 수 있다.
② 비구형입자에서 입자의 밀도가 1보다 클 경우 공기동력학경은 stokes경에 비해 항상 크다고 볼 수 있다.
③ cascade impactor는 관성충돌을 이용하여 입경을 간접적으로 측정하는 방법이다.
④ 직경 d인 구형입자의 비표면적(단위체적당 표면적)은 d/6이다.

풀이

직경 d인 구형입자의 비표면적(단위체적당 표면적)은 6/d이다.

정답 06 ④ 07 ④ 08 ② 09 ① 10 ① 11 ② 12 ④

13 **다이옥신에 대한 설명으로 옳지 않은 것은?** 2023년 지방직9급

① 폐기물소각시설은 주요 오염원 중 하나이다.
② 수용성이다.
③ 생체 내에 축적된다.
④ 2,3,7,8−TCDD의 독성이 가장 강하다.

풀이
다이옥신은 상온에서 무색으로 물에 대한 용해도 및 증기압이 낮다.

14 **다음 중 PAN(Peroxy Acetyl Nitrate)의 구조식을 옳게 나타낸 것은?**

① $C_6H_6-\overset{\overset{O}{\|}}{C}-O-O-NO_2$

② $CH_3-\overset{\overset{O}{\|}}{C}-O-O-NO_2$

③ $C_2H_6-\overset{\overset{O}{\|}}{C}-O-O-NO_2$

④ $C_4H_8-\overset{\overset{O}{\|}}{C}-O-O-NO_2$

15 **광화학물질인 PAN에 관한 설명으로 옳지 않은 것은?**

① PAN의 분자식은 $C_6H_5COOONO_2$이다.
② 식물의 경우 주로 생활력이 왕성한 초엽에 피해가 크다.
③ 식물의 영향은 잎의 밑부분이 은(백)색 또는 청동색이 되는 경향이 있다.
④ 눈에 통증을 일으키며 빛을 분산시키므로 가시거리를 단축시킨다.

풀이
PAN(peroxyacetyl nitrate) : $CH_3COOONO_2$

16 표준상태에서 SO_2농도가 1.28g/m^3라면 몇 ppm인가?

① 4.46
② 44.6
③ 446
④ 4460

풀이

$$\frac{1.28g \times \frac{22.4L}{64g} \times \frac{1000mL}{L}}{m^3} = 446ppm$$

17 다음 설명에 해당하는 대기오염물질은?

비가연성이며 폭발성이 있는 무색의 자극성기체로서 산성비의 원인이 되기도 하고 환원성이 있으며 표백현상도 나타낸다.

① 이황화탄소
② 황화수소
③ 이산화황
④ 일산화탄소

18 산성비에 대한 다음 설명 중 (　　)안에 가장 적당한 말은?

산성비는 통상 pH (㉠) 이하의 강우를 말하며, 이는 자연 상태의 대기 중에 존재하는 (㉡)가 강우에 흡수되었을 때 나타나는 pH를 기준으로 한 것이다.

① ㉠ 7, ㉡ CO_2
② ㉠ 7, ㉡ NO_2
③ ㉠ 5.6, ㉡ CO_2
④ ㉠ 5.6, ㉡ NO_2

정답 13 ② 14 ② 15 ① 16 ③ 17 ③ 18 ③

19 **다환 방향족 탄화수소(Polycyclic Aromatic Hydrocarbons, PAH)에 관한 설명으로 가장 거리가 먼 것은?**

① 대부분 PAH는 물에 잘 용해되며, 산성비의 주요원인물질로 작용한다.
② 대부분 공기역학적 직경이 2.5μm 미만인 입자상 물질이다.
③ 석탄, 기름, 가스, 쓰레기, 각종 유기물질의 불완전 연소가 일어나는 동안에 형성된 화학물질 그룹이다.
④ 고리 형태를 갖고 있는 방향족 탄화수소로서 미량으로도 암 및 돌연변이를 일으킬 수 있다.

풀이

대부분 PAH는 물에 잘 용해되지 않으며 쉽게 휘발한다.
황산화물은 산성비의 주요원인물질로 작용한다.

20 **먼지의 발생원을 자연적 및 인위적으로 구분할 때, 그 발생원이 다른 것은?**

① 질소산화물과 탄화수소의 반응에 의해 0.2μm 이하의 입자가 발생한다.
② 화산의 폭발에 의해서 분진과 SO_2가 발생한다.
③ 사막지역과 같이 지면의 먼지가 바람에 날릴 경우 통상 0.3μm 이상의 입자상 물질이 발생한다.
④ 자연적으로 발생한 O_3과 자연대기 중 탄화수소(HC) 간의 광화학적 기체반응에 의해 0.2μm 이하의 입자가 발생한다.

풀이

①: 인위적 발생
②, ③, ④: 자연적 발생

21 **다음 가스 중 혈액 내의 헤모글로빈(Hb)과 가장 결합력이 강한 물질은?**

① CO
② O_2
③ NO
④ CS_2

풀이

CO는 O_2에 비해 헤모글로빈과의 결합력이 약 210배 강하고 NO는 CO보다 헤모글로빈과의 결합력이 약 1000배 더 강하다.

22 광화학스모그와 가장 거리가 먼 것은?

① NO
② CO
③ PAN
④ HCHO

풀이
일산화탄소는 불완전연소 시 발생하는 기체로 광화학스모그와 거리가 멀다.

23 공기역학적직경(aero−dynamic diameter)에 관한 설명으로 가장 옳은 것은?

① 대상 먼지와 침강속도가 동일하며 밀도가 1g/cm^{3}인 구형입자의 직경
② 대상 먼지와 침강속도가 동일하며 밀도가 1kg/cm^{3}인 구형입자의 직경
③ 대상 먼지와 밀도 및 침강속도가 동일한 선형입자의 직경
④ 대상 먼지와 밀도 및 침강속도가 동일한 구형입자의 직경

풀이
− 공기역학적직경(aero−dynamic diameter) : 대상 먼지와 침강속도가 동일하며 밀도가 1g/cm^{3}인 구형입자의 직경
− 스토크스직경(stokes diameter) : 대상 먼지와 밀도 및 침강속도가 동일한 구형입자의 직경

24 다음은 탄화수소류에 관한 설명이다. (　　)안에 가장 적합한 물질은?

> 탄화수소류 중에서 이중결합을 가진 올레핀화합물은 포화 탄화수소나 방향족탄화수소보다 대기 중에서 반응성이 크다. 방향족 탄화수소는 대기 중에서 고체로 존재한다. 특히 (　　)은 대표적인 발암물질이며, 환경 호르몬으로 알려져 있고, 연소 과정에서 생성된다. 숯불에 구운 쇠고기 등 가열로 검게 탄 식품, 담배연기, 자동차 배기가스, 석탄타르 등에 포함되어 있다.

① 벤조피렌
② 나프탈렌
③ 안트라센
④ 톨루엔

정답 19 ① 20 ① 21 ③ 22 ② 23 ① 24 ①

25 **다음 오염물질 중 히드록시기를 포함하고 있는 물질은?**

① 니켈 카보닐
② 벤젠
③ 메틸메르캅탄
④ 페놀

풀 이

히드록시기(hydroxyl group) : 수소와 산소로 이루어진 작용기 −OH
① 니켈 카보닐 : $Ni(CO)_4$
② 벤젠 : C_6H_6
③ 메틸메르캅탄 : CH_3SH
④ 페놀 : C_6H_5OH

26 **인체 내에 축적되어 영향을 주는 오염물질 중 하나로 혈액 속의 헤모글로빈과 결합하여 카르복시 헤모글로빈을 형성하는 것은?**

① NO
② O_3
③ CO
④ SO_3

27 **CO에 대한 설명으로 옳지 않은 것은?**

① 자연적 발생원에는 화산폭발, 테르펜류의 산화, 클로로필의 분해, 산불 및 해수 중 미생물의 작용 등이 있다.
② 지구위도별 분포로 보면 적도 부근에서 최대치를 보이고, 북위 30도 부근에서 최소치를 나타낸다.
③ 물에 난용성이므로 수용성 가스와는 달리 비에 의한 영향을 거의 받지 않는다.
④ 다른 물질에 흡착현상도 거의 나타나지 않는다.

풀 이

지구위도별 분포로 보면 북위 중위도(30~50도부근)에서 최대치를 보이고, 적도부근에서 최소치를 나타낸다.

28 유체의 점도를 나타내는 단위 표현으로 틀린 것은?

① poise
② liter · atm
③ Pa · s
④ g/(cm · s)

풀이

– poise : g/(cm · s)
– Pa · s : $N/m^2 \cdot s = kg/(m \cdot s)$
※ $Pa = N/m^2$, $N = ma = kg \cdot m/s^2$

29 냄새에 관한 다음 설명 중 (　　)안에 가장 알맞은 것은?

> 매우 옅은 농도의 냄새는 아무 것도 느낄 수 없지만 이것을 서서히 진하게 하면 어떤 농도가 되고, 무엇인지 모르지만 냄새의 존재를 느끼는 농도로 나타난다. 이 최소농도를 (㉠)라고 정의 있다. 또한 농도를 짙게 하다보면 냄새물질이나 어떤 느낌의 냄새인지를 표현할 수 있는 시점이 나오게 된다. 이 최저농도가 되는 곳이 (㉡)라고 한다.

① ㉠ 최소감지농도(Detection threshold), ㉡ 최소포착농도(Capture threshold)
② ㉠ 최소인지농도(Detection threshold), ㉡ 최소자각농도(Recognition threshold)
③ ㉠ 최소인지농도(Recognition threshold), ㉡ 최소포착농도(Capture threshold)
④ ㉠ 최소감지농도(Recognition threshold), ㉡ 최소인지농도(Awareness threshold)

30 실내공기오염물질 중 "라돈"에 관한 설명으로 틀린 것은?

① 무색, 무취의 기체이며 액화 시 푸른색을 띤다.
② 화학적으로 거의 반응을 일으키지 않는다.
③ 일반적으로 인체에 폐암을 유발시키는 것으로 알려져 있다.
④ 라듐의 핵분열 시 생성되는 물질이며 반감기는 3.8일간이다.

풀이

무색, 무취의 기체이며 액화 시 색을 거의 띄지 않는다.

정답 25 ④ 26 ③ 27 ② 28 ② 29 ④ 30 ①

31 **고속도로상의 교통밀도가 25000대/hr이고, 각 차량의 평균 속도가 110km/hr이다. 차량의 평균 탄화수소 배출량이 0.06g/s · 대일 때, 고속도로에서 방출되는 탄화수소의 총량(g/s · m)은?**

① 0.00136
② 0.0136
③ 1.36
④ 13.6

풀 이

$$\frac{25000\text{대}}{hr} \times \frac{hr}{110km} \times \frac{0.06g}{\sec\text{대}} \times \frac{km}{1000m} = 0.0136g/s{\cdot}m$$

32 **라돈에 관한 설명으로 가장 거리가 먼 것은?**

① 일반적으로 인체의 조혈기능 및 중추신경계통에 가장 큰 영향을 미치는 것으로 알려져 있으며, 화학적으로 반응성이 크다.
② 무색, 무취의 기체로 액화되어도 색을 띠지 않는 물질이다.
③ 공기보다 9배 정도 무거워 지표에 가깝게 존재한다.
④ 주로 토양, 지하수, 건축자재 등을 통하여 인체에 영향을 미치고 있으며 흙속에서 방사선 붕괴를 일으킨다.

풀 이

일반적으로 폐에 가장 큰 영향을 미치는 것으로 알려져 있으며, 화학적으로 반응성이 작다.

33 **대기오염물질 중 바닷물의 물보라 등이 배출원이며, 1차 오염물질에 해당하는 것은?**

① N_2O_3
② 알데하이드
③ HCN
④ NaCl

제 2 절 대기오염

01 입자상 오염물질 중 하나로 증기의 응축 또는 화학반응에 의해 생성되는 액체입자이며, 일반적인 입자 크기가 0.5~3.0μm인 것은? 2019년 지방직9급

① 먼지(dust)
② 미스트(mist)
③ 스모그(smog)
④ 박무(haze)

풀 이

① 먼지(dust) : 대기 중에 떠다니거나 흩날려 내려오는 입자상물질을 말한다.
③ 스모그(smog) : 안개(fog)와 연기(smoke)의 합성어로 입자상물질 + 가스상물질 + 자외선이 합성되어 광화학스모그에 대한 문제가 발생하고 있다.
④ 박무(haze) : 습도 70% 이하의 건조한 미립자가 대기 중에 분산되어 있을 때 박무라 한다.

02 다음 [보기]의 설명에 적합한 입자상 오염물질은?

보기
금속 산화물과 같이 가스상 물질이 승화, 종류, 및 화학반응 과정에서 응축될 때 주로 생성되는 고체 입자

① 훈연(fume)
② 먼지(dust)
③ 검댕(soot)
④ 미스트(mist)

풀 이

② 먼지(dust) : 대기 중에 떠다니거나 흩날려 내려오는 입자상물질을 말한다.
③ 검댕(soot) : 연소할 때에 생기는 유리(遊離) 탄소가 응결하여 입자의 지름이 1미크론 이상이 되는 입자상물질을 말한다.
④ 미스트(mist) : 기체 속에 존재하는 10μm 이하의 액체 미립자를 의미한다.

정답 31 ② 32 ① 33 ④ / 01 ② 02 ①

03 석면에 관한 설명으로 옳지 않은 것은?

① 석면은 자연계에서 산출되는 길고, 가늘고, 강한 섬유상 물질이다.
② 석면에 폭로되어 중피종이 발생되기까지의 기간은 일반적으로 폐암보다는 긴 편이나 20년 이하에서 발생하는 예도 있다.
③ 석면은 절연성의 성질을 가지고, 화학적 불활성이 요구되는 곳에 사용될 수 있다.
④ 석면의 유해성은 백석면이 청석면보다 강하다.

풀 이

석면의 유해성은 청석면이 백석면보다 강하다.

04 먼지농도가 160μg/m³이고, 상대습도가 70%인 상태의 대도시에서의 가시거리는 몇 km인가? (단, A = 1.2)

① 4.2km　② 5.8km　③ 7.5km　④ 11.2km

풀 이

상대습도 70%에서의 가시거리 : $L_v(km) = \dfrac{A \times 10^3}{G}$

$\dfrac{1.2 \times 10^3}{160\mu g/m^3} = 7.5km$

G : 분진농도(μg/m³)
A ; 상수

05 공업지역의 먼지 농도 측정을 위해 여과지를 이용하여 1m/s 속도로 1시간 포집한 결과, 깨끗한 여과지에 비해 포집한 여과지의 빛전달율이 50%였다면 1,000m당 Coh는?(단, log2 = 0.3)

① 6.0　② 7.2　③ 8.3　④ 9.3

풀 이

$$Coh = \frac{\dfrac{\log(1/t)}{0.01}}{L} \times 1,000$$

$$Coh = \frac{\dfrac{\log(1/0.5)}{0.01}}{\dfrac{1m}{\sec} \times 1hr \times \dfrac{3,600\sec}{hr}} \times 1,000 = 8.3333$$

log(1/0.5) = log2
t : 빛전달율
L : 여과지 이동거리

PART 02

06 아래에서 설명하는 오염물질은 어느 것인가?

아연과 성질이 유사한 금속으로 아연 제련의 부산물로 발생하며 일반적으로 합금용 첨가제나 충전식 전지에도 사용되고 이따이이따이병의 원인물질로 잘 알려져 있다.

① 비소
② 크롬
③ 시안
④ 카드뮴

07 아연 광석의 채광이나 제련 과정에서 부산물로 생성되고, 만성중독증상으로 단백뇨와 골연화증을 수반하는 오염물질은?

① 카드뮴
② 납
③ 수은
④ 석면

08 대기환경보전법상 (   )에 들어갈 용어는?

(   ) (이)란 연소할 때 생기는 유리탄소가 응결하여 입자의 지름이 1미크론 이상이 되는 입자상 물질을 말한다.

① VOC
② 검댕
③ 콜로이드
④ 1차 대기오염물질

정답 03 ④ 04 ③ 05 ③ 06 ④ 07 ① 08 ②

09 London형 스모그 사건과 비교한 Los Angeles형 스모그 사건에 관한 설명으로 옳은 것은?

① 주오염물질은 SO_2, smoke, H_2SO_4, 미스트 등이다.
② 주오염원은 공장, 가정난방이다.
③ 침강성 역전이다.
④ 주로 아침, 저녁에 발생하고, 환원반응이다.

풀이

① 주오염물질은 SO_2, smoke, H_2SO_4, 미스트 등이다. : 런던스모그
② 주오염원은 공장, 가정난방이다. : 런던스모그
④ 주로 아침, 저녁에 발생하고, 환원반응이다. : 런던스모그

10 다음은 Los Angeles Smog 사건을 설명한 말이다. 이 중에서 틀린 것은?

① 주로 낮에 발생하였다.
② 주 오염물질은 석유계 연료의 사용 때문이었다.
③ 발생당시의 기온은 24~32℃이었다.
④ 습도는 85% 이상이었다.

풀이

로스엔젤레스(Los Angeles) 스모그사건은 습도가 70% 이하로 낮은 기상상태에서 발생하였다.

11 세계적으로 유명한 대기오염사건과 관련하여 뮤즈계곡, 도노라의 공통적인 발생조건으로 맞는 것은?

① 무풍, 기온역전
② 광화학반응, 수직혼합
③ 강한 바람, 황산화물
④ 광화학반응, 2차 오염물질

풀이

역사적인 대기오염사건의 공통적인 기상인자를 살펴보면 모두 무풍상태, 기온역전상태이었다.

12 대기오염의 역사적 사건에 관한 설명으로 옳지 않은 것은?

① 뮤즈계곡사건 – 벨기에 뮤즈계곡에서 발생한 사건으로 금속, 유리, 아연, 제철, 황산공장 및 비료공장 등에서 배출되는 SO_2, H_2SO_4 등이 계곡에서 무풍상태의 기온 역전 조건에서 발생했다.

② 포자리카 사건 – 멕시코 공업지역에서 발생한 오염사건으로 H_2S가 대량으로 인근 마을로 누출되어 기온역전으로 피해를 일으켰다.

③ 보팔시 사건 – 인도에서 일어난 사건으로 비료공장 저장탱크에서 MIC 가스가 유출되어 발생한 사건이다.

④ 크라카타우 사건 – 인도네시아에서 발생한 산화티타늄공장에서 발생한 질산미스트 및 황산미스트에 의한 사건으로 이 지역에 주둔하던 미군과 가족들에게 큰 피해를 준 사건이다.

풀 이

크라카타우 사건 – 인도네시아에서 발생한 화산폭발에 의한 대기오염사건
횡빈사건 – 일본에서 발생한 산화티타늄공장에서 발생한 질산미스트 및 황산미스트에 의한 사건으로 이 지역에 주둔하던 미군과 가족들에게 큰 피해를 준 사건이다.

13 열섬현상에 대한 특징으로 틀린 것은?

① 도시에서 대기오염의 확산을 조사할 경우에는 도시열섬효과를 고려하여야 한다.

② 열섬현상의 원인으로는 인구집중에 따른 인공열 발생 증가, 지표면에서의 증발잠열 차이 등이 있다.

③ 인구, 건물, 산업시설이 많을수록 열섬현상이 일어날 확률이 높다.

④ 열섬현상이 일어나면 도심에서는 하강기류가 나타나 주변 지역과의 대류가 활발해진다.

풀 이

열섬현상이 일어나면 도심에서는 상승기류가 나타나 주변 지역과의 대류가 활발하지 않아 대기오염물질이 축적된다.

14 교토의정서상 온실효과에 기여하는 6대 물질과 거리가 먼 것은?

① 이산화탄소　　② 메탄
③ 과불화규소　　④ 아산화질소

풀 이

교토의정서상 온실효과에 기여하는 6대 물질 : 이산화탄소(CO_2), 메탄(CH_4), 아산화질소(N_2O), 불화탄소(PFC), 수소화불화탄소(HFC), 불화유황(SF_6) 등

정답　09 ③　10 ④　11 ①　12 ④　13 ④　14 ③

15 **열섬현상에 관한 설명으로 옳지 않은 것은?** 2021년 지방직9급

① 열섬현상은 도시의 열배출량이 크기 때문에 발생한다.
② 맑고 잔잔한 날 주간보다 야간에 잘 발달한다.
③ Dust dome effect라고도 하며, 직경 10km 이상의 도시에서 잘 나타나는 현상이다.
④ 도시지역 내 공원이나 호수 지역에서 자주 나타난다.

풀이

도시지역 내 아스팔트나 콘크리트가 많은 지역에서 주로 나타난다.
열섬현상: 도시에 축적된 열이 주변 교외지역보다 많아 도시밀집지역에 온도가 올라가는 현상

16 **다음 물질의 지구온난화지수(GWP)를 크기순으로 옳게 배열한 것은? (단, 큰 순서 > 작은 순서)**

① $N_2O > CH_4 > CO_2 > SF_6$
② $CO_2 > SF_6 > N_2O > CH_4$
③ $SF_6 > N_2O > CH_4 > CO_2$
④ $CH_4 > CO_2 > SF_6 > N_2O$

17 **다음 중 오존파괴지수(Ozone Depletion Potential, ODP)가 가장 큰 물질은?** 2024년 지방직9급

① CFC－11
② CFC－113
③ CCl_4
④ Halon－1301

풀이

오존파괴지수(Ozone Depletion Potential, ODP)는 CFC－11(CCl_3F)을 1.0으로 기준으로 오존층 파괴물질의 상대적인 크기를 나타낸 수치로 오존층 파괴물질의 단위 중량 당 오존의 소모능력을 나타내는 지수이다.
① CFC－11(CCl_3F): 1.0
② CFC－113($C_2Cl_3F_3$): 0.8
③ CCl_4: 1.1
④ Halon－1301(CF_3Br): 10

18 온실효과와 지구온난화지수(GWP)에 대한 설명으로 옳지 않은 것은?(단, GWP의 표준시간 범위는 20년)

2019년 지방직9급

① 온실가스가 단파장 빛은 통과시키나 장파장 빛은 흡수하는 것을 온실효과라 한다.
② 메탄은 이산화탄소에 비하여 62배 정도의 지구온난화지수를 갖는다.
③ 수증기의 온실효과 기여도는 약 60%이다.
④ 아산화질소(N_2O)의 지구온난화지수는 이산화탄소에 비하여 15,100배 정도이다.

풀이

GWP는 지구온난화 지수로 온실기체들의 열축적능력에 따라 온실효과를 일으키는 능력을 지수로 표현한 것이다.

IPCC 3차 보고서(2001년)				IPCC 5차 보고서(2014년)			
Gas	수명	GWP		Gas	수명	GWP	
		20년	100년			20년	100년
CO_2	–	1	1	CO_2	–	1	1
CH_4	12년	62	23	CH_4	12.4년	84	28
N_2O	114년	275	296	**N_2O**	121년	264	265

온실가스 배출권의 할당 및 거래에 관한 법률 시행령 [별표 2] 온실가스별 지구온난화 계수(제31조제1항 관련)

온실가스의 종류	지구온난화 계수
이산화탄소(CO_2)	1
메탄(CH_4)	21
아산화질소(N_2O)	310
수소불화탄소(HFCs)	140~11,700
과불화탄소(PFCs)	6,500~9,200
육불화황(SF_6)	23,900

19 지구 온난화를 일으키는 온실가스와 가장 거리가 먼 것은?

① CO
② CO_2
③ CH_4
④ N_2O

풀이

"온실가스"란 적외선 복사열을 흡수하거나 다시 방출하여 온실효과를 유발하는 대기 중의 가스상태 물질로서 이산화탄소, 메탄, 아산화질소, 수소불화탄소, 과불화탄소, 육불화황을 말한다.

정답 15 ④ 16 ③ 17 ④ 18 ④ 19 ①

20 대기환경보전법규상 기후 · 생태계변화 유탈물질과 거리가 먼 것은?

① 수소염화불화탄소
② 수소불화탄소
③ 사불화수소
④ 육불화황

풀 이

대기환경보전법(정의)
2. "기후 · 생태계 변화유발물질"이란 지구 온난화 등으로 생태계의 변화를 가져올 수 있는 기체상물질(氣體狀物質)로서 온실가스와 환경부령으로 정하는 것을 말한다.
3. "온실가스"란 적외선 복사열을 흡수하거나 다시 방출하여 온실효과를 유발하는 대기 중의 가스상태 물질로서 이산화탄소, 메탄, 아산화질소, 수소불화탄소, 과불화탄소, 육불화황을 말한다.

대기환경보전법 시행규칙(기후 · 생태계 변화유발물질) "환경부령으로 정하는 것"이란 염화불화탄소와 수소염화불화탄소를 말한다.

21 특정물질의 종류와 그 화학식의 연결로 옳지 않은 것은?

① CFC−214 : $C_3F_4Cl_4$
② Halon−2402 : $C_2F_4Br_2$
③ HCFC−133 : CH_3F_3Cl
④ HCFC−222 : $C_3HF_2Cl_5$

풀 이

프레온−□□□ → □□□ + 90 → [탄소수][수소수][불소수]
HCFC−133 → 133 + 90 = 223 → [탄소수][수소수][불소수]
탄소수 : 2
수소수 : 2
불소수 : 3
나머지는 Cl이므로
HCFC−133 = $C_2H_2F_3Cl$
HCFC는 CFC에 수소를 첨가한 CFC 대체물질이다.

22 불활성 기체로 일명 웃음의 기체라고도 하며, 대류권에서는 온실가스로, 성층권에서는 오존층 파괴물질로 알려진 것은?

① NO
② NO_2
③ N_2O
④ N_2O_5

23 **오존층 보호를 위한 국제협약으로만 연결된 것은?**

① 헬싱키 의정서 – 소피아 의정서 – 람사르협약
② 소피아 의정서 – 비엔나 협약 – 바젤협약
③ 런던회의 – 비엔나 협약 – 바젤협약
④ 비엔나협약 – 몬트리올 의정서 – 코펜하겐회의

풀이
헬싱키 의성서: 이산화황의 감축
소피아 의정서: 질소산화물의 감축
람사르협약: 습지 보호 관련 협약
런던회의: 폐기물의 해양투기 금지 관련 협약

24 **역사적으로 유명한 대기오염사건 중 LA smog 사건에 대한 설명으로 옳지 않은 것은?**

① 아침, 저녁 환원반응에 의한 발생
② 자동차 등의 석유연료의 소비 증가
③ 침강역전 상태
④ Aldehyde, O_3 등의 옥시던트 발생

풀이
런던스모그: 늦은 저녁~이른 아침 산화반응에 의한 발생
LA스모그: 한낮 환원반응에 의한 발생

25 **열섬효과에 관한 설명으로 옳지 않은 것은?**

① 열섬현상은 고기압의 영향으로 하늘이 맑고 바람이 약한 때에 잘 발생한다.
② 열섬효과로 도시주위의 시골에서 도시로 바람이 부는데, 이를 전원풍이라 한다.
③ 도시의 지표면은 시골보다 열용량이 적고 열전도율이 높아 열섬효과의 원인이 된다.
④ 도시에서는 인구와 산업의 밀집지대로서 인공적인 열이 시골에 비하여 월등하게 많이 공급된다.

풀이
도시의 지표면은 시골보다 열용량이 크고 열전도율이 낮아 열섬효과의 원인이 된다.

정답 20 ③ 21 ③ 22 ③ 23 ④ 24 ① 25 ③

26 **LA 스모그에 관한 설명으로 옳지 않은 것은?**

① 광화학적 산화반응으로 발생한다.
② 주 오염원은 자동차 배기가스이다.
③ 주로 새벽이나 초저녁에 자주 발생한다.
④ 기온이 24℃ 이상이고, 습도가 70% 이하로 낮은 상태일 때 잘 발생한다.

풀이
주로 한낮에 발생한다.

27 **다음은 지구온난화와 관련된 설명이다. (　　)안에 알맞은 것은?**

(㉠)는 온실기체들의 구조상 또는 열축적능력에 따라 온실효과를 일으키는 잠재력을 지수로 표현한 것으로 이 온실기체들은 CH_4, N_2O, CO_2, SF_6 등이 있으며 이 중 (㉠)가 가장 큰 값을 나타내는 물질은 (㉡)이다.

① ㉠ GHG, ㉡ CO_2
② ㉠ GHG, ㉡ SF_6
③ ㉠ GWP, ㉡ CO_2
④ ㉠ GWP, ㉡ SF_6

28 **LA스모그를 유발시킨 역전현상으로 가장 적합한 것은?**

① 침강역전
② 전선역전
③ 접지역전
④ 복사역전

29 **다음 중 London형 스모그에 관한 설명으로 가장 거리가 먼 것은? (단, Los Angeles형 스모그와 비교)**

① 복사성 역전
② 습도가 85% 이상
③ 시정거리가 100m 이하
④ 산화반응

풀이
런던스모그: 환원반응
LA스모그: 산화반응

30 다음은 어떤 법칙에 관한 설명인가?

휘발성인 에탄올을 물에 녹인 용액의 증기압은 물의 증기압보다 높다. 그러나 비휘발성인 설탕을 물에 녹인 용액인 설탕물의 증기압은 물보다 낮아진다.

① 헨리(Henry)의 법칙
② 렌츠(Lenz)의 법칙
③ 샤를(Charle)의 법칙
④ 라울(Raoult)의 법칙

31 광화학반응에 의한 고농도 오존이 나타날 수 있는 기상조건으로 거리가 먼 것은?

① 시간당 일사량이 $5MJ/m^2$ 이상으로 일사가 강할 때
② 질소산화물과 휘발성 유기화합물의 배출이 많을 때
③ 지면에 복사역전이 존재하고 대기가 불안정할 때
④ 기압경도가 완만하여 풍속 4m/sec 이하의 약풍이 지속될 때

풀 이

지면에 역전이 존재하고 대기가 안정할 때

32 온실기체와 관련한 다음 설명 중 (   )안에 가장 알맞은 것은?

(㉠)는 지표부근 대기 중 농도가 약 1.5ppm 정도이고 주로 미생물의 유기물 분해작용에 의해 발생하며, (㉡)의 특수파장을 흡수하여 온실기체로 작용한다.

① ㉠ CO_2, ㉠ 적외선
② ㉠ CO_2, ㉠ 자외선
③ ㉠ CH_4, ㉠ 적외선
④ ㉠ CH_4, ㉠ 자외선

정답 26 ③ 27 ④ 28 ① 29 ④ 30 ④ 31 ③ 32 ③

33 다음 기체 중 비중이 가장 작은 것은?

① NH_3 ② NO
③ H_2S ④ SO_2

풀이

분자량과 비중은 비례하며 분자량이 작을수록 비중이 작다.
① NH_3 : 17
② NO : 40
③ H_2S : 34
④ SO_2 : 64

34 열섬현상에 관한 설명으로 가장 거리가 먼 것은?

① Dust dome effect라고도 하며, 직경 10km 이상의 도시에서 잘 나타나는 현상이다.
② 도시지역 표면의 열적 성질의 차이 및 지표면에서의 증발잠열의 차이 등으로 발생된다.
③ 태양의 복사열에 의해 도시에 축적된 열이 주변지역에 비해 크기 때문에 형성된다.
④ 대도시에서 발생하는 기후현상으로 주변지역보다 비가 적게 오며, 건조해져 코, 기관지 염증의 원인이 되며, 태양복사향과 관련된 비타민 C의 결핍을 초래한다.

풀이

열섬현상으로 인해 대기오염물질이 축적되고 응결핵이 되어 주변지역 보다 비가 많이 내린다.

35 입자상물질의 농도가 250μg/m³이고, 상대습도가 70%인 대도시에서 가시 거리는 몇 km인가? (단, 계수 A는 1.3으로 한다.)

① 4.3 ② 5.2
③ 6.5 ④ 7.2

풀이

상대습도 70%에서의 가시거리 : $L_v(km) = \frac{A \times 10^3}{G}$

$\frac{1.3 \times 10^3}{250\mu g/m^3} = 5.2km$

G : 분진농도(μg/m³)
A ; 상수

36 광화학 반응 시 하루 중 NOx 변화에 대한 설명으로 가장 적합한 것은?

① NO_2는 오존의 농도 값이 적을 때 비례적으로 가장 적은 값을 나타낸다.
② NO_2는 오전 7~9시 경을 전후로 하여 일중 고농도를 나타낸다.
③ 오전 중의 NO의 감소는 오존의 감소와 시간적으로 일치한다.
④ 교통량이 많은 이른 아침시간대에 오존농도가 가장 높고, NOx는 오후 2~3시 경이 가장 높다.

풀이
① NO_2는 오존의 농도 값이 적을 때 비례적으로 가장 큰 값을 나타낸다.
③ 오전 중의 NO의 감소는 오존의 증가와 시간적으로 일치한다.
④ 교통량이 많은 이른 아침시간대에 NOx가 가장 높고, O_3는 오후 2~3시 경이 가장 높다.

37 이동 배출원이 도심지역인 경우, 하루 중 시간대별 각 오염물의 농도 변화는 일정한 형태를 나타내는데, 다음 중 일반적으로 가장 이른 시간에 하루 중 최대 농도를 나타내는 물질은?

① O_3
② NO_2
③ NO
④ Aldehydes

38 광화학반응과 관련된 오염물질 일변화의 일반적인 특징으로 가장 거리가 먼 것은?

① NO_2와 HC의 반응에 의해 오후 3시경을 전후로 NO가 최대로 발생하기 시작한다.
② NO에서 NO_2로의 산화가 거의 완료되고 NO_2가 최고농도에 도달하는 때부터 O_3가 증가되기 시작한다.
③ Aldegyde는 O_3생성에 앞서 반응초기부터 생성되며 탄화수소의 감소에 대응한다.
④ 주요 생성물로는 PAN, Aldehyde, 과산화기 등이 있다.

풀이
NO_2와 HC의 반응에 의해 오후 3시경을 전후로 O_3가 최대로 발생하기 시작한다.

정답 33 ① 34 ④ 35 ② 36 ② 37 ③ 38 ①

39 로스앤젤레스 스모그 사건에 대한 설명 중 틀린 것은?

① 대기는 침강성 역전 상태였다.
② 주 오염성분은 NOx, O_3, PAN, 탄화수소이다.
③ 광화학적 및 열적 산화반응을 통해서 스모그가 형성되었다.
④ 주 오염 발생원은 가정 난방용 석탄과 화력발전소의 매연이다.

풀이

런던스모그: 주 오염 발생원은 가정 난방용 석탄과 화력발전소의 매연이다.
LA스모그: 주 오염 발생원은 자동차 배출가스로 인한 오염물질과 광화학반응을 하여 생성되는 광화학적 산화물이다.

40 대기오염사건과 기온역전에 관한 설명으로 옳지 않은 것은?

① 로스앤젤레스 스모그사건은 광화학스모그에 의한 침강성 역전이다.
② 런던스모그 사건은 주로 자동차 배출가스 중의 질소산화물과 반응성 탄화수소에 의한 것이다.
③ 침강역전은 고기압 중심부분에서 기층이 서서히 침강하면서 기온이 단열변화로 승온되어 발생하는 현상이다.
④ 복사역전은 지표에 접한 공기가 그보다 상공의 공기에 비하여 더 차가워져서 생기는 현상이다.

풀이

LA스모그 사건은 주로 자동차 배출가스 중의 질소산화물과 반응성 탄화수소에 의한 것이다.

41 다음 (   )안에 들어갈 말로 알맞은 것은?

> 지구의 평균 지상기온은 지구가 태양으로부터 받고 있는 태양에너지와 지구가 (㉠) 형태로 우주로 방출하고 있는 에너지의 균형으로부터 결정된다. 이 균형은 대기 중의 (㉡), 수증기 등의 (㉠)을(를) 흡수하는 기체가 큰 역할을 하고 있다.

① ㉠: 자외선, ㉡: CO
② ㉠: 적외선, ㉡: CO
③ ㉠: 자외선, ㉡: CO_2
④ ㉠: 적외선, ㉡: CO_2

42 다음 오염물질 중 온실효과를 유발하는 것으로 가장 거리가 먼 것은?

① 이산화탄소

② CFCs

③ 메탄

④ 아황산가스

풀이

✓ 대기환경보전법 제2조(정의)

"온실가스"란 적외선 복사열을 흡수하거나 다시 방출하여 온실효과를 유발하는 대기 중의 가스상태 물질로서 이산화탄소, 메탄, 아산화질소, 수소불화탄소, 과불화탄소, 육불화황을 말한다.

43 지표면 오존 농도를 증가시키는 원인이 아닌 것은?

① CO

② NOx

③ VOCs

④ 태양열 에너지

44 분진농도가 120μg/m^{3}이고, 상대습도가 70%인 상태의 대도시에서 가시거리는? (단, 상수 A = 1.2)

① 5km

② 10km

③ 15km

④ 20km

풀이

상대습도 70%에서의 가시거리 : $L_v(km) = \frac{A \times 10^3}{G}$

$\frac{1.2 \times 10^3}{120\mu g/m^3} = 10km$

G : 분진농도(μg/m^3)

A ; 상수

정답 39 ④ 40 ② 41 ④ 42 ④ 43 ① 44 ②

45 지구온난화가 환경에 미치는 영향 중 옳은 것은?

① 온난화에 의한 해면상승은 전지구적으로 일정하게 발생한다.
② 대류권 오존의 생성반응을 촉진시켜 오존의 농도가 감소한다.
③ 기상조건의 변화는 대기오염의 발생횟수와 오염농도에 영향을 준다.
④ 기온상승과 토양의 건조화는 생물성장의 남방한계에는 영향을 주지만 북방한계에는 영향을 주지 않는다.

풀이

① 온난화에 의한 해면상승은 전지구적으로 일정하지 않게 발생한다.
② 대류권 오존의 생성반응을 촉진시켜 오존의 농도가 증가한다.
④ 기온상승과 토양의 건조화는 생물성장의 남방한계와 북방한계에 영향을 준다.

제 3 절 가스상 물질의 특성

01 다음은 어떤 오염물질에 관한 설명인가?

- 적갈색의 자극성을 가진 기체이다.
- 공기에 대한 비중이 1.59이며, 공기보다 무겁다.
- 혈액 중 헤모글로빈과의 결합력이 O_2에 비해 아주 크다.

① 아황산가스 ② 이산화질소
③ 염화수소 ④ 일산화탄소

02 아황산가스의 재산상 피해를 설명한 것으로 가장 옳은 것은?

① 고무제품을 균열, 노화시킨다.
② Al_2O_3를 형성하여 부식을 가속시킨다.
③ 금속구조물에서 SO_2가 일정습도 이상일 때 피해가 크다.
④ 비용해성인 황산염에서 용해도가 높은 탄산염으로 바뀌면서 빗물에 씻겨 건축재료를 약화시킨다.

풀이

① 오존은 고무제품을 균열, 노화시킨다.
② 알루미나(산화알루미늄)는 Al_2O_3를 형성하여 부식을 억제시킨다. 내화학성, 내식성, 내열성을 가지고 있는 고강도 물질이다.
④ 용해성도가 높은 황산염은 빗물에 씻겨 건축재료를 약화시킨다.

03 일산화탄소(CO)의 성질에 대한 설명 중 틀린 것은?

① 무색, 무미, 무취이다.
② 연료의 불완전연소 시 발생한다.
③ 혈액 내의 헤모글로빈과 결합력이 강하다.
④ 물에 잘 녹는다.

풀이
CO는 난용성기체로 물에 잘 녹지 않는다.

04 대기오염물질이 인체에 미치는 영향으로 가장 거리가 먼 것은?

① 이산화질소의 유독성은 일산화질소의 독성보다 강하여 인체에 영향을 끼친다.
② 3,4 – 벤조피렌 같은 탄화수소 화합물은 발암성 물질로 알려져 있다.
③ SO_2는 고농도일수록 비강 또는 인후에서 많이 흡수되며 저농도인 경우에는 극히 저율로 흡수된다.
④ 일산화탄소는 인체 혈액 중의 헤모글로빈과 결합하기 매우 용이하나, 산소보다 낮은 결합력을 가지고 있다.

풀이
일산화탄소는 인체 혈액 중의 헤모글로빈과 결합하기 매우 용이하고, 산소보다 210배 이상 높은 결합력을 가지고 있다.

05 비스코스 섬유 제조 시 주로 발생하는 무색의 유독한 휘발성 액체이며, 그 불순물은 불쾌한 냄새를 나타내는 대기오염물질은?

① 폼알데하이드(HCHO)
② 이황화탄소(CS_2)
③ 암모니아(NH_3)
④ 일산화탄소(CO)

정답 45 ③ / 01 ② 02 ③ 03 ④ 04 ④ 05 ②

06 라돈에 관한 설명으로 옳지 않은 것은?

① 지구상에서 발견된 자연방사능 물질 중의 하나이다.
② 사람이 매우 흡입하기 쉬운 가스성 물질이다.
③ 반감기는 3.8일이며, 라듐의 핵분열 시 생성되는 물질이다.
④ 액화되면 푸른색을 띠며, 공기보다 1.2배 무거워 지표에 가깝게 존재하며, 화학적으로 반응을 나타낸다.

풀 이

무색, 무취의 기체로 액화되어도 색을 띠지 않는 물질로 공기보다 8배 정도 무거워 지표에 가깝게 존재하며, 화학적으로 활성이 작은 비활성물질이고 흙 속에서 방사선 붕괴를 일으킨다.

07 실내공기질 관리법규상 규정하고 있는 오염물질에 해당하지 않는 것은?

① 브롬화수소(HBr)
② 미세먼지(PM－10)
③ 폼알데하이드(Formaldehyde)
④ 총부유세균(TAB)

08 다음 중 "무색의 기체로 자극성이 강하며, 물에 잘 녹고, 살균 방부제로도 이용되고, 단열재, 피혁 제조, 합성수지 제조 등에서 발생하며, 실내공기를 오염시키는 물질"에 해당하는 것은?

① HCHO
② C_6H_5OH
③ HCI
④ NH_3

09 실내 공기오염의 지표가 되는 것은?

① 질소 농도
② 일산화탄소 농도
③ 산소 농도
④ 이산화탄소 농도

10 **실내공기 오염물질인 라돈에 관한 설명으로 가장 거리가 먼 것은?**

① 무색, 무취의 기체로 액화되어도 색을 띠지 않는 물질이다.
② 반감기는 3.8일로 라듐이 핵분열할 때 생성되는 물질이다.
③ 자연계에 널리 존재하며, 건축자재 등을 통하여 인체에 영향을 미치고 있다.
④ 주기율표에서 원자번호가 238번으로, 화학적으로 활성이 큰 물질이며, 흙 속에서 방사선 붕괴를 일으킨다.

풀이

주기율표에서 원자번호가 86번으로, 화학적으로 활성이 작은 비활성물질이며, 흙 속에서 방사선 붕괴를 일으킨다.

11 **다음과 같은 특성이 있는 대기오염물질은?**

- 가죽제품이나 고무제품을 각질화 시킨다.
- 마늘냄새 같은 특유의 냄새가 나는 가스상 오염물질이다.
- 대기 중에서 농도가 일정 기준을 초과하면 경보발령을 하고 있다.
- 자동차 등에서 배출된 질소산화물과 탄화수소가 광화학반응을 일으키는 과정에서 생성된다.

① 오존
② 암모니아
③ 황화수소
④ 일산화탄소

정답 06 ④ 07 ① 08 ① 09 ④ 10 ④ 11 ①

12 지구상에 분포하는 오존에 관한 설명으로 옳지 않은 것은?

① 오존량은 돕슨(Dobson) 단위로 나타내는데, 1Dobson은 지구 대기중 오존의 총량을 0℃, 1기압의 표준상태에서 두께로 환산하였을 때 0.01cm에 상당하는 양이다.

② 오존층 파괴로 인해 피부암, 백내장, 결막염 등 질병유발과, 인간의 면역기능의 저하를 유발할 수 있다.

③ 오존의 생성 및 분해반응에 의해 자연상태의 성층권 영역에는 일정 수준의 오존량이 평형을 이루게 되고, 다른 대기권 영역에 비해 오존의 농도가 높은 오존층이 생성된다.

④ 지구 전체의 평균오존전량은 약 300Dobson이지만, 지리적 또는 계절적으로 그 평균값이 ±50% 정도까지 변화하고 있다.

풀 이

오존량은 돕슨(Dobson) 단위로 나타내는데, 1Dobson은 지구 대기중 오존의 총량을 0℃, 1기압의 표준상태에서 두께로 환산하였을 때 0.01mm에 상당하는 양이다.

13 질소산화물(NOx)에 관한 설명으로 가장 거리가 먼 것은?

① N_2O는 대류권에서는 온실가스로 성층권에서는 오존층 파괴물질로서 보통 대기 중에 약 0.5ppm 정도 존재한다.

② 연소과정 중 고온에서는 90% 이상이 NO로 발생한다.

③ NO_2는 적갈색, 자극성 기체로 독성이 NO보다 약 5배 정도나 더 크다.

④ NO의 독성은 오존보다 10~15배 강하여 폐렴, 폐수종을 일으키며, 대기 중에 체류시간은 20~100년 정도이다.

풀 이

NO_2의 독성은 NO보다 5~10배 강하여 폐렴, 폐수종을 일으키며, 대기 중에 체류시간은 2~5일 정도이다.

14 헨리의 법칙에 관한 설명으로 옳지 않은 것은?

① 비교적 용해도가 적은 기체에 적용된다.

② 헨리상수의 단위는 $atm/m^3 \cdot kmol$이다.

③ 헨리상수의 값은 온도가 높을수록, 용해도가 적을수록 커진다.

④ 온도와 기체의 부피가 일정할 때 기체의 용해도는 용매와 평형을 이루고 있는 기체의 분압에 비례한다.

풀 이

헨리상수의 단위는 $atm \cdot m^3/kmol$ 이다.($P = HC$)

15 다음 중 주로 연소 시 배출되는 무색의 기체로 물에 매우 난용성이며, 혈액 중의 헤모글로빈과 결합력이 강해 산소 운반능력을 감소시키는 물질은?

① HC ② NO ③ PAN ④ 알데히드

16 도시 대기오염물질 중 태양빛을 흡수하는 기체 중의 하나로서 파장 420nm 이상의 가시광선에 의해 광분해되는 물질로 대기 중 체류시간이 약 2~5일 정도인 것은?

① SO_2 ② NO_2 ③ CO_2 ④ RCHO

17 오존에 관한 설명으로 옳지 않은 것은? (단, 대류권 내 오존 기준)

① 보통 지표오존의 배경농도는 1~2ppm 범위이다.
② 오존은 태양빛, 자동차 배출원인 질소산화물과 휘발성 유기화합물 등에 의해 일어나는 복잡한 광화학반응으로 생성된다.
③ 오염된 대기 중 오존농도에 영향을 주는 것은 태양빛의 강도, NO_2/NO의 비, 반응성 탄화수소 농도 등이다.
④ 국지적인 광화학스모그로 생성된 Oxidant의 지표물질이다.

풀이
보통 지표오존의 배경농도는 0.01~0.02ppm 범위이다.

18 NOx 중 이산화질소에 관한 설명으로 옳지 않은 것은?

① 적갈색의 자극성을 가진 기체이며, NO보다 5~7배 정도 독성이 강하다.
② 분자량 46, 비중은 1.59 정도이다.
③ 수용성이지만 NO보다는 수중 용해도가 낮으며 일명 웃음기체라고도 한다.
④ 부식성이 강하고, 산화력이 크며, 생리적인 독성과 자극성을 유발할 수도 있다.

풀이
아산화질소(N_2O)는 물과 알코올에 잘 녹으며 일명 웃음기체라고도 한다.

정답 12 ① 13 ④ 14 ② 15 ② 16 ② 17 ① 18 ③

19 질소산화물에 관한 설명으로 거리가 먼 것은?

① 아산화질소(N_2O)는 성층권의 오존을 분해하는 물질로 알려져 있다.
② 아산화질소(N_2O)는 대류권에서 태양에너지에 대하여 매우 안정하다.
③ 전세계의 질소화합물 배출량 중 인위적인 배출량은 자연적 배출량의 약 70% 정도 차지하고 있으며, 그 비율은 점차 증가하는 추세이다.
④ 연료 NOx는 연료 중 질소화합물 연소에 의해 발생되고, 연료 중 질소화합물은 일반적으로 석탄에 많고 중유, 경유 순으로 적어진다.

풀이

전세계의 질소화합물 배출량 중 인위적인 배출량은 자연적 배출량의 약 10% 정도 차지하고 있으며, 그 비율은 점차 증가하는 추세이다.

20 황산화물이 각종 물질에 미치는 영향에 대한 설명 중 틀린 것은?

① 공기가 SO_2를 함유하면 부식성이 매우 강하게 된다.
② SO_2는 대기 중의 분진과 반응하여 황산염이 형성됨으로써 대부분의 금속을 부식시킨다.
③ 대기에서 형성되는 아황산 및 황산은 석회, 대리석, 시멘트 등 각종 건축재료를 약화시킨다.
④ 황산화물은 대기 중 또는 금속의 표면에서 황산으로 변함으로써 부식성을 더 약하게 한다.

풀이

황산화물은 대기 중 또는 금속의 표면에서 황산으로 변함으로써 부식성을 더 강하게 한다.

21 유해가스에 대한 설명 중 가장 거리가 먼 것은?

① Cl_2가스는 상온에서 황록색을 띤 기체이며 자극성 냄새를 가진 유독물질로 관련 배출원은 표백공업이다.
② F_2는 상온에서 무색의 발연성 기체로 강한 자극성이며 물에 잘 녹고 관련 배출원은 알루미늄 제련공업이다.
③ SO_2는 무색의 강한 자극성 기체로 환원성 표백제로도 이용되고 화석연료의 연소에 의해서도 발생된다.
④ NO는 적갈색의 특이한 냄새를 가진 물에 잘 녹는 맹독성 기체로 자동차배출이 가장 많은 부분을 차지한다.

풀이

NO는 무색, 무취의 물에 잘 녹지 않는 난용성 기체로 화학적으로 불안정하며 화석연료의 연소에 의한 Fuel NOx, 고온영역으로 인한 Thermal NOx 등에 의해 생성된다.

PART 02

22 환기를 위한 실내공기오염의 지표가 되는 물질로 가장 적합한 것은?

① SO_2
② NO_2
③ CO
④ CO_2

23 라돈에 관한 설명으로 옳지 않은 것은?

① 라돈 붕괴에 의해 생성된 낭핵종이 α선을 방출하여 폐암을 발생시키는 것으로 알려져 있다.
② 자극취가 있는 무색의 기체로서 γ선을 방출한다.
③ 공기보다 무거워 지표에 가깝게 존재한다.
④ 주로 건축자재를 통하여 인체에 영향을 미치고 있으며 화학적으로 거의 반응을 일으키지 않는다.

풀 이

자극취가 없는 무색의 기체로서 알파선을 방출한다.

24 다음 [보기]가 설명하는 오염물질로 옳은 것은?

보기

- 상온에서 무색이며 투명하여 순수한 경우에는 냄새가 거의 없지만 일반적으로 불쾌한 자극성 냄새를 가진 액체
- 햇빛에 파괴될 정도로 불안정하지만 부식성은 비교적 약함
- 끓는점은 약 46℃이며, 그 증기는 공기보다 약 2.64배 정도 무거움

① $COCl_2$
② Br_2
③ SO_2
④ CS_2

정답 19 ③ 20 ④ 21 ④ 22 ④ 23 ② 24 ④

제 4 절 대기의 미기상학적 특성

01 다음은 대기의 동적 안정도를 나타내는 리차드슨 수에 관한 설명이다. ( ) 안에 가장 적합한 것은?

> 리차드슨 수(Ri)를 구하기 위해서는 두 층(보통 지표에서 수m와 10m 내외의 고도)에서 (㉮)과 (㉯)을 동시에 측정하여야 하고, 이 값은 (㉰)에 반비례한다.

① ㉮ 기압, ㉯ 기온, ㉰ 기온차의 제곱
② ㉮ 기온, ㉯ 풍속, ㉰ 풍속차의 제곱
③ ㉮ 기압, ㉯ 기온, ㉰ 풍속차의 제곱
④ ㉮ 기온, ㉯ 풍속, ㉰ 기온차의 제곱

풀이

리처드슨 수(R, Richardson number) : $R_i = \frac{g}{T_m}\left(\frac{\triangle T/\triangle Z}{(\triangle U/\triangle Z)^2}\right)$

Tm : 상하층의 평균절대온도(K) $= \frac{T_1 + T_2}{2}$

$\triangle Z$: 고도차(m) $= Z_1 - Z_2$

02 대기 안정도에 대한 설명으로 옳은 것은? 2022년 지방직9급

① 대기 안정도는 건조단열감률과 포화단열감률의 차이로 결정된다.
② 대기 안정도는 기온의 수평 분포의 함수이다.
③ 환경감률이 과단열이면 대기는 안정화된다.
④ 접지층에서 하부 공기가 냉각되면 기층 내 공기의 상하 이동이 제한된다.

풀이

바르게 고쳐보면
① 대기 안정도는 건조단열감률과 환경단열감률의 차이로 결정된다.
② 대기 안정도는 기온의 수직 분포의 함수이다.
③ 환경감률이 과단열이면 대기는 불안정하다.

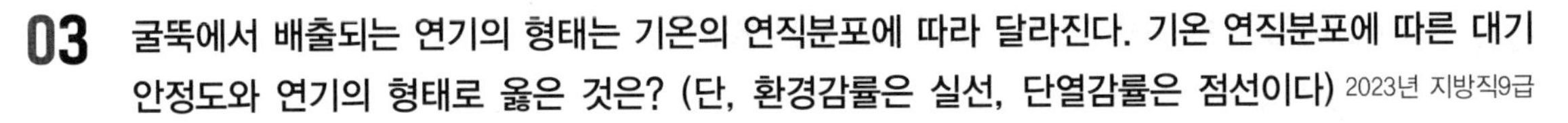

03 굴뚝에서 배출되는 연기의 형태는 기온의 연직분포에 따라 달라진다. 기온 연직분포에 따른 대기 안정도와 연기의 형태로 옳은 것은? (단, 환경감률은 실선, 단열감률은 점선이다) 2023년 지방직9급

① 훈증형 − 역전

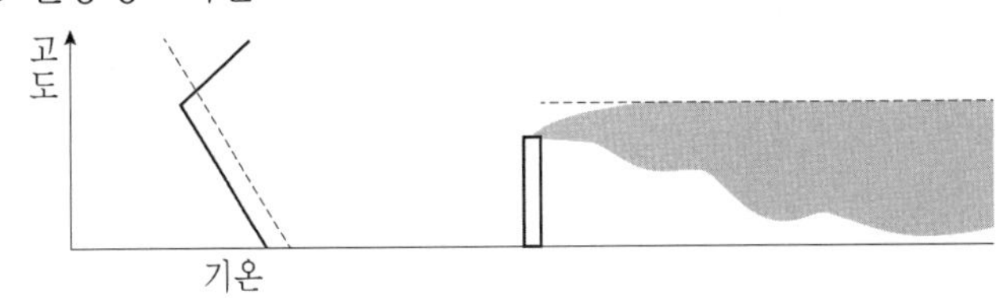

② 지붕형 − 지표역전

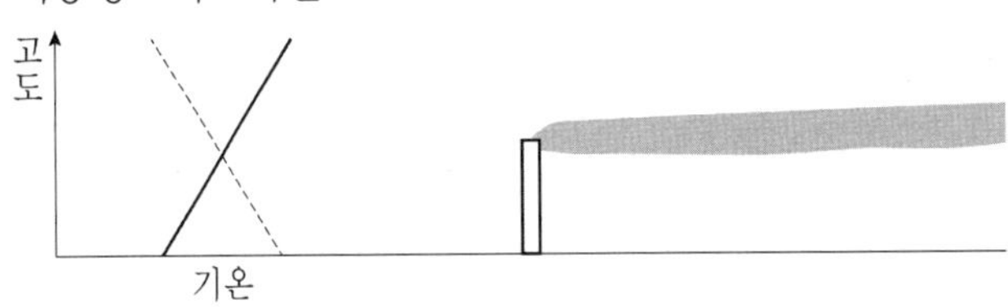

③ 원추형 − 역전

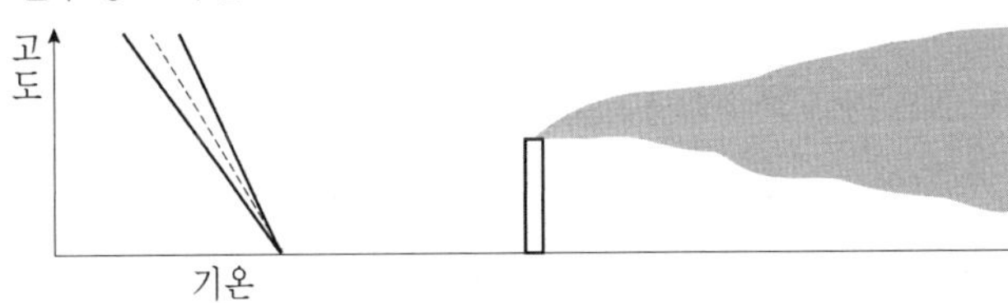

④ 구속형 − 중립안정

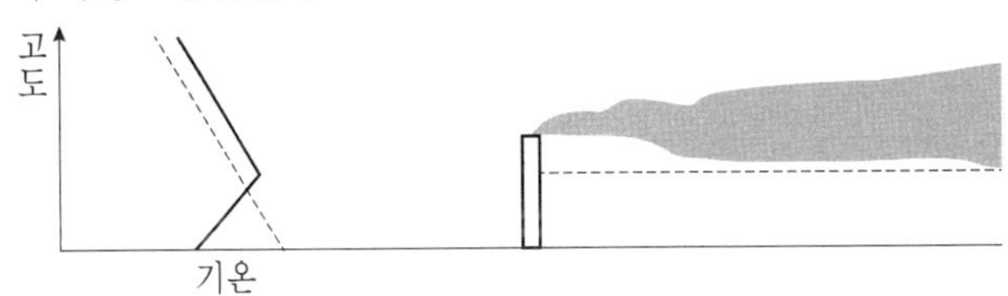

풀 이

① 훈증형(Fumigation Type) : 상층은 안정, 하층은 불안정한 상태
② 지붕형(Lofting Type) : 상층은 불안정, 하층은 안정한 상태
③ 원추형(Coning Type) : 대기의 상태가 중립 또는 미단열 상태
④ 구속형(Trapping Type) : 상하층 모두 역전(안정)상태

정답 01 ② 02 ④ 03 ①

04 **대기상태에 따른 굴뚝 연기의 모양으로 옳은 것은?**

① 역전상태 – 부채형
② 매우 불안정 상태 – 원추형
③ 안정 상태 – 환상형
④ 상층 불안정, 하층 안정 상태 – 훈증형

풀 이

② 매우 불안정 상태 – 환상형
③ 안정 상태 – 부채형
④ 상층 불안정, 하층 안정 상태 – 지붕형

05 **유효굴뚝의 높이가 3배로 증가하면 최대착지농도는 어떻게 변화되는가? (단, Sutton의 확산식에 의한다.)**

① 1/3로 감소한다.
② 1/9로 감소한다.
③ 1/27로 감소한다.
④ 1/81로 감소한다.

풀 이

$$C_{\max} = \frac{2Q}{\pi e U H_e^2} \times \left(\frac{K_z}{K_y}\right)$$

$C_{\max} \propto = \frac{1}{H_e^2}$ 이므로 처음의 1/9배가 된다.

Q : 오염물질 배출량
U : 풍속
He : 유효굴뚝높이
Kz : 수직방향확산계수
Ky : 수평방향확산계수

06 **통상적으로 대기오염물질의 농도와 혼합고 간의 관계로 가장 적합한 것은?**

① 혼합고에 비례한다.
② 혼합고의 2승에 비례한다.
③ 혼합고의 3승에 비례한다.
④ 혼합고의 3승에 반비례한다.

풀 이

$$\frac{C_2}{C_1} = \left(\frac{MMD_1}{MMD_2}\right)^3$$

07 '코리올리(Coriolis)'의 힘에 관한 설명으로 틀린 것은?

① 지구자전에 의해 생기는 가속도를 전향가속도라 하고 가속도에 의한 힘을 코리올리의 힘이라 한다.
② 전향력이라 하며 바람의 방향만을 변화시킬 뿐 속도에는 영향을 미치지 않는다.
③ 코리올리 힘의 크기는 지구반경이 가장 큰 적도지방에서 최대가 되며 극지방에서는 최소가 된다.
④ 코리올리의 힘에 의해 북반부에서는 진로의 오른쪽방향으로 바람의 방향이 변화된다.

풀 이

전향력 $C = 2\Omega\sin\Theta U$
Ω : 지구자전 각속도
Θ : 위도
U : 선속도(풍속)
적도지방 : $\Theta = 0°$이므로 "전향력(C = 0)"
극지방 : $\Theta = 90°$이므로 전향력은 최대

08 바람을 일으키는 힘 중 기압경도력에 관한 설명으로 가장 적합한 것은?

① 수평 기압경도력은 등압선의 간격이 좁으면 강해지고, 반대로 간격이 넓어지면 약해진다.
② 지구의 자전운동에 의해서 생기는 가속도에 의한 힘을 말한다.
③ 극지방에서 최소가 되며 적도지방에서 최대가 된다.
④ gradient wind라고도 하며, 대기의 운동방향과 반대의 힘인 마찰력으로 인하여 발생된다.

풀 이

② 전향력 : 지구의 자전운동에 의해서 생기는 가속도에 의한 힘을 말한다.
③ 원심력 : 극지방에서 최소가 되며 적도지방에서 최대가 된다.
④ 기압경도력 : gradient wind라고도 하며, 두 지점의 기압차로 인하여 발생된다.

정답 04 ① 05 ② 06 ④ 07 ③ 08 ①

09 다음은 바람과 관련된 설명이다. ( )안에 순서대로 들어갈 말로 옳은 것은?

풍향별로 관측된 바람의 발생빈도와 ( )을/를 동심원상에 그린 것을 ( )(이)라고 한다. 이때 풍향에서 가장 빈도수가 많은 것을 ( )(이)라고 한다.

① 풍속 – 바람장미 – 주풍
② 풍향 – 바람분포도 – 지균풍
③ 난류도 – 연기형태 – 경도풍
④ 기온역전도 – 환경감률 – 확산풍

10 가우시안 연기모델에 도입된 가정으로 옳지 않은 것은?

① 연기의 분산은 시간에 따라 농도나 기상조건이 변하는 비정상상태이다.
② x방향을 주 바람방향으로 고려하면, y방향(풍횡방향)의 풍속은 0이다.
③ 난류확산계수는 일정하다.
④ 연기 내 대기반응은 무시한다.

풀 이

연기의 분산은 시간에 따라 농도나 기상조건이 변하지 않는 정상상태이다.

11 바람에 관한 설명으로 옳지 않은 것은?

① 해륙풍 중 육풍은 육지에서 바다로 향해 5~6km까지 바람이 불며 겨울철에 빈발한다.
② 산곡풍 중 산풍은 밤에 경사면이 빨리 냉각되어 경사면 위의 공기 온도가 같은 고도의 경사면에서 떨어져 있는 공기의 온도보다 차가워져 경사면 위의 공기 전체가 아래로 침강하게 되어 부는 바람이다.
③ 전원풍은 열섬효과 때문에 도시의 중심부에서 하강기류가 발생하여 부는 바람이다.
④ 푄풍은 산맥의 정상을 기준으로 풍상쪽 경사면을 따라 공기가 상승하면서 건조단열 변화를 하기 때문에 평지에서보다 기온이 약 1℃/100m의 율로 하강하게 된다.

풀 이

전원풍은 열섬효과 때문에 도시의 중심부에서 상승기류가 발생하여 부는 바람이다.

12 바람장미(wind rose)에 기록되는 내용과 가장 거리가 먼 것은?

① 풍향
② 풍속
③ 풍압
④ 무풍률

풀이

바람장미에서 풍향 중 주풍은 막대의 길이를 가장 길게 표시하며, 풍속은 막대의 굵기로 표시한다. 풍속이 0.2m/s 이하일 때를 정온(calm) 상태로 본다.

13 지상 25m에서의 풍속이 10m/s일 때 지상 50m에서의 풍속(m/s)은? (단, Deacon식을 이용하고, 풍속지수는 2를 적용한다.)

① 30
② 40
③ 35
④ 45

풀이

$$\frac{U_2}{U_1} = \left(\frac{Z_2}{Z_1}\right)^p$$

$$\frac{U_2}{10m/\sec} = \left(\frac{50m}{25m}\right)^2$$

U_2 = 40m/sec

14 바람에 관한 설명으로 틀린 것은?

① 전향력은 지구의 자전에 의해 운동하는 물체에 작용하는 힘이다.
② 마찰력의 크기는 지표의 거칠기와 풍속에 비례한다.
③ 지균풍은 마찰력, 기압경도력, 전향력에 의해 등압선을 가로지르는 바람이다.
④ 해륙풍은 해안지역에서 바다와 육지의 비열차 또는 비열용량차에 의해 발생한다.

풀이

지균풍은 높은 고도에서 기압경도력, 전향력에 의해 등압선에 평행하게 부는 수평방향의 바람이다.

정답 09 ① 10 ① 11 ③ 12 ③ 13 ② 14 ③

15 경도풍을 형성하는 데 필요한 힘과 가장 거리가 먼 것은?

① 마찰력
② 전향력
③ 원심력
④ 기압경도력

풀 이

경도풍: 등압선이 곡선일 때 바깥쪽으로 작용하는 원심력과 전향력이 합쳐져서 기압경도력과 평형을 유지하며 부는 바람
지상풍: 마찰력이 작용하며 부는 바람

16 풍하방향에 가까이 있는 건물 높이가 60m라고 할 때, 다운드래프트 현상을 방지하기 위한 굴뚝의 최소 높이(m)는?

① 60
② 90
③ 120
④ 150

풀 이

다운드래프트 현상을 방지하기 위한 굴뚝의 최소높이는 건물높이 × 2.5이다.
$60 \times 2.5 = 150$m

17 세류현상(down wash)을 방지하기 위해서 굴뚝 배출구의 가스유속을 풍속보다 최소한 몇 배 이상 높게 유지하여야 하는가?

① 1.5배
② 2배
③ 2.5배
④ 3배

풀 이

세류현상(down wash)이란 연돌출구에서 방출되는 연기가 풍속에 떠밀려 굴뚝 가까이로 침강하는 현상을 말한다. 따라서 이를 방지하기 위해서는 연기의 토출속도를 상승시켜야 하는데 통상 풍속의 2배 이상으로 배출속도를 높게 유지하면 방지되는 것으로 알려지고 있다.

18 대기의 상태가 약한 역전일 때 풍속은 3m/s이고, 유효 굴뚝 높이는 78m이다. 이때 지상의 오염물질이 최대 농도가 될 때의 착지거리는? (단, sutton의 최대착지거리의 관계식을 이용하여 계산하고, Ky, Kz는 모두 0.078, 안정도 계수(n)는 1.0을 적용할 것)

① 1000m

② 1010m

③ 1100m

④ 1500m

풀이

$$X_{max} = \left(\frac{H_e}{K_z}\right)^{\frac{2}{2-n}}$$

$$X_{max} = \left(\frac{78}{0.078}\right)^{\frac{2}{2-1}} = 1000\text{m}$$

19 굴뚝높이가 100m, 배기가스의 평균온도가 200℃일 때 통풍력(mmH_2O)은 얼마가 되는가? (단, 외기온도는 20℃이며, 대기 비중량과 가스의 비중량은 표준상태에서 1.3kg/Sm^3이다.)

① 약 $6mmH_2O$

② 약 $26mmH_2O$

③ 약 $46mmH_2O$

④ 약 $66mmH_2O$

풀이

$$Z(mmH_2O) = 273 \times H \times \left[\frac{\gamma_a}{273+t_a} - \frac{\gamma_g}{273+t_g}\right]$$

$$= 273 \times 100 \times \left[\frac{1.3}{273+20} - \frac{1.3}{273+200}\right] = 46.0945 mmH_2O$$

정답 15 ① 16 ④ 17 ② 18 ① 19 ③

20 **연기의 배출속도 50m/s, 평균풍속 300m/min, 유효굴뚝높이 55m, 실제굴뚝높이 25m인 경우 굴뚝의 직경(m)은? (단, $\triangle H = 1.5 \times (V_S/U) \times D$ 식 적용)**

① 0.5
② 1.5
③ 2.0
④ 3.0

풀이

$\triangle H = 1.5 \times (V_S/U) \times D$

$$(55-25)m = 1.5 \times \frac{\frac{50m}{\sec} \times \frac{60\sec}{\min}}{\frac{300m}{\min}} \times D$$

D = 2.0m

21 **굴뚝의 높이 상하에서 침강역전과 복사역전이 동시에 발생되는 경우 연기의 형태는?**

① 환상형(looping)
② 원추형(coning)
③ 훈증형(fumigation)
④ 구속형(trapping)

풀이

연기는 역전층을 뚫고 위로 확산하지 못한다. 그러므로 연기의 상층과 하층에서 역전층이 존재할 때 역전층 내에 갇힌 연기모양 즉, 구속형(trapping)을 나타낸다.

22 **대기상태가 중립조건일 때 발생하며, 연기의 수직 이동보다 수평 이동이 크기 때문에 오염물질이 멀리까지 퍼져 나가며 지표면 가까이에는 오염의 영향이 거의 없으며, 이 연기 내에서는 오염의 단면분포가 전형적인 가우시안분포를 나타내는 연기형태는?**

① 환상형
② 부채형
③ 원추형
④ 지붕형

23 다음과 같은 특성을 지닌 굴뚝 연기의 모양은?

- 대기의 상태가 하층부는 불안정하고 상층부는 안정할 때 볼 수 있다.
- 하늘이 맑고 바람이 약한 날의 아침에 볼 수 있다.
- 지표면의 오염 농도가 매우 높게 된다.

① 환상형
② 원추형
③ 훈증형
④ 구속형

24 대기의 상태가 과단열감율을 나타내는 것으로 매우 불안정하고 심한 와류로 굴뚝에서 배출되는 오염물질이 넓은 지역에 걸쳐 분산되지만 지표면에서는 국부적인 고농도 현상이 발생하기도 하는 연기의 형태는?

① 환상형(Looping)
② 원추형(Coning)
③ 부채형(Fanning)
④ 구속형(Trapping)

25 다음 중 리차드슨 수에 대한 설명으로 가장 적합한 것은?

① 리차드슨 수가 큰 음의 값을 가지면 대기는 안정한 상태이며, 수직방향의 혼합은 없다.
② 리차드슨 수가 0에 접근할수록 분산이 커진다.
③ 리차드슨 수는 무차원수로 대류난류를 기계적인 난류로 전환시키는 율을 측정한 것이다.
④ 리차든스 수가 0.25보다 크면 수직방향의 혼합이 커진다.

풀이

① 리차드슨 수가 큰 음의 값을 가지면 대기는 불안정한 상태이며, 수직 및 수평방향으로 빨리 분산한다.
② 리차드슨 수가 0에 접근하면 분산은 줄어들며 결국 기계적 난류만 존재한다.
④ 리차드슨 수가 0.25보다 크면 수직방향의 혼합은 없다.

정답 20 ③ 21 ④ 22 ③ 23 ③ 24 ① 25 ③

26 복사역전에 대한 설명 중 틀린 것은?

① 복사역전은 공중에서 일어난다.
② 맑고 바람이 없는 날 아침에 해가 뜨기 직전에 강하게 형성된다.
③ 복사역전이 형성될 경우 대기오염물질의 수직이동, 확산이 어렵게 된다.
④ 해가 지면서 열복사에 의한 지표면의 냉각이 시작되므로 복사역전이 형성된다.

풀이
복사역전은 지표면 부근에서 일어난다.

27 다음 중 공중역전에 해당하지 않는 것은?

① 복사역전
② 전선역전
③ 해풍역전
④ 난류역전

풀이
지표역전(접지역전) : 복사역전, 이류역전
공중역전 : 난류역전, 전선역전, 침강역전

28 다음 역전현상에 대한 설명 중 옳지 않은 것은?

① 대류권 내에서 온도는 높이에 따라 감소하는 것이 보통이나 경우에 따라 역으로 높이에 따라 온도가 높아지는 층을 역전층이라고 한다.
② 침강역전은 저기압의 중심부분에서 기층이 서서히 침강하면서 발생하는 현상으로 좁은 범위에 걸쳐서 단기간 지속된다.
③ 복사역전은 일출 직전에 하늘이 맑고 바람이 적을 때 가장 강하게 형성된다.
④ LA스모그는 침강역전, 런던스모그는 복사역전과 관계가 있다.

풀이
침강역전은 고기압 중심부분에서 기층이 서서히 침강하면서 기온이 단열변화로 승온되어 발생하는 현상으로 넓은 범위에 걸쳐서 장기간 지속된다.

29 대기조건 중 고도가 높아질수록 기온이 증가하여 수직온도차에 의한 혼합이 이루어지지 않는 상태는?

① 과단열상태
② 중립상태
③ 역전상태
④ 등온상태

30 대기 중 환경감률이 −2.5℃/km인 경우의 대기상태로 가장 가까운 것은?

① 미단열
② 등온
③ 과단열
④ 역전

풀 이

−2.5℃/km = −0.25℃/100m이므로 $\gamma_d > \gamma$이고 역전상태는 아니므로 미단열(약한 안정)상태가 가장 적합하다.
미단열적 조건은 건조단열감율이 환경감율보다 약간 클 때(환경감율이 건조단열감율보다 약간 작을 때)를 말하며, 이 때의 대기는 약한 안정하다.

31 지구대기의 연직구조에 관한 설명으로 옳지 않은 것은?

① 중간권은 고도증가에 따라 온도가 감소한다.
② 성층권 상부의 열은 대부분 오존에 의해 흡수된 자외선 복사의 결과이다.
③ 성층권은 라디오파의 송수신에 중요한 역할을 하며, 오로라가 형성되는 층이다.
④ 대류권은 대기의 4개층(대류권, 성층권, 중간권, 열권) 중 가장 얇은 층이다.

풀 이

열권은 전리층이 존재하여 라디오파의 송수신에 중요한 역할을 하며, 오로라가 형성되는 층이다.

정답 26 ① 27 ① 28 ② 29 ③ 30 ① 31 ③

32 대기층의 구조에 관한 설명으로 옳지 않은 것은?

① 오존농도의 고도분포는 지상으로부터 약 10km 부근인 성층권에서 35ppm 정도의 최대 농도를 나타낸다.
② 대류권에서는 고도증가에 따라 기온이 감소한다.
③ 열권은 지상 80km 이상에 위치한다.
④ 중간권 중 상부 80km부근은 지구대기층 중 가장 기온이 낮다.

풀이
오존농도의 고도분포는 지상으로부터 약 25km 부근인 성층권에서 10ppm 정도의 최대 농도를 나타낸다.

33 다음 설명하는 대기권으로 적합한 것은?

- 지면으로부터 약 11~50km까지의 권역이다.
- 고도가 높아지면서 온도가 상승하는 층이다.
- 오존이 많이 분포하여 태양광선 중의 자외선을 흡수한다.

① 열권
② 중간권
③ 성층권
④ 대류권

34 대기권의 구조에 관한 설명으로 가장 거리가 먼 것은?

① 대기의 수직온도 분포에 따라 대류권, 성층권, 중간권, 열권으로 구분할 수 있다.
② 대류권 기상요소의 수평분포는 위도, 해륙분포 등에 의해 다르지만 연직방향에 따른 변화는 더욱 크다.
③ 대류권의 높이는 통상적으로 여름철에 낮고 겨울철에 높으며, 고위도 지방이 저위도 지방에 비해 높다.
④ 대류권의 하부 1~2km까지를 대기경계층이라고 하며, 지표면의 영향을 직접 받아서 기상요소의 일변화가 일어나는 층이다.

풀이
대류권의 높이는 통상적으로 여름철에 높고 겨울철에 낮으며, 고위도 지방이 저위도 지방에 비해 낮다.

35 **다음 중 대류권에 해당하는 사항으로만 옳게 연결된 것은?**

㉠ 고도가 상승함에 따라 기온이 감소한다. ㉡ 오존의 밀도가 높은 오존층이 존재한다. ㉢ 지상으로부터 50~85km 사이의 층이다. ㉣ 공기의 수직이동에 의한 대류현상이 일어난다. ㉤ 눈이나 비가 내리는 등의 기상현상이 일어난다.

① ㉠, ㉡, ㉢
② ㉡, ㉢, ㉣
③ ㉢, ㉣, ㉤
④ ㉠, ㉣, ㉤

풀이
㉡ 오존의 밀도가 높은 오존층이 존재한다. : 성층권
㉢ 지상으로부터 50~85km 사이의 층이다. : 중간권

36 **대기층은 물리적 및 화학적 성질에 따라서 고도별로 분류가 되어 있다. 지표면으로부터 상공으로 올바르게 배열된 것은?**

① 대류권 → 중간권 → 성층권 → 열권
② 대류권 → 중간권 → 열권 → 성층권
③ 대류권 → 성층권 → 중간권 → 열권
④ 대류권 → 열권 → 중간권 → 성층권

37 **건조한 대기의 구성성분 중 질소, 산소 다음으로 많은 부피를 차지하고 있는 것은?**

① 아르곤
② 이산화탄소
③ 네온
④ 오존

풀이
대기 성분 : 질소(N_2) > 산소(O_2) > 아르곤(Ar) > 이산화탄소(CO_2) > 네온(Ne) > 헬륨(He) > 메탄(CH_4)

정답 32 ① 33 ③ 34 ③ 35 ④ 36 ③ 37 ①

38 지구 대기에 존재하는 다음 기체들 중 부피 기준으로 가장 낮은 농도를 나타내는 것은?(단, 건조 공기로 가정한다) 2019년 지방직9급

① 아르곤(Ar)
② 이산화탄소(CO_2)
③ 수소(H_2)
④ 메탄(CH_4)

39 대기에 존재하는 다음 기체들 중 부피 기준으로 가장 낮은 농도를 나타내는 것은? (단, 건조 공기로 가정한다) 2022년 지방직9급

① 산소(O_2)
② 메탄(CH_4)
③ 아르곤(Ar)
④ 질소(N_2)

40 복사역전이 가장 발생되기 쉬운 기상조건은?

① 하늘이 흐리고, 바람이 강하며, 습도가 높을 때
② 하늘이 흐리고, 바람이 약하며, 습도가 낮을 때
③ 하늘이 맑고, 바람이 강하며, 습도가 높을 때
④ 하늘이 맑고, 바람이 약하며, 습도가 낮을 때

풀 이

복사역전은 하늘이 맑고, 바람이 약하며, 습도가 낮을 때 잘 발생되며 주로 새벽~아침, 봄과 가을에 발생되기 쉽다.

41 Dobson unit에 관한 설명에서 ( )에 알맞은 것은?

1 Dobson은 지구 대기 중 오존의 총량을 0℃, 1기압의 표준 상태에서 두께로 환산했을 때 ( )에 상당하는 양을 의미한다.

① 0.01mm ② 0.1mm
③ 0.1cm ④ 1cm

42

가우시안형의 대기오염확산방정식을 적용할 때, 지면에 있는 오염원으로부터 바람 부는 방향으로 250m 떨어진 연기의 중심축상 지상오염농도(mg/m^3)는? (단, 오염물질의 배출량 6.28g/sec, 풍속 5.0m/sec, σ_y는 25m, σ_z는 10m, π는 3.14 이다.)

① 1.2
② 1.3
③ 1.6
④ 1.8

풀이

$$C(x,y,z)=\frac{Q}{2\pi U\sigma_y\sigma_z}\left[\exp\left(-\frac{1}{2}\left(\frac{y}{\sigma_y}\right)^2\right)\right]\times\left[\exp\left\{-\frac{1}{2}\left(\frac{(z-H)}{\sigma_z}\right)^2\right\}+\exp\left\{-\frac{1}{2}\left(\frac{(z+H)}{\sigma_z}\right)^2\right\}\right]$$

$$C(x,0,0)=\frac{6280}{2\times3.14\times5.0\times25\times10}[\exp(0)]\times[\exp\{0\}+\exp\{0\}]=1.6mg/m^3$$

← y : 중심축상 오염농도를 구하므로 "0"
← z : 지상오염농도를 구하므로 "0"
← H : 지면에서 배출되는 오염원이므로 "0"
← Q : 오염물질 배출량 6,280mg/sec

43

대기의 수직구조에 관한 설명으로 가장 적합한 것은?

① 대류권의 높이는 여름보다 겨울이 높다.
② 대류권은 지상으로부터 약 20~30km 정도의 범위를 말한다.
③ 구름이 끼고 비가 내리는 등의 기상현상은 대류권에 국한되어 나타나는 현상이다.
④ 대류권의 높이는 고위도 지방보다 저위도 지방이 낮다.

풀이

① 대류권의 높이는 겨울보다 여름이 높다.
② 대류권은 지상으로부터 약 12km 정도의 범위를 말한다.
④ 대류권의 높이는 저위도 지방보다 고위도 지방이 낮다.

정답 38 ③ 39 ② 40 ④ 41 ① 42 ③ 43 ③

44 바람을 일으키는 힘 중 전향력에 관한 설명으로 가장 거리가 먼 것은?

① 전향력은 운동의 속력과 방향에 영향을 미친다.
② 북반구에서는 항상 움직이는 물체의 운동방향의 오른쪽 직각방향으로 작용한다.
③ 전향력은 극지방에서 최대가 되고 적도지방에서 최소가 된다.
④ 전향력의 크기는 위도, 지구자전 각속도, 풍속의 함수로 나타낸다.

풀이

전향력은 운동 방향에 영향을 미치나 운동속력에는 영향을 주지 않는다.
전향력 = $U \times 2\Omega \sin\theta$
U : 풍속, Ω : 지구 자전 각속도, θ : 위도

45 A굴뚝의 실제높이가 50m이고, 굴뚝의 반지름은 2m이다. 이 때 배출가스의 분출속도가 18m/s이고, 풍속이 4m/s일 때, 유효굴뚝높이는? (단, Δh = 1.5 × (We/u) × D 이용)

① 64m ② 77m ③ 98m ④ 135m

풀이

− Δh = 1.5 × (We/u) × D

$$1.5 \times \frac{18m/\sec}{4m/\sec} \times 4m = 27m$$

− 유효굴뚝높이 = 50m + 27m = 77m

46 Sutton의 확산방정식에서 최대착지농도(C_{max})에 대한 설명으로 옳지 않은 것은?

① 평균풍속에 비례한다.
② 오염물질 배출량에 비례한다.
③ 유효굴뚝 높이의 제곱에 반비례한다.
④ 수평 및 수직방향 확산계수와 관계가 있다.

풀이

평균풍속에 반비례한다.

$$C_{\max} = \frac{2Q}{\pi e U H_e^2} \times \left(\frac{K_z}{K_y}\right)$$

Q : 오염물질 배출량
U : 풍속
He : 유효굴뚝높이
Kz : 수직방향확산계수
Ky : 수평방향확산계수

47 그림은 어떤 지역의 고도에 따른 대기의 온도변화를 나타낸 것이다. 주로 침강역전에 해당하는 부분은?

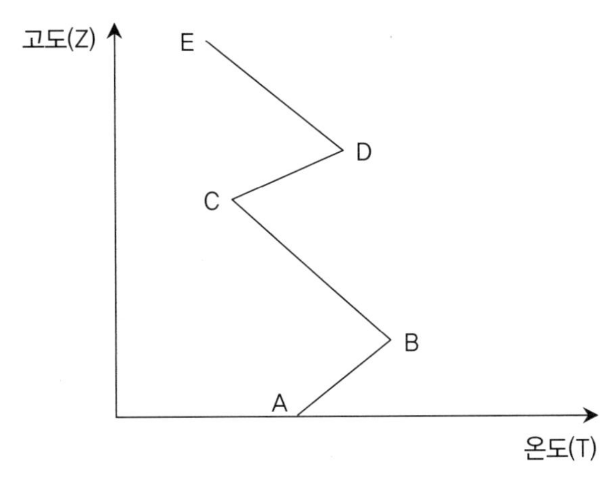

① AB 구간
② BC 구간
③ CD 구간
④ DE 구간

48 Down Wash 현상에 관한 설명은?

① 원심력집진장치에서 처리가스량의 5~10% 정도를 흡인하여 줌으로써 유효원심력을 증대시키는 방법이다.
② 굴뚝의 높이가 건물보다 높은 경우 건물 뒤편에 공동현상이 생기고 이 공동에 대기오염물질의 농도가 낮아지는 현상을 말한다.
③ 굴뚝 아래로 오염물질이 휘날리어 굴뚝 밑 부분에 오염물질의 농도가 높아지는 현상을 말한다.
④ 해가 뜬 후 지표면이 가열되어 대기가 지면으로부터 열을 받아 지표면 부근부터 역전층이 해소되는 현상을 말한다.

풀이
① Blow down
② Down draft 현상
④ 복사역전의 해소

정답 44 ① 45 ② 46 ① 47 ③ 48 ③

49 지상 4m에서의 풍속이 2m/sec라면 100m에서의 풍속은? (단, Deacon 식 활용, 풍속지수 P = 0.5로 가정)

① 0.3m/sec
② 0.4m/sec
③ 0.5m/sec
④ 1.0m/sec

풀이

$$\frac{U_2}{U_1}=\left(\frac{Z_2}{Z_1}\right)^p$$

$$\frac{U_2}{0.2m/\mathrm{sec}}=\left(\frac{100m}{4m}\right)^{0.5}$$

U_2 = 1.0m/sec

50 Richardson number에 관한 설명 중 틀린 것은?

① 리차드슨 수가 0에 접근하면 분산은 줄어들며 결국 대류난류만 존재한다.
② 무차원수로서 근본적으로 대류난류를 기계적인 난류로 전환시키는 율을 측정한 것이다.
③ 큰 음의 값을 가지면 굴뚝의 연기는 수직 및 수평방향으로 빨리 분산한다.
④ 0.25보다 크게 되면 수직혼합은 없어지고 수평상의 소용돌이만 남게 된다.

풀이

리차드슨 수가 0에 접근하면 분산은 줄어들며 결국 기계적 난류만 존재한다.

51 연기의 형태에 관한 설명 중 옳지 않은 것은?

① 지붕형 : 하층에 비하여 상층이 안정한 대기상태를 유지할 때 발생한다.
② 환상형 : 과단열감률 조건일 때, 즉 대기가 불안정할 때 발생한다.
③ 원추형 : 오염의 단면분포가 전형적인 가우시안 분포를 이루며, 대기가 중립 조건일 때 잘 발생한다.
④ 부채형 : 연기가 배출되는 상당한 고도까지도 강안정한 대기가 유지될 경우, 즉 기온역전 현상을 보이는 경우 연직운동이 억제되어 발생한다.

풀이

지붕형 : 상층에 비하여 하층이 안정한 대기상태를 유지할 때 발생한다.(상층 불안정, 하층 안정)

52 지상으로부터 500m 까지의 평균 기온감률은 −1.2℃/100m이다. 100m 고도에서 17℃라 하면 고도 400m에서의 기온은?

① 10.6℃ ② 11.8℃
③ 12.2℃ ④ 13.4℃

풀이

$$17℃+\left(\frac{-1.2℃}{100m}\right)\times(400m-100m)=13.4℃$$

53 자연 통풍력을 증대시키기 위한 방법과 가장 거리가 먼 것은?

① 굴뚝을 높인다.
② 굴뚝 통로를 단순하게 한다.
③ 굴뚝안의 가스를 냉각시킨다.
④ 굴뚝가스의 체류시간을 증가시킨다.

풀이

굴뚝안의 가스를 냉각시키면 자연 통풍력은 감소한다.

$$Z(mmH_2O)=273\times H\times\left[\frac{\gamma_a}{273+t_a}-\frac{\gamma_g}{273+t_g}\right]$$

54 따뜻한 공기가 찬 지표면이나 수면 위를 불어갈 때 따뜻한 공기의 하층이 찬 지표면 수면에 의해 냉각되어 발생하는 역전의 형태는?

① 접지역전
② 침강역전
③ 전선역전
④ 해풍역전

풀이

② 침강역전 : 고기압 중심부분에서 기층이 서서히 침강하면서 기온이 단열변화로 승온되어 발생하는 현상
③ 전선역전 : 따뜻한 공기와 차가운 공기가 부딪쳐 따뜻한 공기는 찬 공기 위를 타고 상승하면서 전선을 이루는 현상
④ 해풍역전 : 낮에 해상에서 부는 차가운 해풍과 지표 위 약 1km에서 따뜻한 육풍이 불면서 발생하는 현상

정답 49 ④ 50 ① 51 ① 52 ④ 53 ③ 54 ①

55 해륙풍에 관한 설명으로 옳지 않은 것은?

① 육지와 바다는 서로 다른 열적 성질 때문에 주간에는 육지로부터, 야간에는 바다로부터 바람이 분다.
② 야간에는 바다의 온도 냉각율이 육지에 비해 작으므로 기압차가 생겨나 육풍이 존재한다.
③ 육풍은 해풍에 비해 풍속이 작고, 수직 수평적인 범위도 좁게 나타나는 편이다.
④ 해륙풍이 장기간 지속되는 경우에는 폐쇄된 국지 순환의 결과로 인하여 해안가에 공업단지 등의 산업도시가 있는 지역에서는 대기오염물질의 축적이 일어날 수 있다.

풀이
육지와 바다는 서로 다른 열적 성질 때문에 주간에는 바다로부터, 야간에는 육지로부터 바람이 분다.

56 대기의 안정도와 관련된 리차드슨수(Ri)를 나타낸 식으로 옳은 것은?(단, g : 그 지역의 중력가속도, Θ : 잠재온도, u : 풍속, z : 고도)

① $Ri = \dfrac{(g/\theta)(d\theta/dz)}{(du/dz)^2}$

② $Ri = \dfrac{(g/\theta)(du/dz)^2}{(d\theta/dz)}$

③ $Ri = \dfrac{(\theta/g)(du/dz)^2}{(d\theta/dz)}$

④ $Ri = \dfrac{(\theta/g)(d\theta/dz)}{(du/dz)^2}$

57 다음 중 세류현상(down wash)이 발생하지 않는 조건으로 가장 적절한 것은?

① 굴뚝높이에서의 풍속이 오염물질 토출속도의 1.5배 이상일 때
② 굴뚝높이에서의 풍속이 오염물질 토출속도의 2.0배 이상일 때
③ 오염물질의 토출속도가 굴뚝높이 풍속의 1.5배 이상일 때
④ 오염물질의 토출속도가 굴뚝높이 풍속의 2.0배 이상일 때

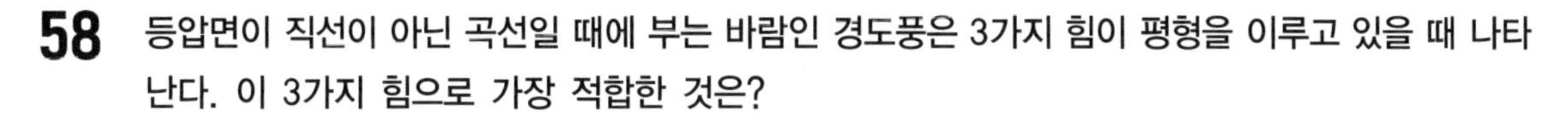

58 등압면이 직선이 아닌 곡선일 때에 부는 바람인 경도풍은 3가지 힘이 평형을 이루고 있을 때 나타난다. 이 3가지 힘으로 가장 적합한 것은?

① 마찰력, 전향력, 원심력
② 기압경도력, 전향력, 원심력
③ 기압경도력, 마찰력, 원심력
④ 기압경도력, 전향력, 마찰력

59 굴뚝에서 배출되는 연기모양 중 원추형에 관한 설명으로 가장 적합한 것은?

① 수직온도경사가 과단열적이고, 난류가 심할 때 주로 발생한다.
② 지표역전이 파괴되면서 발생하며 30분 이상은 지속하지 않는 경향이 있다.
③ 연기의 상하부분 모두 역전인 경우 발생한다.
④ 구름이 많이 낀 날에 주로 관찰된다.

풀이

대기 안정도는 중립이고 바람이 다소 강하거나 구름이 많이 낀 날에 주로 관찰되며 가우시안 분포를 이룬다.

60 다음은 바람장미에 관한 설명이다. (　　)안에 가장 알맞은 것은?

> 바람장미에서 풍향 중 주풍은 막대의 (㉠) 표시하며, 풍속은 (㉡)으로 표시한다. 풍속이 (㉢) 일 때를 정온(calm) 상태로 본다.

① ㉠ 길이를 가장 길게, ㉡ 막대의 굵기, ㉢ 0.2m/s 이하
② ㉠ 굵기를 가장 굵게, ㉡ 막대의 길이, ㉢ 0.2m/s 이하
③ ㉠ 길이를 가장 길게, ㉡ 막대의 굵기, ㉢ 1m/s 이하
④ ㉠ 굵기를 가장 굵게, ㉡ 막대의 길이, ㉢ 1m/s 이하

정답 55 ① 56 ① 57 ④ 58 ② 59 ④ 60 ①

61 태양상수를 이용하여 지구표면의 단위면적이 1분 동안에 받는 평균태양에너지를 구한 값은?

① $0.25cal/cm^2 \cdot min$
② $0.5cal/cm^2 \cdot min$
③ $1.0cal/cm^2 \cdot min$
④ $2.0cal/cm^2 \cdot min$

풀 이

$$C_m = C \times \left(\frac{\text{단면적}(\pi R^2)}{\text{표면적}(4\pi R^2)} \right)$$
$$= 2.0cal/cm^2 \cdot min \times 1/4 = 0.5cal/cm^2 \cdot min$$

62 Richardson수(R)에 관한 설명으로 옳지 않은 것은?

① $R = \frac{g}{T} = \frac{(\triangle T/\triangle Z)^2}{(\triangle u/\triangle Z)}$로 표시하며, ΔT/ΔZ는 강제대류의 크기, Δu/Δz는 자유대류의 크기를 나타낸다.
② R > 0.25일 때는 수직방향의 혼합이 없다.
③ R = 0일 때는 기계적 난류만 존재한다.
④ R이 큰 음의 값을 가지면 대류가 지배적이어서 바람이 약하게 되어 강한 수직운동이 일어나며, 굴뚝의 연기는 수직 및 수평방향으로 빨리 분산된다.

풀 이

$R = \frac{g}{T} = \frac{(\triangle T/\triangle Z)^2}{(\triangle u/\triangle Z)}$로 표시하며, ΔT/ΔZ는 자유대류의 크기, Δu/Δz는 강제대류의 크기를 나타낸다.

63 지표 부근의 대기성분의 부피비율(농도)이 큰 것부터 순서대로 알맞게 나열된 것은? (단, N_2, O_2 성분은 생략)

① CO_2 − Ar − CH_4 − H_2
② CO_2 − Ar − H_2 − CH_4
③ Ar − CO_2 − He − Ne
④ Ar − CO_2 − Ne − He

풀 이

질소 > 산소 > 아르곤 > 이산화탄소 > 네온 > 헬륨 > 메탄 > 크립톤 > 아산화질소 > 수소 > 일산화탄소 > 오존

64 굴뚝에서 배출되어지는 연기의 모양 중 환상형(looping)에 관한 설명으로 가장 적합한 것은?

① 전체 대기층이 강한 안정시에 나타나며, 연직확산이 적어 지표면에 순간적 고농도를 나타낸다.
② 전체 대기층이 중립일 경우에 나타나며, 연기모양의 요동이 적은 형태이다.
③ 상층이 불안정, 하층이 안정일 경우에 나타나며, 바람이 다소 강하거나 구름이 낀 날 일어난다.
④ 대기층이 매우 불안정시에 나타나며, 맑은 날 낮에 발생하기 쉽다.

풀이

① 전체 대기층이 강한 불안정시에 나타나며, 난류확산이 심하여 연직확산이 크므로 지표면에 순간적 고농도를 나타낸다.
② 원추형: 전체 대기층이 중립일 경우에 나타나며, 연기모양의 요동이 적은 형태이다.
③ 지붕형: 상층이 불안정, 하층이 안정일 경우에 나타나며, 바람이 약하고 맑고 쾌청한 날 일어난다.

65 바람에 관한 다음 설명 중 옳지 않은 것은?

① 북반구의 경도풍은 저기압에서는 반시계방향으로 회전하면서 위쪽으로 상승하면서 분다.
② 마찰층 내 바람은 높이에 따라 시계방향으로 각천이가 생겨나며, 위로 올라갈수록 실제 풍향은 점점 지균풍과 가까워진다.
③ 상풍은 경사면 (→) 계곡 (→) 주계곡으로 수렴하면서 풍속이 가속되기 때문에 낮에 산 위쪽으로 부는 계곡풍이 더 강하다.
④ 해륙풍이 부는 원인은 낮에는 육지보다 바다가 빨리 더워져서 바다의 공기가 상승하기 때문에 바다에서 육지로 8~15km 정도까지 바람(해풍)이 분다.

풀이

해륙풍이 부는 원인은 낮에는 바다보다 육지가 빨리 더워져서 육지의 공기가 상승하기 때문에 바다에서 육지로 8~15km 정도까지 바람(해풍)이 분다.

정답 61 ② 62 ① 63 ④ 64 ④ 65 ④

66 대기의 건조단열체감율과 국제적인 약속에 의한 중위도 지방을 기준으로 한 실제체감율인 표준체감율 사이의 관계를 대류권 내에서 도식화한 것으로 옳은 것은? (단, 건조단열체감율은 점선, 표준체감율은 실선, 종축은 고도, 횡축은 온도를 나타낸다.)

① 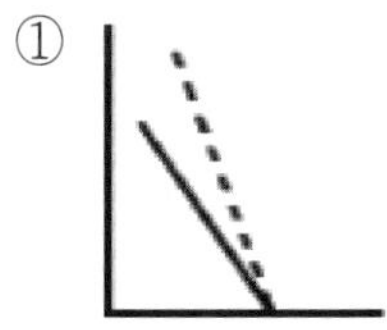

② ④ 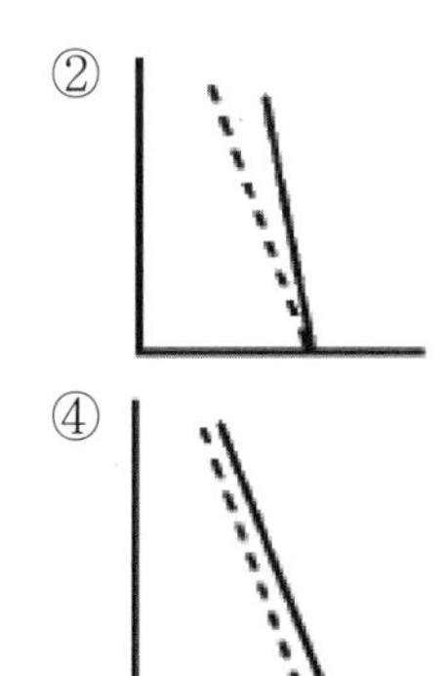

③ 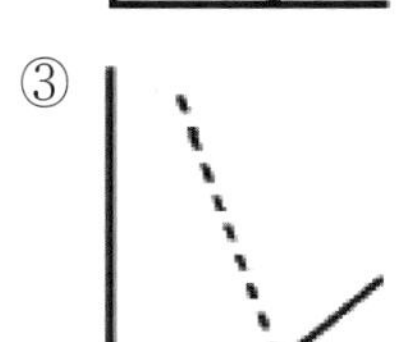

67 다음 연기 형태 중 부채형(Fanning)에 관한 설명으로 가장 거리가 먼 것은?

① 주로 저기압구역에서 굴뚝 높이보다 더 낮게 지표 가까이에 역전층이, 그 상공에는 불안정상태일 때 발생한다.
② 굴뚝의 높이가 낮으면 지표부근에 심각한 오염문제를 발생시킨다.
③ 대기가 매우 안정된 상태일 때 아침과 새벽에 잘 발생한다.
④ 풍향이 자주 바뀔때면 뱀이 기어가는 연기모양이 된다.

풀이

지붕형: 주로 저기압구역에서 굴뚝 높이보다 더 낮게 지표 가까이에 역전층이, 그 상공에는 불안정상태일 때 발생한다.

68 최대혼합 고도를 400m로 예상하여 오염농도를 3ppm으로 수정하였는데 실제 관측된 최대혼합고도는 200m였다. 실제 나타날 오염농도는?

① 16ppm　　② 24ppm
③ 50ppm　　④ 65ppm

풀이

$$\frac{C_2}{C_1}=\left(\frac{MMD_1}{MMD_2}\right)^3$$

$$\frac{C_2}{3ppm}=\left(\frac{400m}{200m}\right)^3$$

$C_2 = 24ppm$

69 대기의 안정도 조건에 관한 설명으로 옳지 않은 것은?

① 과단열적 조건은 환경감율이 건조단열감율보다 클 때를 말한다.
② 중립적 조건은 환경감율과 건조단열감율이 같을 때를 말한다.
③ 미단열적 조건은 건조단열감율이 환경감율보다 작을 때를 말하며, 이 때의 대기는 아주 안정하다.
④ 등온 조건은 기온감율이 없는 대기상태이므로 공기의 상하 혼합이 잘 이루어지지 않는다.

풀이

미단열적 조건은 건조단열감율이 환경감율보다 약간 클 때(환경감율이 건조단열감율보다 약간 작을 때)를 말하며, 이 때의 대기는 약한 안정상태이다.

70 다음 중 대기오염물질의 분산을 예측하기 위한 바람장미(wind rose)에 관한 설명으로 가장 거리가 먼 것은?

① 바람장미는 풍향별로 관측된 바람의 발생빈도와 풍속을 16방향인 막대기형으로 표시한 기상도형이다.
② 가장 빈번히 관측된 풍향을 주풍(prevailing wind)이라 하고, 막대의 굵기를 가장 굵게 표시한다.
③ 관측된 풍향별 발생빈도를 %로 표시한 것을 방향량(vector)이라 하며, 바람장미의 중앙에 숫자로 표시한 것은 무풍률이다.
④ 풍속이 0.2m/sec 이하일 때를 정온(calm)상태로 본다.

풀이

가장 빈번히 관측된 풍향을 주풍(prevailing wind)이라 하고, 막대의 길이를 가장 길게 표시한다.

정답 66 ② 67 ① 68 ② 69 ③ 70 ②

71 최대 혼합고도를 400m로 예상하여 오염농도를 3ppm으로 추정하였는데, 실제 관측된 최대 혼합고도는 200m였다. 실제 나타날 오염농도는? (단, 기타 조건은 같음)

① 21ppm ② 24ppm
③ 27ppm ④ 29ppm

풀이

$$\frac{C_2}{C_1} = \left(\frac{MMD_1}{MMD_2}\right)^3$$

$$\frac{C_2}{3ppm} = \left(\frac{400m}{200m}\right)^3$$

C_2 = 24ppm

72 다음 오염물질의 균질층 내에서의 건조공기 중 체류시간의 순서배열(짧은 시간에서부터 긴 시간)로 옳게 나열된 것은?

① $N_2 - CO - CO_2 - H_2$
② $CO - CH_4 - O_2 - N_2$
③ $O_2 - N_2 - H_2 - CO$
④ $CO_2 - H_2 - N_2 - CO$

풀이

대기성분의 체류시간 : $N_2 > O_2 > N_2O > CO_2 > CH_4 > H_2 > CO > SO_2$

73 다음 중 공중역전에 해당하지 않는 것은?

① 난류역전
② 접지역전
③ 전선역전
④ 침강역전

풀이

지표역전(접지역전) : 복사역전, 이류역전
공중역전 : 난류역전, 전선역전, 침강역전

74 최대혼합깊이(MMD)에 관한 설명으로 옳지 않은 것은?

① 일반적으로 대단히 안정된 대기에서의 MMD는 불안정한 대기에서보다 MMD가 작다.
② 실제 측정 시 MMD는 지상에서 수 km 상공까지의 실제공기의 온도종단도로 작성하여 결정된다.
③ 일반적으로 MMD가 높은 날은 대기오염이 심하고 낮은 날에는 대기오염이 적음을 나타낸다.
④ 통상 계절적으로 MMD는 이른 여름에 최대가 되고, 겨울에 최소가 된다.

풀이
일반적으로 MMD가 낮은 날은 대기오염이 심하고 높은 날에는 대기오염이 적음을 나타낸다.

75 대기오염물질의 분산을 예측하기 위한 바람장미(wind rose)에 관한 설명으로 가장 거리가 먼 것은?

① 풍속이 1m/sec 이하일 때를 정온(calm)상태로 본다.
② 바람장미는 풍향별로 관측된 바람의 발생빈도와 풍속을 16방향으로 표시한 기상도형이다.
③ 관측된 풍향별 발생빈도를 %로 표시한 것을 방향량(vecto)이라 한다.
④ 가장 빈번히 관측된 풍향을 주풍(prevailing wind)이라 하고, 막대의 길이를 가장 길게 표시한다.

풀이
풍속이 0.2m/sec 이하일 때를 정온(calm)상태로 본다.

76 지구 대기의 성질에 관한 설명으로 옳지 않은 것은?

① 지표면의 온도는 약 15℃ 정도이나 상공 12km 정도의 대류권계면에서는 약 −55℃ 정도까지 하강한다.
② 성층권계면에서의 온도는 지표보다는 약간 낮으나 성층권계면 이상의 중간권에서 기온은 다시 하강한다.
③ 중간권 이상에서의 온도는 대기의 분자운동에 의해 결정된 온도로서 직접 관측된 온도와는 다르다.
④ 대류권과 비교하였을 때 열권에서 분자의 운동속도는 매우 느리지만 공기평균 자유행로는 짧다.

풀이
대류권과 비교하였을 때 열권에서 분자의 운동속도는 매우 느리지만 공기평균 자유행로는 길다.

정답 71 ② 72 ② 73 ② 74 ③ 75 ① 76 ④

77 성층권에 관한 다음 설명으로 가장 거리가 먼 것은?

① 하층부의 밀도가 커서 매우 안정한 상태를 유지하므로 공기의 상승이나 하강 등의 연직운동은 억제된다.

② 화산분출 등에 의하여 미세한 분진이 이권역에 유입되면 수년간 남아 있게 되어 기후에 영향을 미치기도 한다.

③ 고도에 따라 온도가 상승하는 이유는 성층권의 오존이 태양광선 중의 자외선을 흡수하기 때문이다.

④ 오존의 밀도는 일반적으로 지상으로부터 50km 부근이 가장 높고, 이와 같이 오존이 많이 분포한 층을 오존층이라 한다.

풀이

오존의 밀도는 일반적으로 지상으로부터 25~30km 부근이 가장 높고, 이와 같이 오존이 많이 분포한 층을 오존층이라 한다.

78 굴뚝 유효 높이를 3배로 증가시키면 지상 최대오염도는 어떻게 변화되는가? (단, Sutton식에 의함)

① 처음의 3배　　② 처음의 1/3배

③ 처음의 9배　　④ 처음의 1/9배

풀이

$$C_{\max} = \frac{2Q}{\pi e U H_e^2} \times \left(\frac{K_z}{K_y}\right)$$

$C_{\max} \propto = \frac{1}{H_e^2}$ 이므로 처음의 1/9배가 된다.

Q : 오염물질 배출량
U : 풍속
He : 유효굴뚝높이
Kz : 수직방향확산계수
Ky : 수평방향확산계수

79 지상에서부터 600m까지의 평균기온감율은 0.88℃/100m이다. 100m 고도에서의 기온이 20℃라면 300m에서의 기온은?

① 15.5℃ ② 16.2℃
③ 17.5℃ ④ 18.2℃

풀이

$$20℃ + \frac{-0.88℃}{100m} \times (300-100)m = 18.24℃$$

80 다음은 어떤 연기 형태에 해당하는 설명인가?

> 대기가 매우 안정한 상태일 때에 아침과 새벽에 잘 발생하며 강한 역전조건에서 잘 생긴다. 이런 상태에서는 연기의 수직방향 분산은 최소가 되고 풍향에 수직되는 수평방향의 분산은 아주 적다.

① fanning
② coning
③ looping
④ lofting

81 최대혼합고도가 500m일 때 오염농도는 4ppm이었다. 오염농도가 500ppm일 때 최대혼합고도는 얼마인가?

① 50m
② 100m
③ 200m
④ 250m

풀이

$$\frac{C_2}{C_1} = \left(\frac{MMD_1}{MMD_2}\right)^3$$

$$\frac{500ppm}{4ppm} = \left(\frac{500m}{MMD_2\, m}\right)^3$$

$MMD_2 = 100m$

정답 77 ④ 78 ④ 79 ④ 80 ① 81 ②

82 대기오염가스를 배출하는 굴뚝의 유효고도가 50m에서 100m로 높아졌다. 굴뚝의 풍하측 지상 최대 오염농도 100m/50m 는 얼마인가? (단, 기타 조건은 일정)

① 1/2 ② 3/1
③ 1/4 ④ 4/1

풀 이

$$C_{\max} = \frac{2Q}{\pi e U H_e^2} \times \left(\frac{K_z}{K_y}\right)$$

−50m

$$C_{\max} = \frac{1}{50^2} \times K$$

−100m

$$C_{\max} = \frac{1}{100^2} \times K$$

−100m/50m

$$\frac{\frac{1}{100^2}}{\frac{1}{50^2}} = \frac{1}{4}$$

Q : 오염물질 배출량
U : 풍속
He : 유효굴뚝높이
Kz : 수직방향확산계수
Ky : 수평방향확산계수

83 리차드슨 수(R_i)의 크기와 대기의 혼합 간의 관계에 관한 설명으로 옳지 않은 것은?

① $R_i = 0$: 수직방향의 혼합이 없다.
② $0 < R_i < 0.25$: 성층에 의해 약화된 기계적 난류가 존재한다.
③ $R_i < -0.04$: 대류에 의한 혼합이 기계적 혼합을 지배한다.
④ $-0.03 < R_i < 0$: 기계적 난류와 대류가 존재하나 기계적 난류가 혼합을 주로 일으킨다.

풀 이

$R_i > 0$: 수직방향의 혼합이 없다.
리차드슨 수가 0에 접근하면 분산은 줄어들며 결국 기계적 난류만 존재한다.

$$Ri = \frac{(g/\theta)(d\theta/dz)}{(du/dz)^2}$$

정답 82 ③ 83 ①

대기오염물질 처리기술

제1절 입자상 물질의 처리

01 두 개의 집진장치를 직렬로 연결하여 배출가스 중의 먼지를 제거하고자 한다. 입구 농도는 $14g/m^3$이고, 첫 번째와 두 번째 집진장치의 집진효율이 각각 75%, 95%라면 출구 농도는 몇 mg/m^3인가?

① 175

② 211

③ 236

④ 241

풀이

입구농도는 $14g/m^3 = 14,000mg/m^3$

— 1차 집진장치 효율 75%

유입: $14,000mg/m^3$

유출: $14,000 \times (1 - 0.75) = 3,500mg/m^3$

— 2차 집진장치 효율 95%

유입: $3,500mg/m^3$

유출: $3,500 \times (1 - 0.95) = 175mg/m^3$

02 A집진장치의 집진효율은 99%이다. 이 집진시설 유입구의 먼지농도가 $13.5g/Sm^3$일 때 집진장치의 출구농도는?

① $0.0135mg/Sm^3$

② $135mg/Sm^3$

③ $1,350mg/Sm^3$

④ $13.5mg/Sm^3$

풀이

$$\eta = \left(1 - \frac{C_{out}}{C_{in}}\right) \times 100 \rightarrow 99\% = \left(1 - \frac{C_{out}}{13.5}\right) \times 100$$

$$C_{out} = -13.5 \times \left(\frac{99}{100} - 1\right) = 0.135g/m^3 = 135mg/m^3$$

정답 01 ① 02 ②

03 중력집진장치의 효율을 향상시키는 조건으로 거리가 먼 것은?

① 침강실 내의 배기가스의 기류는 균일해야 한다.
② 침강실의 높이가 높고, 길이가 짧을수록 집진율이 높아진다.
③ 침강실 내의 처리가스 유속이 작을수록 미립자가 포집된다.
④ 침강실의 입구폭이 클수록 미세입자가 포집된다.

풀이

침강실의 높이가 낮고, 길이가 길수록 집진율이 높아진다.

04 대기오염 방지장치인 전기집진장치(ESP)에 대한 설명으로 옳지 않은 것은? 2020년 지방직9급

① 처리가스의 속도가 너무 빠르면 처리 효율이 저하될 수 있다.
② 작은 압력손실로도 많은 양의 가스를 처리할 수 있다.
③ 먼지의 비저항이 너무 낮거나 높으면 제거하기가 어려워진다.
④ 지속적인 운영이 가능하고, 최초 시설 투자비가 저렴하다.

풀이

최초 시설 투자비가 많이 든다.

05 대기오염 방지장치인 전기집진장치(ESP)에 대한 설명으로 옳지 않은 것은? 2019년 지방직9급

① 비저항이 높은 입자($10^{12} \sim 10^{13}\Omega \cdot cm$)는 제어하기 어렵다.
② 수분함량이 증가하면 분진제어 효율은 감소한다.
③ 가스상 오염물질을 제어할 수 없다.
④ 미세입자도 제어가 가능하다.

풀이

수분함량이 증가하면 분진제어 효율은 증가한다.
일반적으로 건식에 비해 강한 전계를 형성하여 건식전기집진장치보다 습식전기집진장치의 제거효율이 높다.

06 중력집진장치에서 먼지의 침강속도 산정에 관한 설명으로 틀린 것은?

① 중력가속도에 비례한다.
② 입경의 제곱에 비례한다.
③ 먼지와 가스의 비중차에 반비례한다.
④ 가스의 점도에 반비례한다.

풀이

먼지와 가스의 비중차에 비례한다.

$$V_g = \frac{d_p^2(\rho_p - \rho)g}{18\mu}$$

07 지름 40μm입자의 최종 침전속도가 15cm/sec라고 할 때 중력침전실의 높이가 1.25m이면 입자를 완전히 제거하기 위해 소요되는 이론적인 중력침전실의 길이는? (단, 가스의 유속은 1.8m/sec이다.)

① 12m
② 15m
③ 18m
④ 20m

풀이

−100% 제거하기 위한 중력집진장치의 설계 : $\frac{V_g}{V} = \frac{H}{L}$

$$\frac{0.15m/\sec}{1.8m/\sec} = \frac{1.25m}{L}$$

L = 15m

08 함진가스를 방해판에 충돌시켜 기류의 급격한 방향전환을 이용하여 입자를 분리 · 포집하는 집진장치는?

① 중력집진장치
② 전기집진장치
③ 여과집진장치
④ 관성력집진장치

정답 03 ② 04 ④ 05 ② 06 ③ 07 ② 08 ④

09 **관성력 집진장치에서 집진율 향상조건으로 옳지 않은 것은?**

① 일반적으로 충돌직전의 처리가스의 속도가 적고, 처리 후의 출구 가스속도는 빠를수록 미립자의 제거가 쉽다.
② 기류의 방향전환 각도가 작고, 방향전환 횟수가 많을수록 압력손실은 커지나 집진은 잘된다.
③ 적당한 모양과 크기의 호퍼가 필요하다.
④ 함진 가스의 충돌 또는 기류의 방향전환 직전의 가스속도가 빠르고, 방향전환 시의 곡률반경이 작을수록 미세 입자의 포집이 가능하다.

풀 이

관성력집진장치는 일반적으로 충돌직전의 처리가스의 속도가 크고, 처리 후의 출구 가스속도는 느릴수록 미립자의 제거가 쉽다.

10 **일반적으로 배기가스의 입구처리속도가 증가하면 제거효율이 커지며 블로다운 효과와 관련된 집진장치는?**

① 중력집진장치
② 원심력집진장치
③ 전기집진장치
④ 여과입진장치

11 **원심력 집진장치에 대한 설명으로 옳지 않은 것은?**

① 사이클론의 배기관경이 클수록 집진율은 좋아진다.
② 블로다운(blow down) 효과가 있으면 집진율이 좋아진다.
③ 처리 가스량이 많아질수록 내통경이 커져 미세한 입자의 분리가 안된다.
④ 입구 가스속도가 클수록 압력손실은 커지나 집진율은 높아진다.

풀 이

사이클론의 배기관경(내경)이 작을수록 집진율은 좋아진다.

12 다음 설명에 해당하는 집진효율 향상 방법은?

2022년 지방직9급

> 사이클론(cyclone)에서 분진 퇴적함으로부터 처리 가스량의 5~10%를 흡인해주면 유효 원심력이 증대되고, 집진된 먼지의 재비산도 억제할 수 있다.

① 다운워시(down wash)
② 블로다운(blow down)
③ 홀드업(hold－up)
④ 다운 드래프트(down draught)

풀 이

① 다운워시(down wash) : 세류현상(down wash)이란 연돌출구에서 방출되는 연기가 풍속에 떠밀려 굴뚝 가까이로 침강하는 현상을 말한다. 따라서 이를 방지하기 위해서는 연기의 토출속도를 상승시켜야 하는데 통상 풍속의 2배 이상으로 배출속도를 높게 유지하면 방지되는 것으로 알려지고 있다.
③ 홀드업(hold－up) : 충전탑에서 충진층 내의 액보유량이 상승하는 현상이다.
④ 다운 드래프트(down draught) : 다운 드래프트(down draft)는 건물 및 지형의 풍하방향에 연기가 휘말려 떨어지는 현상으로서 연돌의 높이를 건물 또는 지형의 높이보다 2.5배 이상으로 유지하면 방지할 수 있다.

13 하부의 더스트 박스(dust box)에서 처리가스량의 5~10%를 처리하여 싸이클론 내 난류현상을 억제시켜 먼지의 재비산을 막아주고 장치 내벽에 먼지가 부착되는 것을 방지하는 효과는?

① 에디(eddy)
② 브라인딩(blinding)
③ 분진 폐색(dust plugging)
④ 블로우 다운(blow down)

14 세정집진장치의 입자 포집원리에 관한 설명으로 틀린 것은?

① 액적에 입자가 충돌하여 부착한다.
② 배기 증습에 의해 입자가 서로 응집한다.
③ 미립자의 확산에 의하여 액적과의 접촉을 쉽게 한다.
④ 입자를 핵으로 한 증기의 응결에 따라 응집성을 감소시킨다.

풀 이

입자를 핵으로 한 증기의 응결에 따라 응집성을 증가시킨다.

정 답 09 ① 10 ② 11 ① 12 ② 13 ④ 14 ④

15 **분진입자와 유해가스를 동시에 제거할 수 있는 집진장치는?**

① 여과집진장치
② 중력집진장치
③ 전기집진장치
④ 세정집진장치

16 **세정집진장치에서 입자와 액적 간의 충돌횟수가 많을수록 집진효율은 증가되는데 관성충돌계수(효과)를 크게 하기 위한 조건으로 옳지 않은 것은?**

① 분진의 입경이 커야 한다.
② 분진의 밀도가 커야 한다.
③ 액적의 직경이 커야 한다.
④ 처리가스의 점도가 낮아야 한다.

풀이

액적의 직경이 작아야 한다.

17 **세정집진장치의 장점과 가장 거리가 먼 것은?**

① 입자상 물질과 가스의 동시제거가 가능하다.
② 친수성, 부착성이 높은 먼지에 의한 폐쇄염려가 없다.
③ 집진된 먼지의 재비산 염려가 없다.
④ 연소성 및 폭발성 가스의 처리가 가능하다.

풀이

친수성, 부착성이 높은 먼지에 의한 폐쇄염려가 있다.

18 **다음 여과집진장치에 관한 설명으로 옳은 것은?**

① 350℃ 이상의 고온의 가스처리에 적합하다.
② 여과포의 종류와 상관없이 가스상 물질도 효과적으로 제거할 수 있다.
③ 압력손실이 약 20mmH_2O 전후이며, 다른 집진장치에 비해 설치면적이 작고, 폭발성 먼지 제거에 효과적이다.
④ 집진원리는 직접 차단, 관성충돌, 확산 형태로 먼지를 포집한다.

풀이

바르게 고쳐보면,
① 350℃ 이상의 고온의 가스처리에 부적합하다.
② 여과포의 종류에 따라 제거 가능한 물질의 종류가 다르다.
③ 압력손실이 100~200mmH_2O이며, 다른 집진장치에 비해 설치면적이 넓고, 폭발성 먼지제거에 효과적이지 못하다.

19 **여과집진장치에 사용되는 여과재에 관한 설명 중 가장 거리가 먼 것은?**

① 여과재의 형상은 원통형, 평판형, 봉투형 등이 있으나 원통형을 많이 사용한다.
② 여과재는 내열성이 약하므로 가스온도 250℃를 넘지 않도록 주의한다.
③ 고온가스를 냉각시킬 때에는 산노점(dew point) 이하로 유지하도록 하여 여과재의 눈막힘을 방지한다.
④ 여과재 재질 중 유리섬유는 최고사용온도가 250℃ 정도이며, 내산성이 양호한 편이다.

풀이

고온가스를 냉각시킬 때에는 연소가스 온도를 산노점 온도보다 높게 유지해야 한다.

20 **여과집진장치에서 처리가스 중 SO_2, HCl 등을 함유한 200℃ 정도의 고온 배출가스를 처리하는데 가장 적합한 여재는?**

① 목면(cotton)
② 유리섬유(glass fiber)
③ 나일론(nylon)
④ 양모(wool)

풀이

① 목면(cotton) : 80℃
② 유리섬유(glass fiber) : 250℃
③ 나일론(nylon) : 110℃
④ 양모(wool) : 80℃

정답 15 ④ 16 ③ 17 ② 18 ④ 19 ③ 20 ②

21 **여과집진장치의 특징으로 가장 거리가 먼 것은?**

① 폭발성, 점착성 및 흡습성의 먼지제거에 매우 효과적이다.
② 가스 온도에 따라 여재의 사용이 제한된다.
③ 수분이나 여과속도에 대한 적응성이 낮다.
④ 여과재의 교환으로 유지비가 고가이다.

풀이

여과집진장치는 폭발성, 점착성 및 흡습성의 먼지제거에 매우 효과적이지 못하다.

22 **지름 20cm, 유효높이 3m, 원통형 Bag Filter로 $4m^3/s$의 함진가스를 처리하고자 한다. 여과속도를 0.04m/s로 할 경우 필요한 Bag Filter수는 얼마인가?**

① 35개 ② 54개
③ 70개 ④ 120개

풀이

여과유량 = 여과속도 × 총 여과면적(필터면적 × 필터 수)

$$\frac{4m^3/\text{sec}}{0.04m/\text{sec}} = 3.14 \times 0.2m \times 3m \times n$$

n = 53.0516개 → 54개

23 **여과집진장치의 먼지부하가 $360g/m^2$에 달할 때 먼지를 탈락시키고자 한다. 이때 탈락시간 간격은? (단, 여과집진장치에 유입되는 함진농도는 $10g/m^3$, 여과속도는 7,200cm/hr이고, 집진효율은 100%로 본다.)**

① 25min ② 30min
③ 35min ④ 40min

풀이

$$\frac{\frac{360g}{m^2}}{\frac{10g}{m^3} \times \frac{72m}{hr} \times \frac{hr}{60\text{min}}} = 30\text{min}$$

24 전기집진지장치에서 입자의 대전과 집진된 먼지의 탈진이 정상적으로 진행되는 겉보기 고유저항의 범위로 가장 적합한 것은?

① $10^{-3} \sim 10^{1}\Omega \cdot cm$

② $10^{1} \sim 10^{3}\Omega \cdot cm$

③ $10^{4} \sim 10^{11}\Omega \cdot cm$

④ $10^{12} \sim 10^{15}\Omega \cdot cm$

25 다음 중 전기집진장치의 특성으로 옳은 것은?

① 압력손실이 100~150mmH_2O 정도이다.

② 전압변동과 같은 조건변동에 대해 쉽게 적용한다.

③ 초기시설비가 적게 든다.

④ 고온 가스(350℃정도)의 처리가 가능하다.

풀이

① 압력손실이 10~20mmH_2O 정도이다.

② 전압변동과 같은 조건변동에 대응이 어렵다.

③ 초기시설비가 많이 든다.

26 전기집진장치에서 먼지의 비저항이 비정상적으로 높은 경우 투입하는 물질과 거리가 먼 것은?

① NaCl

② NH_3

③ H_2SO_4

④ Soda lime

풀이

전기비저항이 낮은 경우: NH_3, 온도와 습도 조절

전기비저항이 높은 경우: 황함량이 높은 연료, SO_3 주입, H_2SO_4, NaCl, 트라이에틸아민 주입

정답 21 ① 22 ② 23 ② 24 ③ 25 ④ 26 ②

27 전기집진기의 집진율 향상에 관한 설명으로 옳지 않은 것은?

① 분진의 겉보기고유저항이 낮을 경우 NH_3 가스를 주입한다.
② 분진의 비저항이 $10^5 \sim 10^{10}\Omega \cdot cm$ 정도의 범위이면 입자의 대전과 집진된 분진의 탈진이 정상적으로 진행된다.
③ 처리가스 내 수분은 그 함유량이 증가하면 비저항이 감소하므로, 고비저항의 분진은 수증기를 분사하거나 물을 뿌려 비저항을 낮출 수 있다.
④ 온도조절 시 장치의 부식을 방지하기 위해서는 노점 온도 이하로 유지해야 한다.

풀이

온도조절 시 장치의 부식을 방지하기 위해서는 노점 온도 이상으로 유지해야 한다.

28 공기 중에서 직경 1.8μm의 구형 매연입자가 스토크스 법칙을 만족하며 침강할 때, 종말 침강속도는? (단, 매연입자의 밀도는 2.5g/cm^3, 공기의 밀도는 무시하며, 공기의 점도는 1.8×10^{-4}g/cm · sec)

① 0.0145cm/s
② 0.0245cm/s
③ 0.0355cm/s
④ 0.0475cm/s

풀이

$$V_g = \frac{d_p^2(\rho_p - \rho)g}{18\mu}$$

$$V_g = \frac{(1.8 \times 10^{-4}cm)^2 \times (2.5-0)kg/m^3 \times 980cm/sec^2}{18 \times 1.8 \times 10^{-4}g/cm\cdot sec} = 0.0245cm/sec$$

29 싸이클론(Cyclone)의 조업 변수 중 집진효율을 결정하는 가장 중요한 변수는?

① 유입가스의 속도
② 사이클론의 내부 높이
③ 유입가스의 먼지 농도
④ 사이클론에서의 압력손실

풀이

원심력 집진장치의 분리계수: $S = \dfrac{V^2}{R \times g}$

V: 유입가스의 속도
R: 내통의 반경
g: 중력가속도

30 전기집진장치의 각종 장해에 따른 대책으로 가장 거리가 먼 것은?

① 미분탄 연소 등에 따라 역전리 현상이 발생할 때에는 집진극의 타격을 강하게 하거나, 빈도수를 늘린다.
② 재비산이 발생할 때에는 처리가스의 속도를 낮추어 준다.
③ 먼지의 비저항이 비정상적으로 높아 2차 전류가 현저히 떨어질 때에는 조습용 스프레이의 수량을 줄인다.
④ 먼지의 비저항이 비정상적으로 높아 2차 전류가 현저히 떨어질 때에는 스파크 횟수를 늘린다.

풀이
먼지의 비저항이 비정상적으로 높아 2차 전류가 현저히 떨어질 때에는 조습용 스프레이의 수량을 증가시켜 겉보기 저항을 낮춘다.

31 총 집진효율 93%를 얻기 위해 40% 효율을 가진 1차 전처리설비를 설치 시 2차 처리장치의 효율(%)은?

① 58.3
② 68.3
③ 78.3
④ 88.3

풀이
유입이 100, 유출이 7일 때 총 집진효율이 93%이다.
－1차 설비
　유입 : 100
　유출 : $100 \times (1 - 0.4) = 60$
－2차 설비
　유입 : 60
　유출 : 7
효율 : $\left(1-\frac{7}{60}\right)\times 100 = 88.3333\%$

정답 27 ④ 28 ② 29 ① 30 ③ 31 ④

32 여과집진장치의 먼지제거 매커니즘과 가장 거리가 먼 것은?

① 관성충돌 (inertial im paction)
② 확산 (diffusion)
③ 직접차단 (direct interception)
④ 무화 (atom ization)

풀이
여과집진장치의 먼지제거 매커니즘 : 관성충돌, 직접차단, 확산, 정전기적 인력, 중력

33 원심력 집진장치에서 압력손실의 감소원인으로 가장 거리가 먼 것은?

① 장치 내 처리가스가 선회되는 경우
② 호포 하단 부위에 외기가 누입될 경우
③ 외통의 접합부 불량으로 함진가스가 누출될 경우
④ 내통이 마모되어 구멍이 뚫려 함진가스가 by−pass될 경우

풀이
②, ③, ④ : 압력손실 감소로 효율이 저하하는 경우

34 원심력 집진장치에 사용되는 용어의 관한 설명으로 틀린 것은?

① 임계입경(Critical diameter)은 100% 분리 한계입경이라고도 한다.
② 분리계수가 클수록 집진율은 증가한다.
③ 분리계수는 입자에 작용하는 원심력을 관성력으로 나눈 값이다.
④ 사이클론에서 입자의 분리속도는 함진가스의 선회속도에는 비례하는 반면, 원통부 반경에는 반비례한다.

풀이
분리계수는 입자에 작용하는 원심력을 중력으로 나눈 값이다.

$$S=\frac{V^2}{R\times g}$$

PART 02

35 Bag filter에서 먼지부하가 $360g/m^2$일 때마다 부착먼지를 간헐적으로 탈락시키고자 한다. 유입가스 중의 먼지농도가 $10g/m^3$이고, 겉보기 여과속도가 1cm/sec일 때 부착먼지의 탈락시간 간격은? (단, 집진율은 80%이다.)

① 0.45 hr
② 1.25 hr
③ 2.45 hr
④ 3.65 hr

풀이

$$\frac{\frac{360g}{m^2}}{\frac{10g}{m^3}\times\frac{0.01m}{\sec}\times\frac{80}{100}\times\frac{3600\sec}{hr}}=1.25hr$$

36 여과집진장치의 특성으로 옳지 않은 것은?

① 다양한 여과재의 사용으로 인하여 설계 시 융통성이 있다.
② 여과재의 교환으로 유지비가 고가이다.
③ 수분이나 여과속도에 대한 적응성이 높다.
④ 폭발성, 점착성 및 흡습성 먼지의 제거가 곤란하다.

풀이

수분이나 여과속도에 대한 적응성이 낮다.

37 여과집진장치에서 여과포 탈진방법의 유형이라고 볼 수 없는 것은?

① 진동형
② 역기류형
③ 충격제트기류 분사형
④ 승온형

정답 32 ④ 33 ① 34 ③ 35 ② 36 ③ 37 ④

38 집진장치의 입구쪽의 처리가스유량이 300,000Sm³/h, 먼지농도가 15g/Sm³이고, 출구쪽의 처리된 가스의 유량은 305,000Sm³/h, 먼지농도가 40mg/Sm³이었다. 이 집진장치의 집진율은 몇 % 인가?

① 97.6 ② 98.1
③ 99.7 ④ 95.9

풀이

$$\eta = \left(1 - \frac{C_o Q_o}{C_i Q_i}\right) \times 100$$

$$\eta = \left(1 - \frac{305,000Sm^3/hr \times 40mg/Sm^3}{300,000Sm^3/hr \times 15000mg/Sm^3}\right) \times 100 = 99.7288\%$$

39 관성력집진장치의 집진율 향상조건으로 가장 거리가 먼 것은?

① 적당한 dust box의 형상과 크기가 필요하다.
② 기류의 방향전환 횟수가 많을수록 압력손실은 커지지만 집진율은 높아진다.
③ 보통 충돌직전에 처리가스 속도가 크고, 처리 후 출구가스 속도가 작을수록 집진율은 높아진다.
④ 함진가스의 충돌 또는 기류 방향 전환직전의 가스속도가 작고, 방향 전환 시 곡률반경이 클수록 미세입자 포집이 용이하다.

풀이

함진가스의 충돌 또는 기류 방향 전환직전의 가스속도가 크고, 방향 전환 시 곡률반경이 작을수록 미세입자 포집이 용이하다.

40 집진효율이 98%인 집진시설에서 처리 후 배출되는 먼지농도가 0.3g/m³ 일 때 유입된 먼지의 농도는 몇 g/m³인가?

① 10 ② 15
③ 20 ④ 25

풀이

$$\eta = \left(1 - \frac{C_o}{C_i}\right) \times 100$$

$$98 = \left(1 - \frac{0.3}{C_i}\right) \times 100$$

$C_i = 15g/m^3$

41 직경 10μm인 입자의 침강속도가 0.5cm/sec였다. 같은 조성을 지닌 30μm입자의 침강속도는? (단, 스토크스 침강속도식 적용)

① 1.5cm/sec
② 2cm/sec
③ 3cm/sec
④ 4.5cm/sec

풀이

중력침강속도 : $V_g = \frac{d_p^2(\rho_p - \rho)g}{18\mu}$

－K

$0.5cm/\sec = \frac{(10)^2(\rho_p - \rho)g}{18\mu} = (10)^2 K$

K = 0.005

－30μm입자의 침강속도

$V_g = \frac{(30)^2(\rho_p - \rho)g}{18\mu} = (30)^2 \times 0.005$

= 4.5cm/sec

42 Stokes 운동이라 가정하고, 직경 30μm, 비중 1.3인 입자의 표준대기중 종말침강속도는 몇 m/s인가? (단, 표준공기의 점도와 밀도는 각각 2.6×10^{-5}kg/m · s, 1.3kg/m^{3}이다. 입자의 비중은 무시한다.)

① 1.35×10^{-2}
② 1.65×10^{-2}
③ 2.15×10^{-2}
④ 2.45×10^{-2}

풀이

$V_g = \frac{d_p^2(\rho_p - \rho)g}{18\mu}$

$V_g = \frac{(30 \times 10^{-6} m)^2 \times (1300 - 0) kg/m^3 \times 9.8 m/sec^2}{18 \times 2.6 \times 10^{-5} kg/m \cdot sec}$ = 2.45×10^{-2}m/sec

정답 38 ③ 39 ④ 40 ② 41 ④ 42 ④

43 원심력집진장치에 관한 설명으로 옳지 않은 것은?

① 배기관경(내경)이 작을수록 입경이 작은 먼지를 제거할 수 있다.
② 점착성이 있는 먼지의 집진에는 적당치 않으며, 딱딱한 입자는 장치의 마모를 일으킨다.
③ 침강먼지 및 미세한 먼지의 재비산을 막기 위해 스키머와 회전깃, 살수설비 등을 설치하여 제거효율을 증대시킨다.
④ 고농도일 때는 직렬 연결하여 사용하고, 응집성이 강한 먼지인 경우는 병렬 연결하여 사용한다.

풀이

고농도일 때는 병렬 연결하여 사용하고, 응집성이 강한 먼지인 경우는 직렬 연결하여 사용한다.

44 다음 중 여과집진장치에서 여포를 탈진하는 방법이 아닌 것은?

① 기계적 진동(mechanical shaking)
② 펄스제트(pulse jet)
③ 공기역류(reverse air)
④ 블로다운(blow down)

풀이

블로다운(blow down) : 원심력집진장치(사이클론)의 집진효율을 높이는 방법으로 하부의 더스트 박스(dust box)에서 처리가스량의 5~10%를 처리하여 사이클론 내의 난류현상을 억제시킴으로 먼지의 재비산을 막아주며, 장치 내벽 부착으로 일어나는 먼지의 축적도 방지하는 방법

45 전기집진장치의 특성에 관한 설명으로 가장 거리가 먼 것은?

① 전압변동과 같은 조건 변동에 쉽게 적응하기 어렵다.
② 다른 고효율 집진장치에 비해 압력손실(10~20mmH_2O)이 적어 소요동력이 적은 편이다.
③ 대량가스 및 고온(350℃ 정도)가스의 처리도 가능하다.
④ 입자의 하전을 균일하게 하기 위해 장치내부의 처리가스 속도는 보통 7~15m/s를 유지하도록 한다.

풀이

입자의 하전을 균일하게 하기 위해 장치내부의 처리가스 속도는 보통 건식 1~2m/s, 습식 2~4m/s를 유지하도록 한다.

46 일반적으로 더스트의 체적당 표면적을 비표면적이라 하는데 구형입자의 비표면적의 식을 옳게 나타낸 것은? (단, d는 구형입자의 직경)

① 2/d ② 4/d
③ 6/d ④ 8/d

풀 이

$$\text{비표면적} = \frac{\text{표면적}}{\text{부피}} = \frac{4\pi r^2}{\frac{4}{3}\pi r^3} = \frac{3}{r} = \frac{6}{d}$$

47 백필터의 먼지부하가 420g/m^{2}에 달할 때 먼지를 탈락시키고자 한다. 이 때 탈락시간 간격은?(단, 백필터 유입가스 함진농도는 10g/m^3, 여과속도는 7200cm/hr이다.)

① 25분 ② 30분
③ 35분 ④ 40분

풀 이

$$\frac{\frac{420g}{m^2}}{\frac{10g}{m^3} \times \frac{72m}{hr} \times \frac{hr}{60\text{min}}} = 35\text{min}$$

48 여과집진장치 중 간헐식 탈진방식에 관한 설명으로 옳지 않은 것은? (단, 연속식과 비교)

① 먼지의 재비산이 적고, 여과포 수명이 길다.
② 탈진과 여과를 순차적으로 실시하므로 높은 집진효율을 얻을 수 있다.
③ 고농도 대량의 가스 처리가 용이하다.
④ 진동형과 역기류형, 역기류 진동형이 여기에 해당한다.

풀 이

연속식 : 대량의 가스의 처리에 적합하며, 점성 있는 조대먼지의 탈진에 효과적이다.

정답 43 ④ 44 ④ 45 ④ 46 ③ 47 ③ 48 ③

49 cyclone으로 집진 시 입경에 따라 집진 효율이 달라지게 되는데 집진효율이 50%인 입경을 의미하는 용어는?

① Cut size diameter
② Critical diameter
③ Stokes diameter
④ Projected area diameter

50 중력 집진장치에서 수평이동속도 V_x, 침강실폭 B, 침강실 수평길이 L, 침강실 높이 H, 종말침강속도가 V_t라면 주어진 입경에 대한 부분집징효율은? (단, 층류기준)

① $\frac{V_x \times B}{V_t \times H}$
② $\frac{V_t \times H}{V_x \times B}$
③ $\frac{V_t \times L}{V_x \times H}$
④ $\frac{V_x \times H}{V_t \times L}$

51 3개의 집진장치를 직렬로 조합하여 집진한 결과 총집진율이 99%이었다. 1차 집진장치의 집진율이 70%, 2차 집진장치의 집진율이 80%라면 3차 집진장치의 집진율은 약 얼마인가?

① 75.6%
② 83.3%
③ 89.2%
④ 93.4%

풀이

총집진율이 99%이므로 유입가스의 농도를 100으로 가정하고 유출가스의 농도를 1이라 하면,

− 1차
  유입 : 100
  유출 : $100 \times (1 - 0.7) = 30$
− 2차
  유입 : 30
  유출 : $30 \times (1 - 0.8) = 6$
−3차
  유입 : 6
  유출 : $6 \times (1 - X) = 1$
  $X = 0.8333 \rightarrow 83.33\%$

52 전기집진장치에서 먼지의 전기비저항이 높은 경우 전기비저항을 낮추기 위해 주입하는 물질과 거리가 먼 것은?

① 수증기
② NH_3
③ H_2SO_4
④ NaCl

풀이
전기비저항이 낮은 경우: NH_3, 온도와 습도 조절
전기비저항이 높은 경우: 황함량이 높은 연료, SO_3 주입, H_2SO_4, NaCl, 트라이에틸아민 주입

53 중력식 집진장치의 집진율 향상조건에 관한 설명 중 옳지 않은 것은?

① 침강실 내 처리가스의 속도가 작을수록 미립자가 포집된다.
② 침강실 입구폭이 클수록 유속이 느려지며 미세한 입자가 포집된다.
③ 다단일 경우에는 단수가 증가할수록 집진효율은 상승하나, 압력손실도 증가한다.
④ 침강실의 높이가 낮고, 중력장의 길이가 짧을수록 집진율은 높아진다.

풀이
침강실의 높이가 낮고, 중력장의 길이가 길수록 집진율은 높아진다.

54 여과집진장치에 사용되는 각종 여과재의 성질에 관한 연결로 가장 거리가 먼 것은? (단, 여과재의 종류 – 최고사용온도)

① 목면 – 150℃
② 글라스화이버 – 250℃
③ 오론 – 150℃
④ 비닐론 – 100℃

풀이
목면 – 80℃

정답 49 ① 50 ③ 51 ② 52 ② 53 ④ 54 ①

55 전기집진장치에서 비저항과 관련된 내용으로 옳지 않은 것은?

① 배연설비에서 연료에 S함유량이 많은 경우는 먼지의 비저항이 낮아진다.
② 비저항이 낮은 경우에는 건식 전기집진장치를 사용하거나, 암모니아 가스를 주입한다.
③ 10^{11}~10^{13}Ω·cm범위에서는 역전리 또는 역이온화가 발생한다.
④ 비저항이 높은 경우는 분진층의 전압손실이 일정하더라도 가스상의 전압손실이 감소하게 되므로, 전류는 비저항의 증가에 따라 감소된다.

풀이

비저항이 낮은 경우에는 습식 전기집진장치를 사용하거나, 암모니아 가스를 주입한다.

56 설치 초기 전기집진장치의 효율이 98%였으나, 2개월 후 성능이 96%로 떨어졌다. 이 때 먼지 배출 농도는 설치 초기의 몇 배인가?

① 2배
② 4배
③ 8배
④ 16배

풀이

- 98%
  유입: 100
  유출: 2
- 96%
  유입: 100
  유출: 4

57 원심력 집진장치에서 압력손실의 감소 원인으로 가장 거리가 먼 것은?

① 장치 내 처리가스가 선회되는 경우
② 호퍼 하단 부위에 외기가 누입될 경우
③ 외통의 접합부 불량으로 함진가스가 누출될 경우
④ 내통이 마모되어 구멍이 뚫려 함진가스가 by pass될 경우

풀이

장치 내 처리가스가 선회되지 않는 경우

58 **각 집진장치의 특징에 관한 설명으로 옳지 않은 것은?**

① 여과집진장치에서 여포는 가스온도가 350℃를 넘지 않도록 하여야 하며, 고온가스를 냉각시킬 때에는 산노점 이하로 유지해야 한다.
② 전기집진장치는 낮은 압력손실로 대량의 가스처리에 적합하다.
③ 제트스크러버는 처리가스량이 많은 경우에는 잘 쓰지 않는 경향이 있다.
④ 중력집진장치는 설치면적이 크고 효율이 낮아 전처리설비로 주로 이용되고 있다.

풀이
여과집진장치에서 여포는 가스온도가 여과포의 상용온도를 넘지 않도록 하여야 하며, 고온가스를 냉각시킬 때에는 산노점 이상으로 유지해야 한다.

59 **중력침전을 결정하는 중요 매개변수는 먼지입자의 침전속도이다. 다음 중 먼지의 침전속도 결정과 가장 관계가 깊은 것은?**

① 입자의 온도
② 대기의 분압
③ 입자의 유해성
④ 입자의 크기와 밀도

풀이

$$V_g = \frac{d_p^2(\rho_p - \rho)g}{18\mu}$$

60 **A집진장치의 입구 및 출구의 배출가스 중 먼지의 농도가 각각 15g/Sm³, 150mg/Sm³이었다. 또한 입구 및 출구에서 채취한 먼지시료 중에 포함된 0~5μm의 입경분포의 중량 백분율이 각각 10%, 60%이었다면 이 집진장치의 0~5μm의 부분집진율(%)은?**

① 90 ② 92 ③ 94 ④ 96

풀이

$$\eta = \left(1 - \frac{C_o \times R_o}{C_i \times R_i}\right) \times 100$$

$$\eta = \left(1 - \frac{150mg/Sm^3 \times 0.6}{15{,}000mg/Sm^3 \times 0.1}\right) \times 100 = 94\%$$

정답 55 ② 56 ① 57 ① 58 ① 59 ④ 60 ③

제 2 절 가스상 물질의 처리

01 다음 중 물에 대한 용해도가 가장 큰 기체는?(단, 온도는 30℃ 기준이며, 기타조건은 동일하다.)

① SO_2　　② CO_2
③ HCl　　④ H_2

풀이
기체의 용해도: HCl > HF > NH_3 > SO_2 > Cl_2 > H_2S > CO_2 > O_2 > CO

02 다음 중 헨리법칙이 가장 잘 적용되는 기체는 어느 것인가?

① O_2　　② HCl
③ SO_2　　④ HF

풀이
헨리의 법칙을 적용하기 어려운 기체는 친수성기체이다.
난용성기체: CO, NO, O_2 / 친수성기체: HF, HCl, SO_2

03 SO_2 기체와 물이 30℃에서 평형상태에 있다. 기상에서의 SO_2 분압이 38mmHg일 때 액상에서의 SO_2 농도는? (단, 30℃에서 SO_2 기체의 물에 대한 헨리상수는 2.0×10 atm · m^3/kmol이다.)

① 1.5×10^{-4} kmol/m^3
② 1.5×10^{-3} kmol/m^3
③ 2.5×10^{-4} kmol/m^3
④ 2.5×10^{-3} kmol/m^3

풀이
$P = H \times C$
$0.05 = 2.0 \times 10 \times C$
$C = 2.5 \times 10^{-3}$ atm · m^3/kmol
P: 압력(atm)→$38mmHg \times \frac{1atm}{760mmHg} = 0.05atm$
H: 헨리상수(atm · m^3/kmol) → 1.6×10atm · m^3/kmol
C: 농도(kmol/m^3)

04 기체 분산형 흡수장치는?

① 단탑(plate tower)
② 충전탑(packed tower)
③ 분무탑(spray tower)
④ 벤츄리 스크러버(venturi scrubber)

풀이

액측 저항이 클 경우 유리한 가스분산형 흡수장치: 단탑, 포종탑, 다공판탑, 기포탑 등
가스측 저항이 클 경우 유리한 액분산형 흡수장치: 충전탑, 분무탑, 벤투리 스크러버, 사이클론 스크러버 등

05 연소공정에서 발생하는 질소산화물(NOx)을 감소시킬 수 있는 방법으로 적절하지 않은 것은?

2020년 지방직9급

① 연소 온도를 높인다.
② 화염구역에서 가스 체류시간을 줄인다.
③ 화염구역에서 산소 농도를 줄인다.
④ 배기가스의 일부를 재순환시켜 연소한다.

풀이

연소 온도를 높이면 질소산화물의 발생량이 증가한다.

06 가스 흡수법의 효율을 높이기 위한 흡수액의 구비요건으로 옳은 것은?

① 용해도가 낮아야 한다.
② 용매의 화학적 성질과 비슷해야 한다.
③ 흡수액의 점성이 비교적 높아야 한다.
④ 휘발성이 높아야 한다.

풀이

① 용해도가 높아야 한다.
③ 흡수액의 점성이 비교적 낮아야 한다.
④ 휘발성이 낮아야 한다.

정답 01 ③ 02 ① 03 ④ 04 ① 05 ① 06 ②

07 충전탑에 관한 설명으로 틀린 것은?

① 액가스비는 0.05~0.1L/m^3 정도이며, 포종탑류에 비해 압력손실이 크다.
② 흡수액에 고형성분이 함유되면 침전물이 생겨 성능이 저하될 수 있다.
③ 급수량이 적절하면 효과가 좋다.
④ 처리가스 유량의 변화에도 비교적 적응성이 있다.

풀이
액가스비는 2~3L/m^3 정도이며, 포종탑류에 비해 압력손실이 작다.

08 충전탑에서 충전물의 구비조건에 관한 설명으로 틀린 것은?

① 단위용적에 대한 표면적이 커야 한다.
② 내열성과 내식성이 커야 한다.
③ 압력손실과 충전밀도가 적어야 한다.
④ 액가스 분포를 균일하게 유지할 수 있어야 한다.

풀이
압력손실이 작고 충전밀도가 커야 한다.

09 흡착에 관한 다음 설명 중 옳은 것은?

① 물리적 흡착은 가역성이 낮다.
② 물리적 흡착량은 온도가 상승하면 줄어든다.
③ 물리적 흡착은 흡착과정의 발열량이 화학적 흡착보다 많다.
④ 물리적 흡착에서 흡착물질은 임계온도 이상에서 잘 흡착된다.

풀이
① 물리적 흡착은 가역성이 높다.
③ 물리적 흡착은 흡착과정의 발열량이 화학적 흡착보다 적다.
④ 물리적 흡착에서 흡착물질은 임계온도 이하에서 잘 흡착된다.

10 화학적 흡착과 비교한 물리적 흡착의 특성에 관한 설명으로 옳지 않은 것은?

① 흡착제의 재생이나 오염가스의 회수에 용이하다.
② 온도가 낮을수록 흡착량이 많다.
③ 표면에 단분자막을 형성하며, 발열량이 크다.
④ 압력을 감소시키면 흡착물이 흡착제로부터 분리되는 가역적 흡착이다.

풀이

화학적 흡착: 표면에 단분자막을 형성하며, 발열량이 크다.
물리적 흡착: 표면에 다층흡착을 형성하며, 발열량이 작다.

11 다음 중 다공성 흡착제인 활성탄으로 제거하기에 가장 효과가 낮은 유해가스는?

① 알코올류
② 일산화탄소
③ 담배연기
④ 벤젠

풀이

활성탄은 주로 비극성물질을 흡착하며 대부분의 경우 유기용제 증기를 제거하는데 탁월하다. 일반적으로 활성탄의 물리적 흡착방법으로 제거할 수 있는 유기성 가스의 분자량은 45 이상이어야 한다. 활성탄으로 제거 효과가 낮은 물질로는 일산화탄소, 암모니아, 일산화질소 등이 있다.

12 배출가스 중 질소산화물의 처리방법인 촉매환원법에 적용하고 있는 일반적인 환원가스와 거리가 먼 것은?

① H_2S
② NH_3
③ CO_2
④ CH_4

풀이

선택적 촉매환원법 환원제: NH_3, $(NH_2)_2CO$, H_2S 등
비선택적 촉매환원법 환원제: CO, 탄화수소류(C_nH_m), H_2 등

정답 07 ① 08 ③ 09 ② 10 ③ 11 ② 12 ③

13 연소조절에 의한 질소산화물(NO_x) 저감대책으로 가장 거리가 먼 것은?

① 과잉공기량을 크게 한다.
② 2단 연소법을 사용한다.
③ 배출가스를 재순환시킨다.
④ 연소용 공기의 예열온도를 낮춘다.

풀이
과잉공기량을 크게 하면 질소산화물이 증가한다.

14 질소산화물(NOx)의 억제방법으로 가장 거리가 먼 것은?

① 저산소 연소
② 배출가스 재순환
③ 화로 내 물 또는 수증기 분무
④ 고온영역 생성 촉진 및 긴불꽃연소를 통한 화염온도 증가

풀이
고온영역 생성 촉진 및 긴불꽃연소를 통한 화염온도 증가는 질소산화물의 발생을 촉진한다.

15 석회석을 연소로에 주입하여 SO_2를 제거하는 건식탈황방법의 특징으로 옳지 않은 것은?

① 연소로 내에서 긴 접촉시간과 아황산가스가 석회분말의 표면 안으로 쉽게 침투되므로 아황산가스의 제거효율이 비교적 높다.
② 석회석과 배출가스 중 재가 반응하여 연소로 내에 달라붙어 열전달을 낮춘다.
③ 연소로 내에서의 화학반응은 주로 소성, 흡수, 산화의 3가지로 나눌 수 있다.
④ 석회석을 재생하여 쓸 필요가 없어 부대시설이 거의 필요 없다.

풀이
연소로 내에서 짧은 접촉시간과 아황산가스가 석회분말의 표면 안으로 침투되지 못해 아황산가스의 제거효율이 비교적 낮다.

16 매시간 5ton의 중유를 연소하는 보일러의 배연탈황에 수산화나트륨을 흡수제로 하여 부산물로서 아황산나트륨을 회수한다. 중유의 황분은 2.56%, 탈황을 90%로 하면 필요한 수산화나트륨의 이론적인 양은?

① 288kg/h
② 324kg/h
③ 386kg/h
④ 460kg/h

풀 이

$S + O_2 \rightarrow SO_2$

$SO_2 + 2NaOH \rightarrow Na_2SO_3 + H_2O$

$$\frac{5,000kg}{hr} \times \frac{2.56}{100} \times \frac{90}{100} \times \frac{2 \times 40kg}{32kg} = 288kg/hr$$

17 배출가스 중 황산화물 처리방법으로 가장 거리가 먼 것은?

① 석회석 주입법
② 석회수 세정법
③ 암모니아 흡수법
④ 2단 연소법

풀 이

질소산화물 처리 방법 : 2단 연소법

18 악취(냄새)의 물리적, 화학적 특성에 관한 설명으로 옳지 않은 것은?

① 일반적으로 증기압이 높을수록 냄새는 더 강하다고 볼 수 있다.
② 악취유발물질들은 paraffin과 CS_2를 제외하고는 일반적으로 적외선을 강하게 흡수한다.
③ 악취유발가스는 통상 활성탄과 같은 표면흡착제에 잘 흡착된다.
④ 악취는 물리적 차이보다는 화학적 구성에 의해서 결정된다는 주장이 더 지배적이다.

풀 이

악취는 화학적 구성보다는 물리적 차이에 의해서 결정된다는 주장이 더 지배적이다.

정답 13 ① 14 ④ 15 ① 16 ① 17 ④ 18 ④

19 악취처리방법 중 특히 인체에 독성이 있는 악취 유발물질이 포함된 경우의 처리방법으로 가장 부적합한 것은?

① 국소환기(local ventilation)
② 흡착(adsorption)
③ 흡수(absorption)
④ 위장(masking)

풀이
위장(masking)법은 냄새를 다른 냄새로 위장하는 방법으로 악취유발물질을 제거하지 못하기 때문에 인체에 독성이 있는 악취물질의 경우 처리 방법으로 부적합하다.

20 환기장치에서 후드(Hood)의 일반적인 흡인요령으로 거리가 먼 것은?

① 후드를 발생원에 근접시킨다.
② 국부적인 흡인방식을 택한다.
③ 충분한 포착속도를 유지한다.
④ 후드의 개구면적을 크게 한다.

풀이
후드의 개구면적을 작게 한다.

21 연소배기가스가 4,000Sm^3/hr인 굴뚝에서 정압을 측정하였더니 20mmH_2O였다. 여유율 20%인 송풍기를 사용할 경우 필요한 소요동력(kW)은? (단, 송풍기 정압효율은 80%, 전동기 효율은 70%이다.)

① 0.38
② 0.47
③ 0.58
④ 0.66

풀이
$$P(kW) = \frac{Q \times \triangle H}{102 \times \eta}$$
$$= \frac{\frac{4{,}000m^3}{hr} \times \frac{hr}{3600\sec} \times 20mmH_2O}{102 \times 0.7 \times 0.8} \times 1.2 = 0.4668kW$$

22 악취제거 시 화학적 산화법에 사용하는 산화제로 가장 거리가 먼 것은?

① O_3 ② $Fe_2(SO_4)_3$
③ $KMnO_4$ ④ NaOCl

풀 이

$Fe_2(SO_4)_3$: 수처리시 응집제로 사용됨.
악취처리시 사용하는 산화제 : O_3, $KMnO_4$, NaOCl, ClO_2, Cl_2 등

23 Cl_2 농도가 0.5%인 배출가스 10000 Sm^3/hr를 $Ca(OH)_2$ 현탁액으로 세정처리 시 필요한 $Ca(OH)_2$의 양은?(단, $Cl_2 + Ca(OH)_2 \rightarrow CaOCl_2 + H_2O$ 이다.)

① 약 137.4kg/h
② 약 145.3kg/hr
③ 약 150.3kg/hr
④ 약 165.2kg/hr

풀 이

$Cl_2 + Ca(OH)_2 \rightarrow CaOCl_2 + H_2O$
$22.4Sm^3 : 74kg = 10000Sm^3/hr \times 0.5/100 : X\ kg/hr$
$X = 165.1785kg/hr$

24 악취제거 방법에 관한 설명으로 틀린 것은?

① 물리흡착법이 주로 이용된다.
② 희석 방법은 악취를 대량의 공기로 희석시켜 감지되지 않도록 하는 염가의 방법이다.
③ 백금이나 금속 산화물 등의 산화 촉매를 이용하여 260~450℃ 정도의 온도에서 산화 처리할 수 있다.
④ 유기성의 냄새 유발 물질을 태워서 산화시키면 불완전 연소가 있더라도 냄새의 강도를 줄일 수 있다.

풀 이

유기성의 냄새 유발 물질을 태워서 산화시키면 완전 연소가 될 때 냄새의 강도를 줄일 수 있다. 불완전 연소 시 악취가 더 심해질 수 있다.

정답 19 ④ 20 ④ 21 ② 22 ② 23 ④ 24 ④

25 배출가스 중의 NO_x 제거법에 관한 설명 중 틀린 것은?

① 비선택적인 촉매환원에서는 NO_x뿐만 아니라, O_2까지 소비된다.
② 선택적 촉매환원법은 TiO_2와 V_2O_5를 혼합하여 제조한 촉매에 NH_3, H_2, CO, H_2S 등의 환원가스를 작용시켜 NOx를 N_2로 환원시키는 방법이다.
③ 선택적 촉매환원법의 최적온도 범위는 700~850℃ 정도이며, 보통 50% 정도의 NOx를 저감시킬 수 있다.
④ 배출가스 중의 NOx 제거는 연소조절에 의한 제어법보다 더 높은 NOx 제거효율이 요구되는 경우나 연소방식을 적용할 수 없는 경우에 사용된다.

풀이
선택적 비촉매환원법의 최적온도 범위는 700~850℃ 정도이며, 보통 50% 정도의 NOx를 저감시킬 수 있다.

26 염소가스를 함유하는 배출가스에 100kg의 수산화나트륨을 포함한 수용액을 순환 사용하여 100% 반응시킨다면 몇 kg의 염소가스를 처리할 수 있는가? (단, 표준상태 기준, $Cl_2 + 2NaOH \rightarrow NaCl + NaOCl + H_2O$ 이다.)

① 약 62kg
② 약 75kg
③ 약 89kg
④ 약 93kg

풀이
$Cl_2 + 2NaOH \rightarrow NaCl + NaOCl + H_2O$
71kg : 2 × 40kg = Xkg : 100kg
X = 88.75kg

27 벤츄리스크러버(Venturi scrubber)에 관한 설명으로 가장 거리가 먼 것은?

① 목부의 처리가스 속도는 보통 60 − 90m/s이다.
② 물방울 입경과 먼지 입경의 비는 충돌효율면에서 10 : 1 전후가 좋다.
③ 액가스비는 보통 0.3~1.5L/m^3 정도, 압력손실은 300~800 mmH_2O 전후이다.
④ 가압수식 중에서 집진율이 가장 높아 대단히 광범위하게 사용되며, 소형으로 대용량의 가스처리가 가능하다.

풀이
물방울 입경과 먼지 입경의 비는 충돌효율면에서 1 : 150 전후가 좋다.

28 후드에서 오염물질을 흡인하는 요령으로 틀린 것은?

① 후드를 발생원에 근접시킨다.
② 국부적인 흡인방식을 택한다.
③ 충분한 포착속도를 유지한다.
④ 후드의 개구면적을 크게 한다.

풀이
후드의 개구면적을 작게 한다.

29 선택적 촉매환원(SCR)법과 선택적 비촉매환원(SNCR)법이 주로 제거하는 오염물질은?

① 휘발성유기화합물
② 질소산화물
③ 황산화물
④ 악취물질

30 휘발유 자동차의 배출가스를 감소하기 위해 적용되는 삼원촉매 장치의 촉매물질 중 환원촉매로 사용되고 있는 물질은?

① Pt
② Ni
③ Rh
④ Pd

풀이
로듐(Rh) : 환원촉매, N_2로 환원
백금(Pt), 파라듐(Pd) : 산화촉매, CO_2와 H_2O로 산화

정답 25 ③ 26 ③ 27 ② 28 ④ 29 ② 30 ③

31 **흡수탑의 충전물에 요구되는 사항으로 거리가 먼 것은?**

① 단위 부피 내의 표면적이 클 것
② 간격의 단면적이 클 것
③ 단위 부피의 무게가 가벼울 것
④ 가스 및 액체에 대하여 내식성이 없을 것

풀이

가스 및 액체에 대하여 내식성이 있을 것

32 **연소과정에서 NOx의 발생 억제 방법으로 틀린 것은?**

① 2단 연소
② 저온도 연소
③ 고산소 연소
④ 배기가스 재순환

풀이

고산소 연소는 질소산화물의 발생을 촉진 시킨다.

33 **매시간 4ton의 중유를 연소하는 보일러의 배연탈황에 수산화나트륨을 흡수제로 하여 부산물로서 아황산나트륨을 회수한다. 중유 중 황성분은 3.5%, 탈황율이 98%라면 필요한 수산화나트륨의 이론량(kg/h)은? (단, 중유 중 황성분은 연소 시 전량 SO_2로 전환되며, 표준상태를 기준으로 한다.)**

① 230
② 343
③ 452
④ 553

풀이

$S + O_2 \rightarrow SO_2$

$SO_2 + 2NaOH \rightarrow Na_2SO_3 + H_2O$

$$\frac{4,000kg}{hr} \times \frac{3.5}{100} \times \frac{98}{100} \times \frac{2 \times 40kg}{32kg} = 343kg/hr$$

34 벤츄리스크러버의 액가스비를 크게 하는 요인으로 가장 거리가 먼 것은?

① 먼지 입자의 점착성이 클 때
② 먼지 입자의 친수성이 클 때
③ 먼지의 농도가 높을 때
④ 처리가스의 온도가 높을 때

풀이

먼지 입자의 친수성이 작을 때

35 충전탑에 사용되는 충전물에 관한 설명으로 옳지 않은 것은?

① 가스와 액체가 전체에 균일하게 분포될 수 있도록 하여야 한다.
② 충전물의 단면적은 기액 간의 충분한 접촉을 위해 작은 것이 바람직하다.
③ 하단의 충전물이 상단의 충전물에 의해 눌려 있으므로 이 하중을 견디는 내강성이 있어야 하며, 또한 충전물의 강도는 충전물의 형상에도 관련이 있다.
④ 충분한 기계적 강도와 내식성이 요구되며 단위부피 내의 표면적이 커야 한다.

풀이

충전물의 비표면적은 기액 간의 충분한 접촉을 위해 큰 것이 바람직하다.

36 흡수장치의 종류 중 기체분산형 흡수장치에 해당하는 것은?

① venturi scrubber
② spray tower
③ packed tower
④ plate tower

풀이

① venturi scrubber : 벤투리스크러버
② spray tower : 분무탑
③ packed tower : 충전탑
④ plate tower : 다공판탑
액측 저항이 클 경우 유리한 가스분산형 흡수장치: 단탑, 포종탑, 다공판탑, 기포탑 등
가스측 저항이 클 경우 유리한 액분산형 흡수장치: 충전탑, 분무탑, 벤투리 스크러버, 사이클론 스크러버 등

정답 31 ④ 32 ③ 33 ② 34 ② 35 ② 36 ④

37 **분무탑에 관한 설명으로 옳지 않은 것은?**

① 구조가 간단하고 압력손실이 적은 편이다.
② 침전물이 생기는 경우에 적합하며, 충전탑에 비해 설비비 및 유지비가 적게 드는 장점이 있다.
③ 분무에 큰 동력이 필요하고, 가스의 유출 시 비말동반이 많다.
④ 분무액과 가스의 접촉이 균일하여 효율이 우수하다.

풀 이

분무액과 가스의 접촉이 균일하게 운전하기 어려워 수용성기체에 유리하다.

38 **오염물질이 주위로 확산되지 않고 안전하게 후드에 유입되도록 조절한 공기의 속도와 적절한 안전율을 고려한 공기의 유속을 무엇이라 하는가?**

① 제어속도(Control Velocity)
② 상대속도(relative Velocity)
③ 질량속도(mass Velocity)
④ 부피속도(volumetric Velocity)

39 **가스처리방법 중 흡착(물리적 기준)에 관한 내용으로 가장 거리가 먼 것은?**

① 흡착열이 낮고 흡착과정이 가역적이다.
② 다분자 흡착이며 오염가스 회수가 용이하다.
③ 처리할 가스의 분압이 낮아지면 흡착량은 감소한다.
④ 처리가스의 온도가 올라가면 흡착량이 증가한다.

풀 이

처리가스의 온도가 올라가면 흡착량이 감소한다.

40 원형 Duct의 기류에 의한 압력손실에 관한 설명으로 옳지 않은 것은?

① 길이가 길수록 압력손실은 커진다.
② 유속이 클수록 압력손실은 커진다.
③ 직경이 클수록 압력손실은 작아진다.
④ 곡관이 많을수록 압력손실은 작아진다.

풀이

곡관이 많을수록 압력손실은 커진다.

41 악취 및 휘발성 유기화합물질 제거에 일반적으로 가장 많이 사용하는 흡착제는?

① 제올라이트　② 활성백토
③ 실리카겔　④ 활성탄

42 압력손실은 100~200mmH_2O 정도이고, 가스량 변동에도 비교적 적응성이 있으며, 흡수액에 고형분이 함유되어 있는 경우에는 흡수에 의해 침전물이 생기는 등 방해를 받는 세정장치로 가장 적합한 것은?

① 다공판탑　② 제트스크러버
③ 충전탑　④ 벤츄리스크러버

43 처리가스량 30000m^3/hr, 압력손실 300mmH_2O인 집진장치의 송풍기 소요동력은 몇kW가 되겠는가? (단, 송풍기의 효율은 30%)

① 53.7kW　② 66.7kW　③ 72.5kW　④ 81.7kW

풀이

$$P(kW) = \frac{Q \times \Delta H}{102 \times \eta}$$

$$= \frac{\frac{30000m^3}{hr} \times \frac{hr}{3600\sec} \times 300mmH_2O}{102 \times 0.3} = 81.6993kW$$

정답　37 ④　38 ①　39 ④　40 ④　41 ④　42 ③　43 ④

44 국소배기장치 중 후드의 설치 및 흡인방법과 거리가 먼 것은?

① 발생원에 최대한 접근시켜 흡인시킨다.
② 주 발생원을 대상으로 하는 국부적 흡인방식이다.
③ 흡인속도를 크게 하기 위해 개구면적을 넓게 한다.
④ 포착속도(Capture velocity)를 충분히 유지시킨다.

풀이

흡인속도를 크게 하기 위해 개구면적을 좁게 한다.

45 흡수에 관한 설명으로 옳지 않은 것은?

① 습식세정장치에서 세정흡수효율을 세정수량이 클수록, 가스의 용해도가 클수록, 헨리정수가 클수록 커진다.
② SiF_4, HCHO 등은 물에 대한 용해도가 크나, NO, NO_2 등은 물에 대한 용해도가 작은편이다.
③ 용해도가 작은 기체의 경우에는 헨리의 법칙이 성립한다.
④ 헨리정수($atm \cdot m^3/kg \cdot mol$)값은 온도에 따라 변하며, 온도가 높을수록 그 값이 크다.

풀이

습식세정장치에서 세정흡수효율을 액가스비가 클수록, 가스의 용해도가 클수록, 헨리정수가 작을수록 커진다.

46 흡수탑에 적용되는 흡수액 선정 시 고려할 사항으로 가장 거리가 먼 것은?

① 휘발성이 커야 한다.
② 용해도가 커야 한다.
③ 비점이 높아야 한다.
④ 점도가 낮아야 한다.

풀이

휘발성이 작아야 한다.

47 유해가스 처리를 위한 흡수액의 선정조건으로 옳은 것은?

① 용해도가 적어야 한다.
② 휘발성이 적어야 한다.
③ 점성이 높아야 한다.
④ 용매의 화학적 성질과 확연히 달라야 한다.

풀이

① 용해도가 커야 한다.
③ 점성이 작아야 한다.
④ 용매의 화학적 성질과 비슷해야 한다.

48 휘발성유기화합물(VOCs)의 배출량을 줄이도록 요구받을 경우 그 저감방안으로 가장 거리가 먼 것은?

① VOCs 대신 다른 물질로 대체한다.
② 용기에서 VOCs 누출 시 공기와 희석시켜 용기 내 VOCs 농도를 줄인다.
③ VOCs를 연소시켜 인체에 덜 해로운 물질로 만들어 대기 중으로 방출시킨다.
④ 누출되는 VOCs를 고체흡착제를 사용하여 흡착 제거한다.

풀이

희석에 의해 농도를 줄이는 방법으로는 배출량을 줄일 수 없다.

49 충전탑(Packed tower) 내 충전물이 갖추어야 할 조건으로 적절하지 않은 것은?

① 단위체적당 넓은 표면적을 가질 것
② 압력손실이 작을 것
③ 충전밀도가 작을 것
④ 공극율이 클 것

풀이

충전밀도가 클 것

정답 44 ③ 45 ① 46 ① 47 ② 48 ② 49 ③

50 **벤튜리스크러버의 특성에 관한 설명으로 옳지 않은 것은?**

① 유수식 중 집진율이 가장 높고, 목부의 처리가스유속은 보통 15~30m/s 정도이다.
② 물방울 입경과 먼지 입경의 비는 150 : 1 전후가 좋다,
③ 액가스비의 경우 일반적으로 친수성은 10μm 이상의 큰 입자가 0.3L/m^3 전후이다.
④ 먼지 및 가스유동에 민감하고 대량의 세정액이 요구된다.

풀 이

유수식 중 집진율이 가장 높고, 목부의 처리가스유속은 보통 60~90m/s 정도이다.

51 **시간당 5톤의 중유를 연소하는 보일러의 배기가스를 수산화나트륨 수용액으로 세정하여 탈황하고 부산물로 아황산나트륨을 회수하려고 한다. 중유 중 황(S)함량이 2.56%, 탈활장치의 탈황효율이 87.5%일 때, 필요한 수산화나트륨의 이론량은 시간당 몇 kg인가?**
(단, 황은 전량 SO_2가 된다. $SO_2 + 2NaOH \rightarrow Na_2SO_3 + H_2O$)

① 300kg
② 280kg
③ 250kg
④ 225kg

풀 이

$S + O_2 \rightarrow SO_2$
$SO_2 + 2NaOH \rightarrow Na_2SO_3 + H_2O$
$\frac{5{,}000kg}{hr} \times \frac{2.56}{100} \times \frac{87.5}{100} \times \frac{2 \times 40kg}{32kg} = 280kg/hr$

52 **덕트설치 시 주요원칙으로 거리가 먼 것은?**

① 공기가 아래로 흐르도록 하향구배를 만든다.
② 구부러짐 전후에는 청소구를 만든다.
③ 밴드는 가능하면 완만하게 구부리며, 90°는 피한다.
④ 덕트는 가능한 한 길게 배치하도록 한다.

풀 이

덕트는 가능한 한 짧게 배치하도록 한다.

PART 02

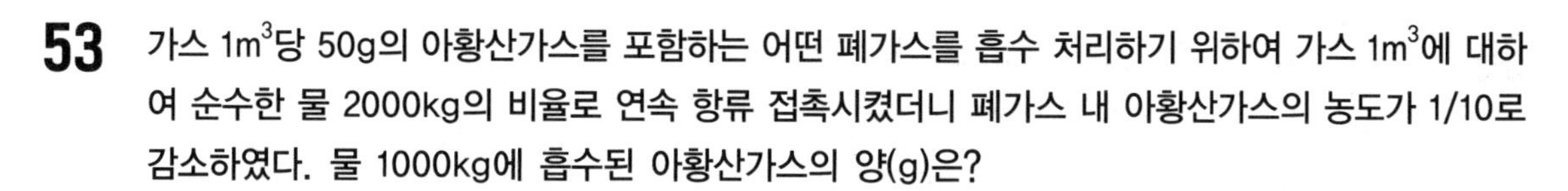

53 가스 $1m^3$당 50g의 아황산가스를 포함하는 어떤 폐가스를 흡수 처리하기 위하여 가스 $1m^3$에 대하여 순수한 물 2000kg의 비율로 연속 향류 접촉시켰더니 폐가스 내 아황산가스의 농도가 1/10로 감소하였다. 물 1000kg에 흡수된 아황산가스의 양(g)은?

① 11.5
② 22.5
③ 33.5
④ 44.5

풀이

$$50g \times \frac{9}{10} \times \frac{1000kg}{2000kg} = 22.5g$$

54 저 NOx 연소기술 중 배가스 순환기술에 관한 설명으로 거리가 먼 것은?

① 일반적으로 배가스 재순환비율은 연소공기 대비 10~20%에서 운전된다.
② 희석에 의한 산소농도 저감효과보다는 화염온도 저하효과가 작기 때문에, 연료 NOx보다는 고온 NOx 억제효과가 작다.
③ 장점으로 대부분의 다른 연소제어기술과 병행해서 사용할 수 있다.
④ 저 NOx 버너와 같이 사용하는 경우가 많다.

풀이

희석에 의한 산소농도 저감효과보다는 화염온도 저하효과가 크기 때문에, 연료 NOx보다는 고온 NOx 억제효과가 크다.

55 유해가스 처리를 위한 흡수액의 구비조건으로 거리가 먼 것은?

① 용해도가 커야 한다.
② 휘발성이 적어야 한다.
③ 점성이 커야 한다.
④ 용매의 화학적 성질과 비슷해야 한다.

풀이

점성이 작아야 한다.

정답 50 ① 51 ② 52 ④ 53 ② 54 ② 55 ③

56 **벤츄리 스크러버에 관한 설명으로 가장 적합한 것은?**

① 먼지부하 및 가스유동에 민감하다.
② 집진율이 낮고 설치 소요면적이 크며, 가압수식 중 압력손실이 매우 크다.
③ 액가스비가 커서 소량의 세정액이 요구된다.
④ 점착성, 조해성 먼지처리 시 노즐막힘 현상이 현저하여 처리가 어렵다.

풀이
② 집진율이 높고 설치 소요면적이 적으며, 가압수식 중 압력손실을 매우 크다.
③ 액가스비가 커서 대량의 세정액이 요구된다.
④ 점착성, 조해성 먼지처리가 용이하다.

57 **처리가스량 25420m^3/h, 압력손실이 100mmH$_2$O인 집진장치의 송풍기 소요동력(kW)은 약 얼마인가?(단, 송풍기 효율은 60%, 여유율은 1.3이다.)**

① 9
② 12
③ 15
④ 18

풀이

$$P(kW) = \frac{Q \times \triangle H}{102 \times \eta} \times \alpha$$

$$= \frac{\frac{25,420m^3}{hr} \times \frac{hr}{3600\sec} \times 100mmH_2O}{102 \times 0.6} \times 1.3 = 14.9990kW$$

58 **탈취방법 중 촉매연소법에 관한 설명으로 옳지 않은 것은?**

① 직접연소법에 비해 질소산화물의 발생량이 높고, 고농도로 배출된다.
② 직접연소법에 비해 연료소비량이 적어 운전비는 절감되나, 촉매독이 문제가 된다.
③ 적용 가능한 악취성분은 가연성 악취성분, 황화수소, 암모니아 등이 있다.
④ 촉매는 백금, 코발트, 니켈 등이 있으며, 고가이지만 성능이 우수한 백금계의 것이 많이 이용된다.

풀이
직접연소법에 비해 질소산화물의 발생량이 낮고, 비교적 낮은 농도의 오염물질이 유입될 때 사용한다.

59 다음은 물리흡착과 화학흡착의 비교표이다. 비교 내용 중 옳지 않은 것은?

	구 분	물리흡착	화학흡착
가	온도 범위	낮은 온도	대체로 높은 온도
나	흡착층	단일 분자층	여러 층이 가능
다	가역 정도	가역성이 높음	가역성이 낮음
라	흡착열	낮음	높음 (반응열 정도)

① 가
② 나
③ 다
④ 라

풀이

	구 분	물리흡착	화학흡착
나	흡착층	여러 층이 가능	단일 분자층

60 세정집진장치의 특징으로 옳지 않은 것은?

① 압력손실이 작아 운전비가 적게 든다.
② 소수성 입자의 집진율이 낮은 편이다.
③ 점착성 및 조해성 분진의 처리가 가능하다.
④ 연소성 및 폭발성 가스의 처리가 가능하다.

풀이

압력손실이 크고 운전비가 많이 든다.

정답 56 ① 57 ③ 58 ① 59 ② 60 ①

Chapter 03 연료와 연소

제1절 연료

01 다음 석탄의 특성에 관한 설명으로 옳은 것은?

① 고정탄소의 함량이 큰 연료는 발열량이 높다.
② 회분이 많은 연료는 발열량이 높다.
③ 탄화도가 높을수록 착화온도는 낮아진다.
④ 휘발분 함량과 매연발생량은 무관하다.

풀이
② 회분이 많은 연료는 발열량이 낮다.
③ 탄화도가 높을수록 착화온도는 높아진다.
④ 휘발분 함량이 많을수록 매연발생량은 증가하다.

02 연료의 성질에 관한 설명 중 옳지 않은 것은?

① 휘발분의 조성은 고탄화도의 역청탄에서는 탄화수소가스 및 타르 성분이 많아 발열량이 높다.
② 석탄의 탄화도가 낮으면 탄화수소가 감소하며 수분과 이산화탄소가 증가하여 발열량은 낮아진다.
③ 고정탄소는 수분과 이산화탄소의 합을 100에서 제외한 값이다.
④ 고정탄소와 휘발분의 비를 연료비라 한다.

풀이
고정탄소는 수분과 회분과 휘발분의 합을 100에서 제외한 값이다.
고정 탄소(%) = 100 − {수분(%) + 회분(%) + 휘발분(%)}

03 연료 중 탄수소비(C/H비)에 관한 설명으로 옳지 않은 것은?

① 액체 연료의 경우 중유 > 경유 > 등유 > 휘발유 순이다.
② C/H비가 작을수록 비점이 높은 연료는 매연이 발생되기 쉽다.
③ C/H비는 공기량, 발열량 등에 큰 영향을 미친다.
④ C/H비가 클수록 휘도는 높다.

풀이
C/H비가 클수록 비점이 높은 연료는 매연이 발생되기 쉽다.

04 연료에 대한 설명으로 거리가 먼 것은?

① 액체연료는 대체로 저장과 운반이 용이한 편이다.
② 기체연료는 연소효율이 높고 검댕이 거의 발생하지 않는다.
③ 고체연료는 연소 시 다량의 과잉 공기를 필요로 한다.
④ 액체연료는 황분이 거의 없는 청정연료이며, 가격이 싼 편이다.

풀이
기체연료는 황분이 거의 없는 청정연료이며, 가격이 싼 편이다.

05 다음 중 연료형태에 따른 연소의 종류에 해당하지 않는 것은?

① 분해연소
② 조연연소
③ 증발연소
④ 표면연소

풀이
① 분해연소 : 석탄, 목재, 중유
③ 증발연소 : 휘발유, 경유, 왁스
④ 표면연소 : 코크스, 숯

정답 01 ① 02 ③ 03 ② 04 ④ 05 ②

06 **다음 연소의 종류 중 니트로글리세린과 같이 공기 중의 산소 공급 없이 그 물질의 분자 자체에 함유하고 있는 산소를 이용하여 연소하는 것은?**

① 분해연소
② 증발연소
③ 자기연소
④ 확산연소

풀 이

① 표면연소 : 코크스, 숯
② 분해연소 : 석탄, 목재, 중유
③ 증발연소 : 휘발유, 경유, 왁스
④ 확산연소 : 기체연료
⑤ 자기연소 : 니트로글리세린

07 **휘발유, 등유, 알코올, 벤젠 등 액체연료의 연소방식에 해당하는 것은?**

① 자기연소
② 확산연소
③ 증발연소
④ 표면연소

풀 이

① 자기연소 : 니트로글리세린
② 확산연소 : 기체연료
④ 표면연소 : 고체연료

08 **액체연료의 특징으로 옳지 않은 것은?**

① 저장 및 계량, 운반이 용이하다.
② 점화, 소화 및 연소의 조절이 쉽다.
③ 발열량이 높고 품질이 대체로 일정하며 효율이 높다.
④ 소량의 공기로 완전 연소되며 검댕발생이 없다.

풀 이

기체연료 : 소량의 공기로 완전 연소되며 검댕발생이 없다.

09 액화석유가스에 관한 설명으로 옳지 않은 것은?

① 저장설비비가 많이 든다.
② 황분이 적고 독성이 없다.
③ 비중이 공기보다 가볍고, 누출될 경우 쉽게 인화 폭발될 수 있다.
④ 유지 등을 잘 녹이기 때문에 고무 패킹이나 유지로 된 도포제로 누출을 막는 것은 어렵다.

풀이
비중이 공기보다 무거워 누출될 경우 인화 폭발 위험성이 크다.

10 착화온도(발화점)에 대한 특성으로 옳지 않은 것은?

① 분자구조가 복잡할수록 착화온도는 낮아진다.
② 산소농도가 낮을수록 착화온도는 낮아진다.
③ 발열량이 클수록 착화온도는 낮아진다.
④ 화학 반응성이 클수록 착화온도는 낮아진다.

풀이
산소농도가 낮을수록 착화온도는 높아진다.

11 다음 연소의 종류 중 흑연, 코크스, 목탄 등과 같이 대부분 탄소만으로 되어 있는 고체연료에서 관찰되는 연소형태는?

① 표면연소
② 내부연소
③ 증발연소
④ 자기연소

정답 06 ③ 07 ③ 08 ④ 09 ③ 10 ② 11 ①

12 **액화석유가스(LPG)에 관한 설명으로 옳지 않은 것은?**

① 비중이 공기보다 작고, 상온에서 액화가 되지 않는다.
② 액체에서 기체로 될 때, 증발열이 발생한다.
③ 프로판과 부탄을 주성분으로 하는 혼합물이다.
④ 발열량이 20000~30000kcal/Sm^3 정도로 높다.

풀이
비중이 공기보다 무거워 누출될 경우 인화 폭발 위험성이 크며 상온에서 액화가 가능하다.
1기압하에서 −42℃ 정도 또는 상온에서 7kg/cm^2 이상의 압력을 가하여 냉각하여 액화가 가능한 연료이다.(프로판 기준이며 부탄은 −0.5℃에서 냉각됨)

13 **기체연료의 일반적 특징으로 가장 거리가 먼 것은?**

① 저발열량의 것으로 고온을 얻을 수 있다.
② 연소효율이 높고 검댕이 거의 발생하지 않으나, 많은 과잉공기가 소모된다.
③ 저장이 곤란하고 시설비가 많이 드는 편이다.
④ 연료 속에 황이 포함되지 않은 것이 많고, 연소조절이 용이하다.

풀이
연소효율이 높고 검댕이 거의 발생하지 않으며, 적은 과잉공기가 소모된다.

14 **화염으로부터 열을 받으면 가연성 증기가 발생하는 연소로서 휘발유, 등유, 알코올, 벤젠 등의 액체연료로 연소형태는?**

① 증발 연소
② 자기 연소
③ 표면 연소
④ 발화 연소

15 가연성 가스의 폭발범위와 위험성에 대한 설명으로 가장 거리가 먼 것은?

① 하한값은 낮을수록, 상한값은 높을수록 위험하다.
② 폭발범위가 넓을수록 위험하다.
③ 온도와 압력이 낮을수록 위험하다.
④ 불연성 가스를 첨가하면 폭발범위가 좁아진다.

풀이

온도와 압력이 높을수록 위험하다.

16 착화온도에 관한 다음 설명 중 옳지 않은 것은?

① 반응활성도가 클수록 높아진다.
② 분자구조가 간단할수록 높아진다.
③ 산소농도가 클수록 낮아진다.
④ 발열량이 낮을수록 높아진다.

풀이

반응활성도(화학반응성)가 클수록 낮아진다.

17 기체연료의 특징과 거리가 먼 것은?

① 저장이 용이, 시설비가 적게 든다.
② 점화 및 소화가 간단하다.
③ 부하의 변동범위가 넓다.
④ 연소 조절이 용이하다.

풀이

저장이 용이하지 못하며, 시설비가 많이 든다.

정답 12 ① 13 ② 14 ① 15 ③ 16 ① 17 ①

18 **액체연료의 연소형태와 거리가 먼 것은?**

① 액면연소
② 표면연소
③ 분무연소
④ 증발연소

풀 이

고체연료 : 표면연소

19 **연소공정에서 과잉공기량의 공급이 많을 경우 발생하는 현상으로 거리가 먼 것은?**

① 연소실의 온도가 낮게 유지된다.
② 배출가스의 의한 열손실이 증대된다.
③ 황산화물에 의한 전열면의 부식을 가중시킨다.
④ 매연발생이 많아진다.

풀 이

매연발생은 줄어든다.

20 **다음 중 흑연, 코크스, 목탄 등과 같이 대부분 탄소만으로 되어 있고, 휘발성분이 거의 없는 연소의 형태로 가장 적합한 것은?**

① 자기연소
② 확산연소
③ 표면연소
④ 분해연소

풀 이

① 자기연소 : 니트로글리세린과 같은 물질의 연소형태로서 공기 중의 산소 공급 없이 연소
② 확산연소 : 기체연료의 연소방법으로 주로 탄화수소가 적은 발생로가스, 고로가스 등에 적용되는 연소방식
④ 분해연소 : 목재, 석탄, 타르 등은 연소 초기에 열분해에 의해 가연성 가스가 생성되고, 이것이 긴 화염을 발생시키면서 연소하는 방식

21 **연소시 발생되는 NOx는 원인과 생성기전에 따라 3가지로 분류하는데, 분류항목에 속하지 않는 것은?**

① fuel NOx
② noxious NOx
③ prompt NOx
④ thermal NOx

22 **석유계 액체연료의 탄수소비(C/H)에 대한 설명 중 옳지 않은 것은?**

① C/H 비가 클수록 이론공연비가 증가한다.
② C/H 비가 클수록 방사율이 크다.
③ 중질연료일수록 C/H 비가 크다.
④ C/H 비가 클수록 비교적 점성이 높은 연료이며, 매연이 발생되기 쉽다.

풀 이

C/H 비가 클수록 이론공연비가 감소한다.

23 **미분탄 연소방식의 특징으로 틀린 것은?**

① 부하변동에 쉽게 적응할 수 있다.
② 비교적 저질탄도 유효하게 사용할 수 있다.
③ 연료의 접촉표면이 크므로 작은 공기비로도 연소가 가능하다.
④ 고효율이 요구되는 소규모 연소 장치에 적합하다.

풀 이

대규모 대형 연소 장치에 적합하다.

정답 18 ② 19 ④ 20 ③ 21 ② 22 ① 23 ④

24 기체연료의 연소 특성으로 틀린 것은?

① 적은 과잉공기를 사용하여도 완전연소가 가능하다.
② 저장 및 수송이 불편하며 시설비가 많이 소요된다.
③ 연소효율이 높고 매연이 발생하지 않는다.
④ 부하의 변동범위가 넓어 연소조절이 어렵다.

풀이

부하의 변동범위가 넓어 연소조절이 용이하다.

25 액화천연가스의 대부분을 차지하는 구성성분은?

① CH_4　　② C_2H_6
③ C_3H_8　　④ C_4H_{10}

26 석탄의 탄화도가 증가하면 감소하는 것은?

① 비열　　② 발열량
③ 고정탄소　　④ 착화온도

풀이

탄화도 증가 → 발열량, 고정탄소, 착화온도 증가
탄화도 감소 → 비열, 휘발분, 매연 감소, 연소속도 감소

27 황함량이 가장 낮은 연료는?

① LPG　　② 중유
③ 경유　　④ 휘발유

풀이

황함량 : 천연가스 < LPG < 휘발유 < 등유 < 경유 < 중유 < 석탄

28 연소에 대한 설명으로 가장 거리가 먼 것은?

① 연소용 공기 중 버너로 공급되는 공기는 1차공기이다.
② 연소온도에 가장 큰 영향을 미치는 인자는 연소용 공기의 공기비이다.
③ 소각로의 연소효율을 판단하는 인자는 배출가스 중 이산화탄소의 농도이다.
④ 액체연료에서 연료의 C/H 비가 작을수록 검댕의 발생이 쉽다.

풀이

액체연료에서 연료의 C/H 비가 클수록 검댕의 발생이 쉽다.

29 중유는 A, B, C로 구분된다. 이것을 구분하는 기준은?

① 점도
② 비중
③ 착화온도
④ 유황함량

풀이

동점도에 따른 중유 분류(at 50℃)
중유A : 20 mm^2/sec 이하
중유B : 20~50 mm^2/sec
중유C : 50~500 mm^2/sec

30 액화석유가스(LPG)에 대한 설명으로 옳지 않은 것은?

① 황분이 적고 유독성분이 거의 없다.
② 사용에 편리한 기체연료의 특징과 수송 및 저장에 편리한 액체연료의 특징을 겸비하고 있다.
③ 천연가스에서 회수되기도 하지만 대부분은 석유정제 시 부산물로 얻어진다.
④ 비중이 공기보다 가벼워 누출될 경우 인화 폭발 위험성이 크다.

풀이

비중이 공기보다 무거워 누출될 경우 인화 폭발 위험성이 크다.

정답 24 ④ 25 ① 26 ① 27 ① 28 ④ 29 ① 30 ④

제 2 절 연소

01 **중유 1kg에 수소 0.15kg, 수분 0.002kg 이 포함되어 있고, 고위발열량이 10,000kcal/kg일 때, 이 중유 3kg의 저위발열량은 대략 몇 kcal인가?**

① 29,990
② 27,560
③ 10,000
④ 9,200

풀이

- 저위발열량 = 고위발열량 − 600(9H + W)
  = 10,000kcal/kg − 600(9 × 0.15 + 0.002) = 9,188.8kcal/kg
- 중유 3kg의 저위발열량
  9,188.8kcal/kg × 3kg = 27,566.4kcal/kg

02 **A 폐기물의 조성이 탄소 42%, 산소 34%, 수소 8%, 황 2%, 회분 14%이었다. 이 때 고위발열량을 구하면?**

① 약 4,070kcal/kg
② 약 4,120kcal/kg
③ 약 4,300kcal/kg
④ 약 4,730kcal/kg

풀이

Dulong의 고위발열량 식을 이용한다.

$$Dulong\text{식}(H_h): 8,100C + 34,250\left(H - \frac{O}{8}\right) + 2,250S$$

$$= 8,100 \times 0.42 + 34,250\left(0.08 - \frac{0.34}{8}\right) + 2,250 \times 0.02 = 4731.375\text{kcal/kg}$$

03 **다음 중 연소와 관련된 설명으로 가장 적합한 것은?**

① 공연비는 예혼합연소에 있어서의 공기와 연료의 질량비(또는 부피비)이다.
② 등가비가 1보다 큰 경우, 공기가 과잉인 경우로 열손실이 많아진다.
③ 등가비와 공기비는 상호 비례관계가 있다.
④ 최대탄산가스량(%)은 실제 건조연소 가스량을 기준한 최대탄산가스의 용적 백분율이다.

풀이

② 등가비가 1보다 작은 경우, 공기가 과잉인 경우로 열손실이 많아진다.
③ 등가비와 공기비는 상호 반비례관계가 있다.
④ 최대탄산가스량(%)은 이론 건조연소 가스량을 기준한 최대탄산가스의 용적 백분율이다.

04 **에틸렌 1mol이 완전연소될 경우, 부피 기준 공연비(AFR)는? (단, 모든 기체는 이상기체 상태이며, 온도와 압력은 일정하고 공기 중 산소의 부피비는 0.21이다)** 2024년 지방직9급

① 3.0　② 9.5
③ 14.3　④ 24.5

풀이

$C_2H_4 + 3O_2 \rightarrow 2CO_2 + 2H_2O$
에틸렌 1mol이 반응하기 위해서 산소 3mol이 필요하다.
mol비는 부피비와 비례하므로

$$AFR(V/V) = \frac{\text{연소 시 필요한 공기의 부피}}{\text{연료의 부피}} = \frac{3 \times \frac{1}{0.21}}{1} = 14.2857$$

05 **연료 연소 시 공연비(AFR)가 이론량보다 작을 때 나타나는 현상으로 가장 적합한 것은?**

① 완전연소로 연소실 내의 열손실이 작아진다.
② 배출가스 중 일산화탄소의 양이 많아진다.
③ 연소실벽에 미연탄화물 부착이 줄어든다.
④ 연소효율이 증가하여 배출가스의 온도가 불규칙하게 증가 및 감소를 반복한다.

풀이

공연비가 이론량보다 작아지는 경우는 연료에 비해 공기의 양이 적을 때를 의미한다.
① 불완전연소가 일어난다.
③ 연소실벽에 미연탄화물 부착이 늘어난다.
④ 연소효율이 감소하여 배출가스의 온도가 불규칙하게 증가 및 감소를 반복한다.

06 **공기비가 너무 낮을 경우 나타나는 현상으로 틀린 것은?**

① 연소효율이 저하된다.
② 연소실 내의 연소온도가 낮아진다.
③ 가스의 폭발위험과 매연발생이 크다.
④ 가연성분과 산소의 접촉이 원활하게 이루어지지 못한다.

풀이

공기비가 너무 클 경우 연소실 내의 연소온도가 낮아진다.

정답 01 ② 02 ④ 03 ① 04 ③ 05 ② 06 ②

07 다음 중 연료의 연소과정에서 공기비가 낮을 경우 예상되는 문제점으로 가장 적합한 것은?

① 배출가스에 의한 열손실이 증가한다.
② 배출가스 중 CO와 매연이 증가한다.
③ 배출가스 중 SOx와 NOx의 발생량이 증가한다.
④ 배출가스의 온도저하로 저온부식이 가속화된다.

08 그을음 발생에 관한 설명으로 옳지 않은 것은?

① 분해나 산화하기 쉬운 탄화수소는 그을음 발생이 적다.
② C/H비가 큰 연료일수록 그을음이 잘 발생된다.
③ 탈수소보다 −C−C−의 탄소결합을 절단하는 것이 용이한 연료일수록 잘 발생된다.
④ 발생빈도의 순서는 '천연가스 < LPG < 제조가스 < 석탄가스 < 코크스'이다.

풀이

−C−C−의 탄소결합을 절단하는 것보다 탈수소가 용이한 연료일수록 잘 발생된다.

09 연소 시 매연 발생량이 가장 적은 탄화수소는?

① 나프텐계
② 올레핀계
③ 방향족계
④ 파라핀계

풀이

연료의 C/H 비가 클수록 검댕의 발생이 쉽다. 방향족계 탄화수소는 C/H비가 가장 커 매연의 발생량이 많고 파라핀계 탄화수소는 C/H비가 가장 작아 매연의 발생량이 적다.

① 나프텐계(naphten series) : 이중결합이 없는 C_nH_{2n}의 형태
  예 사이클로 프로판(C_3H_6), 사이클로헥산(C_6H_{12}) 등
② 올레핀계(Olefin series : Alkenes) : 이중결합을 포함한 C_nH_{2n}의 형태
  예 프로펜(C_3H_6), 부텐−1(C_4H_8), 펜텐−1(C_5H_{10}), 헥센(C_6H_{12}), 이소프렌(C_5H_8) 등
③ 방향족계(Aromatic series : Benzene derivatives) : 이중결합을 포함한 C_nH_{2n-6}의 형태
  예 벤젠(C_6H_6), 톨루엔(C_7H_8), 에틸 벤젠(C_8H_{10}) 등
④ 파라핀계((paraffine series : Alkanes) : C_nH_{2n+2}의 형태
  예 메탄(CH_4), 프로판(C_3H_8), 부탄(C_4H_{10}) 등

10 다음 중 폭굉유도거리가 짧아지는 요건으로 거리가 먼 것은?

① 정상의 연소속도가 작은 단일가스인 경우
② 관 속에 방해물이 있거나 관내경이 작을수록
③ 압력이 높을수록
④ 점화원의 에너지가 강할수록

풀이
정상의 연소속도가 큰 혼합가스인 경우

11 원소구성비(무게)가 C = 75%, O = 9%, H = 13%, S = 3%인 석탄 1kg을 완전연소 시킬 때 필요한 이론산소량은?

① 1.94kg
② 2.09kg
③ 2.66kg
④ 2.98kg

풀이
이론산소량 : 2.667C + 8H − O + S (kg/kg)
$2.667 \times 0.75 + 8 \times 0.13 - 0.09 + 0.03 = 2.9802$kg/kg

12 중량비가 C = 75%, H = 17%, O = 8%인 연료 2kg을 완전연소 시키는데 필요한 이론 공기량(Sm^3)은? (단, 표준상태 기준)

① 약 9.7
② 약 12.5
③ 약 21.9
④ 약 24.7

풀이
− 이론산소량 : 1.867C + 5.6H + 0.7S − 0.7O
$1.867 \times 0.75 + 5.6 \times 0.17 - 0.7 \times 0.08 = 2.2962Sm^3/kg$
− 이론공기량 : 이론산소량/0.21
$2.2962 / 0.21 = 10.9342Sm^3/kg$
− 연료 2kg을 연소 시 $10.9342Sm^3/kg \times 2kg = 21.8684Sm^3$

정답 07 ② 08 ③ 09 ④ 10 ① 11 ④ 12 ③

13 메탄올 5kg을 완전연소하려고 할 때 필요한 실제공기량은? (단, 과잉공기계수 m = 1.3)

① $22.5Sm^3$
② $25.0Sm^3$
③ $32.5Sm^3$
④ $37.5Sm^3$

풀이

$CH_3OH + 1.5O_2 \rightarrow CO_2 + 2H_2O$

- 이론산소량
  $32kg : 1.5 \times 22.4Sm^3 = 5kg : X$
  $X = 5.25Sm^3$
- 이론공기량: 이론산소량/0.21
  $5.25/0.21 = 25Sm^3$
- 실제공기량: 과잉공기비 × 이론공기량
  $1.3 \times 25 = 32.5Sm^3$

14 연소계산에서 연소 후 배출가스 중 산소농도가 6.2%라면 완전연소 시 공기비는?

① 1.15 ② 1.23
③ 1.31 ④ 1.42

풀이

- 완전연소시 과잉공기비(m) = $\frac{21}{21-O_2}$ = 21/(21 − 6.2) = 1.4189

15 중유 보일러의 배출가스를 분석한 결과, 부피비로 CO 3%, O_2 7%, N_2 90%일 때, 공기비는 약 얼마인가?

① 1.3 ② 1.65
③ 1.82 ④ 2.19

풀이

- 불완전연소 시 과잉공기비(m) = $\frac{N_2}{N_2 - 3.76(O_2 - 0.5CO)}$

$$= \frac{90}{90 - 3.76(7 - 0.5 \times 3)} = 1.2983$$

PART 02

16 탄소 85%, 수소 11.5%, 황 2.0% 들어 있는 중유 1kg당 12Sm^3의 공기를 넣어 완전 연소시킨다면, 표준상태에서 습윤 배출가스 중의 SO_2농도는? (단, 중유중의 S성분은 모두 SO_2로 된다.)

① 708ppm
② 808ppm
③ 1,107ppm
④ 1,408ppm

풀이

- 이론산소량 : 1.867C + 5.6H + 0.7S − 0.7O
  $1.867 \times 0.85 + 5.6 \times 0.115 + 0.7 \times 0.02 = 2.2449Sm^3$
- 이론공기량 : 이론산소량/0.21
  $2.2449 / 0.21 = 10.69Sm^3$
- 이론공기중 질소 : 이론공기량 × 0.79
  $10.69 \times 0.79 = 8.4451Sm^3$
- 과잉공기량 : 실제공기량 − 이론공기량
  $12 - 10.69 = 1.31Sm^3$
- CO_2 배출량
  $C + O_2 \rightarrow CO_2$
  $12kg : 22.4Sm^3 = 0.85kg : XSm^3$
  $X = 1.5866Sm^3$
- H_2O 배출량
  $2H_2 + O_2 \rightarrow 2H_2O$
  $2 \times 2kg : 2 \times 22.4Sm^3 = 0.115kg : XSm^3$
  $X = 1.288Sm^3$
- SO_2 배출량
  $S + O_2 \rightarrow SO_2$
  $32kg : 22.4Sm^3 = 0.02kg : XSm^3$
  $X = 0.014Sm^3$
- 실제습연소가스량 : 이론공기중 질소량 + 과잉공기량 + 습연소생성물($CO_2 + H_2O + SO_2$)
  $8.4451Sm^3 + 1.31Sm^3 + 1.5866Sm^3 + 1.288Sm^3 + 0.014Sm^3 = 12.6437Sm^3$
- $SO_2(\%) = \frac{0.014}{12.6437} \times 10^6 = 1,107.2708ppm$

정답 13 ③ 14 ④ 15 ① 16 ③

17 **공기비가 작을 경우 연소실 내에서 발생될 수 있는 상황을 가장 잘 설명한 것은?**

① 가스의 폭발위험과 매연발생이 크다.
② 배기가스 중 NO_2 양이 증가한다.
③ 부식이 촉진된다.
④ 연소온도가 낮아진다.

풀이
공기비가 작을 경우 불완전연소로 인해 매연발생량이 커지고 불완전연소로 발생되는 탄화수소류와 일산화탄소, 유기탄소 등에 의해 폭발의 위험성은 커진다.

18 **일산화탄소 1Sm^3를 연소시킬 경우 배출된 건연소가스량 중 $(CO_2)_{max}$(%)는? (단, 완전 연소)**

① 약 28%　　② 약 35%
③ 약 52%　　④ 약 57%

풀이
$CO + 0.5O_2 \rightarrow CO_2$
- 이론산소량 : 0.5Sm^3
- 이론공기량 : 이론산소량/0.21
  0.5/0.21 = 2.3809Sm^3
- 이론공기중 질소량 : 이론공기량 × 0.79
  2.3809 × 0.79 = 1.8809Sm^3
- 이론건조가스량 : 이론공기중 질소량 + 건조연소생성물
  1.8809 + 1 = 2.8809Sm^3
- $CO_{2(max)}(\%) = \frac{CO_2}{\text{이론건조공기량}} \times 100$
  $= \frac{1}{2.8809} \times 100 = 34.7113\%$

19 **분자식이 C_mH_n인 탄화수소가스 1Sm^3의 완전연소에 필요한 이론산소량(Sm^3)은?**

① 4.8m + 1.2n　　② 0.21m + 0.79n
③ m + 0.56n　　④ m + 0.25n

풀이
$C_mH_n + \left(m + \frac{n}{4}\right)O_2 \rightarrow mCO_2 + \frac{n}{2}H_2O$
필요한 이론산소량은 (m + 0.25n)Sm^3 이다.

20 Methane과 Propane이 용적비 1 : 1의 비율로 조성된 혼합가스 $1Sm^3$를 완전연소 시키는데 $20Sm^3$의 실제공기가 사용되었다면 이 경우 공기비는?(단, 공기 중 산소는 20%(부피기준)이다.)

① 1.00
② 1.14
③ 1.68
④ 1.97

풀이

- $CH_4 + 2O_2 \rightarrow CO_2 + 2H_2O$
  이론산소량 : $0.5 \times 2Sm^3$
  이론공기량 : 이론산소량/0.2 = 1/0.2 = $5Sm^3$
- $C_3H_8 + 5O_2 \rightarrow 3CO_2 + 4H_2O$
  이론산소량 : $0.5 \times 5Sm^3$
  이론공기량 : 이론산소량/0.2 = 2.5/0.2 = $12.5Sm^3$
  공기비 : 실제공기/이론공기
  $\frac{20}{5 + 12.5} = 1.14$

21 Butane $1Sm^3$을 공기비 1.05로 완전연소시키면 연소가스 (건조)부피는 얼마인가?(단, 공기 중 산소는 20%(부피기준)이다.)

① $10.5Sm^3$
② $22.4Sm^3$
③ $31.6Sm^3$
④ $40.6Sm^3$

풀이

$C_4H_{10} + 6.5O_2 \rightarrow 4CO_2 + 5H_2O$
- 이론산소량 : $6.5Sm^3$
- 이론공기량 : 이론산소량/0.2
  $6.5/0.2 = 32.5Sm^3$
- 이론공기중 질소 : 이론공기량 × 0.8
  $32.5 \times 0.8 = 26Sm^3$
- 과잉공기량 : (m − 1) × 이론공기량
  $(1.05 - 1) \times 32.5 = 1.625Sm^3$
- 건조연소생성물(CO_2) : $4Sm^3$
- 건조연소가스 : 이론공기 중 질소 + 과잉공기 + 건조연소생성물
  $26 + 1.625 + 4 = 31.625Sm^3$

정답 17 ① 18 ② 19 ④ 20 ② 21 ③

22 0℃일 때의 물의 융해열과 100℃일 때 물의 기화열을 합한 열량(kcal/kg)은?

① 80

② 539

③ 619

④ 1025

풀이

융해열 : 80kcal/kg
기화열 : 539kcal/kg

23 다음 중 연소과정에서 등가비(equivalent ratio)가 1보다 큰 경우는?

① 공급연료가 과잉인 경우

② 배출가스 중 질소산화물이 증가하고 일산화탄소가 최소가 되는 경우

③ 공급연료의 가연성분이 불완전한 경우

④ 공급공기가 과잉인 경우

풀이

$$\text{등가비}(\Phi) = \frac{\text{실제 연소량 / 산화제}}{\text{완전연소를 위한 이상적 연료량 / 산화제}}$$

- 등가비 > 1 : 연료에 비해 공기가 부족, 불완전연소, 일산화탄소 발생량 증가
- 등가비 = 1 : 이상적인 연소 형태
- 등가비 < 1 : 연료에 비해 공기가 과잉, 질소산화물 증가

24 유황 함유량이 1.5%인 중유를 시간당 32톤 연소시킬 때 SO_2의 배출량(m^3/hr)은? (단, 표준상태 기준, 유황은 전량이 반응하고, 이 중 5%는 SO_3로서 배출되며, 나머지는 SO_2로 배출된다.)

① 3192

② 3.192

③ 31.92

④ 319.2

풀이

$$\frac{32ton}{hr} \times \frac{1.5}{100} \times \frac{95}{100} \times \frac{1000kg}{ton} \times \frac{22.4Sm^3}{32kg} = 319.2Sm^3/hr$$

25 다음 중 1Sm³의 중량이 2.59kg인 포화탄화수소 연료에 해당하는 것은?

① CH_4
② C_2H_6
③ C_3H_8
④ C_4H_{10}

풀이

$$\frac{Xkg}{22.4Sm^3} = 2.59kg/Sm^3$$

X = 58.016kg 이므로 이와 가장 가까운 분자량을 가진 연료는 C_4H_{10} 이다.

26 부탄가스를 완전연소시키기 위한 공기연료비(Air Fuel Ratio)는? (단, 부피기준이며 산소는 20%이다.)

① 15.5
② 20.5
③ 32.5
④ 35.0

풀이

연료 1Sm³ 로 가정하면

$C_4H_{10} + 6.5O_2 \rightarrow 4CO_2 + 5H_2O$

- 이론산소량 : 6.5Sm³
- 이론공기량 : 이론산소량/0.2
  6.5/0.2 = 32.5Sm³
- AFR : 32.5/1 = 32.5

27 주어진 기체연료 1Sm³를 이론적으로 완전연소 시키는데 가장 적은 이론산소량(Sm³)을 필요로 하는 것은?(단, 연소 시 모든 조건은 동일하다.)

① Methane
② Hydrogen
③ Ethane
④ Acetylene

풀이

① Methane : $CH_4 + 2O_2 \rightarrow CO_2 + 2H_2O$
② Hydrogen : $H_2 + 0.5O_2 \rightarrow H_2O$
③ Ethane : $C_2H_6 + 3.5O_2 \rightarrow 2CO_2 + 3H_2O$
④ Acetylene : $C_2H_2 + 2.5O_2 \rightarrow 2CO_2 + H_2O$

정답 22 ③ 23 ① 24 ④ 25 ④ 26 ③ 27 ②

28 **프로페인(C_3H_8)과 뷰테인(C_4H_{10})이 80vol% : 20vol%로 혼합된 기체 1Sm^3가 완전 연소될 때, 발생하는 CO_2의 부피[Sm^3]는?** 2023년 지방직9급

① 3.0 ② 3.2
③ 3.4 ④ 3.6

풀이

$C_3H_8 + 5O_2 \rightarrow 3CO_2 + 4H_2O$
$1 : 3 = 0.8Sm^3 : X$
$X = 2.4Sm^3$
$C_4H_{10} + 6.5O_2 \rightarrow 4CO_2 + 5H_2O$
$1 : 4 = 0.2Sm^3 : X$
$X = 0.8Sm^3$
$\therefore 2.4 + 0.8 = 3.2Sm^3$

29 **5L의 프로판가스(C_3H_8)를 완전 연소하고자 할 때, 필요한 산소기체의 부피[L]는 얼마인가? (단, 프로판가스와 산소기체는 이상기체이다)** 2021년 지방직9급

① 1.11 ② 5.00
③ 22.40 ④ 25.00

풀이

$C_3H_8 + 5O_2 \rightarrow 3CO_2 + 4H_2O$
계수비 = 부피비이므로 25L의 산소기체가 필요하다.

30 **0℃, 1기압에서 8g의 메탄(CH_4)을 완전 연소시키기 위해 필요한 공기의 부피[L]는?(단, 공기 중 산소의 부피 비율 20%, 탄소 원자량 = 12, 수소 원자량 = 1이다)** 2020년 지방직9급

① 56 ② 112
③ 224 ④ 448

풀이

① 필요한 산소의 양 산정
$CH_4 + 2O_2 \rightarrow CO_2 + H_2O$
$16g : 2 \times 22.4L = 8g : \square L$
$\square = 22.4L$
② 공기의 양 산정
$22.4L / 0.2 = 112L$

31 다음 ( )안에 알맞은 것은?

( ) 배출가스 중의 CO_2 농도는 최대가 되며, 이 때의 CO_2 량을 최대탄산가스량 $(CO_2)max$라 하고 CO_2/G_{od} 비로 계산한다.

① 실제공기량으로 연소시킬 때
② 공기부족상태에서 연소시킬 때
③ 연료를 다른 미연성분과 같이 불완전 연소시킬 때
④ 이론공기량으로 완전연소 시킬 때

32 수소 분자가 10 wt%, 수분이 15 wt% 함유된 도시 폐기물의 고위발열량이 3600kcal/kg일 때, Dulong식을 사용하여 계산한 저위발열량[kcal/kg]은? (단, 온도는 일정하고, 물의 증발열은 600 kcal/kg이다) 2024년 지방직9급

① 2730
② 2850
③ 2970
④ 3150

풀이

저위발열량 = 고위발열량 − 물의 증발잠열 = 고위발열량 − 600(9H + W)
= 3600 − 600(9 × 0.1 + 0.15) = 2970kcal/kg

33 수소 10%, 수분 0.5%인 중유의 고위발열량이 5000kcal/kg일 때 저위 발열량(kcal/kg)은?

① 4457
② 4512
③ 4676
④ 4714

풀이

저위발열량 = 고위발열량 − 600(9H + W)
= 5000kcal/kg − 600(9 × 0.1 + 0.005) = 4457kcal/kg

정답 28 ② 29 ④ 30 ② 31 ④ 32 ③ 33 ①

34 연소 배출가스 분석결과 CO_2 11.9%, O_2 7.0%일 때 과잉공기계수는 약 얼마인가?

① 1.2
② 1.5
③ 1.7
④ 1.9

풀이

완전연소 시 과잉공기비(m) = $\frac{21}{21-O_2}$ = 21/(21 − 7.0) = 1.5

35 1.5%(무게기준) 황분을 함유한 석탄 1240kg을 이론적으로 완전연소시킬 때 SO_2 발생량은? (단, 표준상태 기준이며, 황분은 전량 SO_2로 전환된다.)

① $13Sm^3$
② $18Sm^3$
③ $21Sm^3$
④ $24Sm^3$

풀이

$S + O_2 \rightarrow SO_2$

$$1240kg \times \frac{1.5}{100} \times \frac{22.4Sm^3_{-SO_2}}{32kg_{-S}} = 13.02Sm^3$$

36 기체연료 중 연소하여 수분을 생성하는 H_2와 C_xH_y 연소반응의 발열량 산출식에서 아래의 480이 의미하는 것은?

$$H_L = H_H - 480(H_2 + \Sigma y/2C_xH_y)\ (kcal/Sm^3)$$

① H_2O 1kg의 증발잠열
② H_2 1kg의 증발잠열
③ H_2O $1Sm^3$의 증발잠열
④ H_2 $1Sm^3$의 증발잠열

37 황 함유량 1.6wt%인 중유를 시간당 50ton으로 연소시킬 때 SO_2의 배출량(Sm^3/hr)은? (단, 표준상태를 기준으로 하고, 황은 100% 반응하며, 이 중 5%는 SO_3로 나머지는 SO_2로 배출된다.)

① 532 ② 560
③ 585 ④ 605

풀이

$S + O_2 \rightarrow SO_2$

$$\frac{50,000kg}{hr} \times \frac{1.6}{100} \times \frac{95}{100} \times \frac{22.4Sm^3_{-SO_2}}{32kg_{-S}} = 532Sm^3/hr$$

38 프로판의 고위발열량이 20000kcal/Sm^3이라면 저위발열량(kcal/Sm^3)은?

① 17040 ② 17620
③ 18080 ④ 18830

풀이

$C_3H_8 + 5O_2 \rightarrow 3CO_2 + 4H_2O$

저위발열량 = 고위발열량 − 물의 증발잠열

$= 20000 - 480 \times 4 = 18080$kcal/$Sm^3$

39 최적 연소부하율이 100,000kcal/m^3 · hr인 연소로를 설계하여 발열량이 5,000kcal/kg인 석탄을 200kg/hr로 연소하고자 한다면 이 때 필요한 연소로의 연소실 용적은? (단, 열효율은 100%이다.)

① 200m^3 ② 100m^3
③ 20m^3 ④ 10m^3

풀이

$$연소실용적 = \frac{발열량 \times 연료량}{연소부하율}$$

$$\frac{\frac{5000kcal}{kg} \times \frac{200kg}{hr}}{\frac{100,000kcal}{m^3 \cdot hr}} = 10m^3$$

정답 34 ② 35 ① 36 ③ 37 ① 38 ③ 39 ④

40

C = 82%, H = 15%, S = 3%의 조성을 가진 액체연료를 2kg/min으로 연소시켜 배기가스를 분석하였더니 CO_2 = 12.0%, O_2 = 5%, N_2 = 83%라는 결과를 얻었다. 이 때 필요한 연소용 공기량(Sm^3/hr)은?

① 약 1100　　② 약 1300
③ 약 1600　　④ 약 1800

풀 이

– 완전연소 시 과잉공기비(m) = $\frac{21}{21-O_2}$ = 21/(21 − 5) = 1.3125
– 이론산소량 : 1.867C + 5.6H + 0.7S − 0.7O
  1.867 × 0.82 + 5.6 × 0.15 + 0.7 × 0.03 = 2.3919Sm^3/kg
– 이론공기량 : 이론산소량/0.21 = 2.3919/0.21 = 11.39Sm^3/kg
– 실제공기량 : 이론공기량 × 과잉공기비 × 연료량
  = 11.39Sm^3/kg × 1.3125 × 2kg/min × 60min/hr = 1793.925Sm^3/hr

41

메탄올 2.0kg을 완전연소하는데 필요한 이론공기량(Sm^3)은?

① 2.5　　② 5.0
③ 7.5　　④ 10

풀 이

$CH_3OH + 1.5O_2 \rightarrow CO_2 + 2H_2O$
– 이론산소량
  32kg : 1.5 × 22.4Sm^3 = 2kg : XSm^3
  X = 2.1Sm^3
– 이론공기량 : 이론산소량/0.21
  2.1 / 0.21 = 10Sm^3

42

에탄(C_2H_6)의 고위발열량이 15520kcal/Sm^3일 때, 저위발열량(kcal/Sm^3)은? (단, H_2O 1Sm^3의 증발잠열은 480 kcal/Sm^3)

① 15380　　② 14560
③ 14080　　④ 13820

풀 이

$C_2H_6 + 3.5O_2 \rightarrow 2CO_2 + 3H_2O$
저위발열량 = 고위발열량 − 물의 증발잠열
= 15520 − 480 × 3 = 14080kcal/Sm^3

43 연소가스 분석결과 CO_2는 17.5%, O_2는 7.5%일 때 $(CO_2)_{max}$(%)는?

① 19.6 ② 21.6
③ 27.2 ④ 34.8

풀이

CO = 0 일 때 $CO_2max(\%) = \frac{21 \times CO_2}{21 - O_2}$

$CO_{2\,max}(\%) = \frac{21 \times 17.5}{21 - 7.5} = 27.2222\%$

44 프로판과 부탄이 용적이 3 : 2로 혼합된 가스 $1Sm^3$가 이론적으로 완전연소할 때 발생하는 CO_2의 양(Sm^3)은?

① 2.7 ② 3.2
③ 3.4 ④ 4.1

풀이

- 프로판(C_3H_8) : $0.6Sm^3$
  $C_3H_8 + 5O_2 \rightarrow 3CO_2 + 4H_2O$
  CO_2 발생량 : $0.6 \times 3 = 1.8Sm^3$
- 부탄(C_4H_{10}) : $0.4Sm^3$
  $C_4H_{10} + 6.5O_2 \rightarrow 4CO_2 + 5H_2O$
  CO_2 발생량 : $0.4 \times 4 = 1.6Sm^3$
- 총 CO_2 발생량 : $1.8 + 1.6 = 3.4Sm^3$

45 C 80%, H 20%로 구성된 액체 탄화수소 연료 1kg을 완전연소 시킬 때 발생하는 CO_2의 부피(Sm^3)는?

① 1.2 ② 1.5
③ 2.6 ④ 2.9

풀이

$C + O_2 \rightarrow CO_2$
$12kg : 22.4Sm^3 = 0.8kg : X$
$X = 1.4933Sm^3$

정답 40 ④ 41 ④ 42 ③ 43 ③ 44 ③ 45 ②

46 어떤 액체연료를 보일러에서 완전연소시켜 그 배출가스를 Orsat 분석 장치로서 분석하여 CO_2 15%, O_2 5%의 결과를 얻었다면, 이때 과잉공기계수는? (단, 일산화탄소 발생량은 없다.)

① 1.12 ② 1.19
③ 1.25 ④ 1.31

풀이

– 완전연소시 과잉공기비(m) = $\frac{21}{21-O_2}$ = 21/(21 − 5) = 1.3125

47 가로, 세로, 높이가 각각 3m, 1m, 2m인 연소실에서 연소실 열발생율을 2.5×10^5 kcal/m^3 · hr가 되도록 하려면 1시간에 중유를 몇 kg 연소시켜야 하는가? (단, 중유의 저위발열량은 10000 kcal/kg이다.)

① 50 ② 100
③ 150 ④ 200

풀이

$$연료량 = \frac{연소실\ 열발생율 \times 연소실\ 체적}{발열량}$$

$$\frac{\frac{2.5\times10^5 kcal}{m^3 \cdot hr}\times(3\times1\times2)m^3}{\frac{10000kcal}{kg}} = 150kg/hr$$

48 분자식 C_mH_n인 탄화수소 $1Sm^3$를 완전연소 시 이론공기량이 $19Sm^3$ 인 것은?

① C_2H_4 ② C_2H_2
③ C_3H_8 ④ C_3H_4

풀이

이론공기량이 $19Sm^3$ 이므로 이론산소량은 이론공기량 × 0.21 이므로 19 × 0.21 = $3.99Sm^3$ 이다.
① C_2H_4(에텐) : $C_2H_4 + 3O_2 \rightarrow 2CO_2 + 2H_2O$
② C_2H_2(아세틸렌) : $C_2H_2 + 2.5O_2 \rightarrow 2CO_2 + H_2O$
③ C_3H_8(프로판) : $C_3H_8 + 5O_2 \rightarrow 3CO_2 + 4H_2O$
④ C_3H_4(사이클로프로펜) : $C_3H_4 + 4O_2 \rightarrow 3CO_2 + 2H_2O$

49 황함유량 2.5%인 중유를 30ton/hr로 연소하는 보일러에서 배기가스를 NaOH 수용액으로 처리한 후 황성분을 전량 Na_2SO_3로 회수할 경우, 이때 필요한 NaOH의 이론량은? (단, 황성분은 전량 SO_2로 전환된다. $SO_2 + 2NaOH \rightarrow Na_2SO_3 + H_2O$ 이다.)

① 1750 kg/hr
② 1875 kg/hr
③ 1935 kg/hr
④ 2015 kg/hr

풀이

$S + O_2 \rightarrow SO_2$

$SO_2 + 2NaOH \rightarrow Na_2SO_3 + H_2O$

$$\frac{30,000kg}{hr} \times \frac{2.5}{100} \times \frac{2 \times 40kg}{32kg} = 1875kg/hr$$

50 부피비율로 프로판 30%, 부탄 70%로 이루어진 혼합가스 1L를 완전연소 시키는데 필요한 이론공기량(L)은?

① 23.1
② 28.8
③ 33.1
④ 38.8

풀이

− C_3H_8
  $C_3H_8 + 5O_2 \rightarrow 3CO_2 + 4H_2O$
  이론산소량 : $5 \times 0.3 = 1.5L$
− C_4H_{10}
  $C_4H_{10} + 6.5O_2 \rightarrow 4CO_2 + 5H_2O$
  이론산소량 : $6.5 \times 0.7 = 4.55L$
−이론공기량 : 이론산소량/0.21
$= (1.5 + 4.55)/0.21 = 28.8095L$

정답 46 ④ 47 ③ 48 ④ 49 ② 50 ②

51 수소 12%, 수분 1%를 함유한 중유 1kg의 발열량을 열량계로 측정하였더니 10000kcal/kg이었다. 비정상적인 보일러의 운전으로 인해 불완전연소에 의한 손실열량이 1400kcal/kg이라면 연소효율은?

① 82%　　② 85%
③ 87%　　④ 90%

풀이

$$- \eta = \frac{\text{유효열량} - \text{손실열량}}{\text{유효열량}} \times 100$$

$$\eta = \frac{9346 - 1400}{9346} \times 100 = 85.0203\%$$

← 유효열량
저위발열량 = 고위발열량 − 600(9H + W)
= 10000kcal/kg − 600(9 × 0.12 + 0.01) = 9346kcal/kg

52 15℃ 물 10L를 데우는 데 10L의 프로판가스가 사용되었다면 물의 온도는 몇 ℃로 되는가? (단, 프로판(C_3H_8)가스의 발열량은 448kcal/mole이고, 표준상태의 기체로 취급하며, 발열량은 손실 없이 전량 물을 가열하는 데 사용되었다고 가정한다.)

① 45　　② 50
③ 35　　④ 20

풀이

물의 비열: 1kcal/kg℃
물 10L = 10kg

$$10L_{-gas} \times \frac{1mol}{22.4L} \times \frac{448kcal}{mol} \times \frac{kg \cdot ℃}{1kcal} \times \frac{1}{10kg_{-물}} = 20℃$$

최종온도: 15 + 20 = 35℃

53 다음 중 과잉산소량(잔존 O_2량)을 옳게 표시한 것은? (단, A: 실제공기량, A_0: 이론공기량, m: 공기과잉계수(m > 1), 표준상태이며, 부피기준임)

① $0.21mA_0$
② $0.21(m-1)A_0$
③ $0.21mA$
④ $0.21(m-1)A$

PART 02

54 연소반응에서 반응속도상수 k를 온도의 함수인 다음 반응식으로 나타낸 법칙은?

$$k = k_0 \times e^{-E/RT}$$

① Henry's Law
② Fick's Law
③ Arrhenius's Law
④ Van der Waals's Law

55 프로판(C_3H_8)과 에탄(C_2H_6)의 혼합가스 $1Sm^3$를 완전연소 시킨 결과 배기가스 중 이산화탄소(CO_2)의 생성량이 $2.8Sm^3$이었다. 이 혼합가스의 mol비(C_3H_8/C_2H_6)는 얼마인가?

① 0.25
② 0.5
③ 2.0
④ 4.0

풀이

에탄 : X Sm^3, 프로판 : 1 − X Sm^3

− C_2H_6

$C_2H_6 + 3.5O_2 \rightarrow 2CO_2 + 3H_2O$

CO_2 : 2X Sm^3

− C_3H_8

$C_3H_8 + 5O_2 \rightarrow 3CO_2 + 4H_2O$

CO_2 : 3(1 − X) Sm^3

− 프로판/에탄

$2X + 3(1 - X) = 2.8Sm^3$

X : $0.2Sm^3$

프로판/에탄 = (1 − 0.2)/0.2 = 4.0

56 메탄의 고위발열량이 $9900kcal/Sm^3$이라면 저위발열량($kcal/Sm^3$)은?

① 8540
② 8620
③ 8790
④ 8940

풀이

$CH_4 + O_2 \rightarrow CO_2 + 2H_2O$

저위발열량 = 고위발열량 − 480 × ΣH_2O

= 9900 − 480 × 2 = $8940kcal/Sm^3$

정답 51 ② 52 ③ 53 ② 54 ③ 55 ④ 56 ④

57 **연소에 있어서 등가비(ø)와 공기비(m)에 관한 설명으로 옳지 않은 것은?**

① 공기비가 너무 큰 경우에는 연소실 내의 온도가 저하되고, 배가스에 의한 열손실이 증가한다.
② 등가비(ø) < 1인 경우, 연료가 과잉인 경우로 불완전연소가 된다.
③ 공기비가 너무 적을 경우 불완전연소로 연소효율이 저하된다.
④ 가스버너에 비해 수평수동화격자의 공기비가 큰 편이다.

풀 이

등가비(ø) > 1인 경우, 연료가 과잉인 경우로 불완전연소가 된다.

$$\text{등가비}(\Phi) = \frac{\text{실제 연소량 / 산화제}}{\text{완전연소를 위한 이상적 연료량 / 산화제}}$$

- 등가비 > 1: 연료에 비해 공기가 부족, 불완전연소, 일산화탄소 발생량 증가
- 등가비 = 1: 이상적인 연소 형태
- 등가비 < 1: 연료에 비해 공기가 과잉, 질소산화물 증가

제 3 절 자동차와 대기오염

01 **자동차 배출가스 발생에 관한 설명으로 가장 거리가 먼 것은?**

① 일반적으로 자동차의 주요 유해배출가스는 CO, NOx, HC 등이다.
② 휘발유 자동차의 경우 CO는 가속 시, HC는 정속 시, NOx는 감속 시에 상대적으로 많이 발생한다.
③ CO는 연료량에 비하여 공기량이 부족할 경우에 발생한다.
④ NOx는 높은 연소온도에서 많이 발생하며, 매연은 연료가 미연소하여 발생한다.

풀 이

휘발유 자동차의 경우 CO는 공회전 시, HC는 감속 시, NOx는 가속 시에 상대적으로 많이 발생한다.

02 **휘발유를 사용하는 가솔린기관에서 배출되는 오염물질의 설명 중 잘못된 것은? (단, 휘발유의 대표적인 화학식은 octane으로 가정, AFR은 중량비 기준)**

① AFR을 10에서 14로 증가시키면 CO 농도는 감소한다.
② AFR이 16까지는 HC 농도가 증가하나, 16이 지나면 HC 농도는 감소한다.
③ CO와 HC는 불완전연소 시에 배출비율이 높고, NOx는 이론 AFR 부근에서 농도가 높다.
④ AFR이 18 이상 정도의 높은 영역은 일반 연소기관에 적용하기는 곤란하다.

풀이

AFR이 16까지는 HC 농도가 감소하나, 16이 지나면 HC 농도는 증가한다.

03 다음 자동차 배출가스 중 삼원촉매장치가 적용되는 물질과 가장 거리가 먼 것은?

① CO ② SOx
③ NOx ④ HC

풀이

촉매(Pt, Rh, Pd)를 이용하여 HC, NOx, CO를 N_2, CO_2, H_2O로 처리하는 장치이다.

04 일반적인 가솔린 자동차 배기가스의 구성면에서 볼 때 다음 중 가장 많은 부피를 차지하는 물질은? (단, 가속상태 기준)

① 탄화수소
② 황산화물
③ 일산화탄소
④ 질소산화물

풀이

구분	HC	CO	NOx
발생량이 많을 때	감속	공회전	가속
발생량이 적을 때	정상운행	정상운행	공회전

05 가솔린 연료를 사용하는 차량은 엔진 가동형태에 따라 오염물질 배출량은 달라진다. 다음 중 통상적으로 탄화수소가 제일 많이 발생하는 엔진 가동형태는?

① 정속(60km/h)
② 가속
③ 정속(40km/h)
④ 감속

정답 57 ② / 01 ② 02 ② 03 ② 04 ④ 05 ④

Chapter 04 공정시험기준 및 법규

01 **대기오염공정시험기준의 화학분석 일반사항에서 시험의 기재 및 용어에 관한 설명으로 거리가 먼 것은?**

① 액체성분의 양을 “정확히 취한다” 함은 메스피펫, 메스실린더 정도의 정확도를 갖는 용량계 사용을 말한다.

② 시험조작 중 “즉시”란 30초 이내에 표시된 조작을 하는 것을 말한다.

③ “항량이 될 때 까지 건조한다”라 함은 따로 규정이 없는 한 보통의 건조방법으로 1시간 더 건조 시, 전후 무게의 차가 매 g 당 0.3mg 이하일 때를 말한다.

④ “정확히 단다”라 함은 규정한 량의 검체를 취하여 분석용 저울로 0.1mg까지 다는 것을 뜻한다.

풀 이

액체성분의 양을 “정확히 취한다” 함은 홀피펫, 눈금플라스크 또는 이와 동등 이상의 정도를 갖는 용량계를 사용하여 조작하는 것을 뜻한다.

02 **대기환경보전법규상 대기오염방지시설에 해당하지 않는 것은? (단, 기타사항 제외)**

① 음파집진시설

② 화학적침강시설

③ 미생물을 이용한 처리시설

④ 촉매반응을 이용하는 시설

풀 이

[시행규칙 별표 4] 대기오염방지시설(제6조 관련)

중력집진시설, 관성력집진시설, 원심력집진시설, 세정집진시설, 여과집진시설, 전기집진시설, 음파집진시설, 흡수에 의한 시설, 흡착에 의한 시설, 직접연소에 의한 시설, 촉매반응을 이용하는 시설, 응축에 의한 시설, 산화·환원에 의한 시설, 미생물을 이용한 처리시설, 연소조절에 의한 시설

03 **대기환경보전법령상 대기오염물질발생량의 합계가 연간 25톤인 사업장에 해당하는 것은? (단, 기타사항 제외)**

① 1종 사업장

② 2종 사업장

③ 3종 사업장

④ 4종 사업장

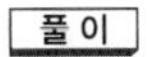

풀 이

✓ **사업장 분류기준**

종별	오염물질발생량 구분
1종사업장	대기오염물질발생량의 합계가 연간 80톤 이상인 사업장
2종사업장	대기오염물질발생량의 합계가 연간 20톤 이상 80톤 미만인 사업장
3종사업장	대기오염물질발생량의 합계가 연간 10톤 이상 20톤 미만인 사업장
4종사업장	대기오염물질발생량의 합계가 연간 2톤 이상 10톤 미만인 사업장
5종사업장	대기오염물질발생량의 합계가 연간 2톤 미만인 사업장

04 악취방지법규상 지정악취물질이 아닌 것은?

① 황화수소
② 이산화황
③ 아세트알데하이드
④ 다이메틸다이설파이드

풀 이

✓ **[시행규칙 별표 1] 지정악취물질(제2조 관련)**
암모니아, 메틸메르캅탄, 황화수소, 다이메틸설파이드, 다이메틸다이설파이드, 트라이메틸아민, 아세트알데하이드, 스타이렌, 프로피온알데하이드, 뷰틸알데하이드, n－발레르알데하이드, i－발레르알데하이드, 톨루엔, 자일렌, 메틸에틸케톤, 메틸아이소뷰틸케톤, 뷰틸아세테이트, 프로피온산, n－뷰틸산, n－발레르산, i－발레르산, i－뷰틸알코올

05 다음은 시험의 기재 및 용어에 관한 설명이다. ( )안에 알맞은 것은?

> 시험조작 중 "즉시"란 (㉠) 이내에 표시된 조작을 하는 것을 뜻하며, "감압 또는 진공"이라 함은 따로 규정이 없는 한 (㉡) 이하를 뜻한다.

① ㉠ 10초, ㉡ 15mmH_2O
② ㉠ 10초, ㉡ 15mmHg
③ ㉠ 30초, ㉡ 15mmH_2O
④ ㉠ 30초, ㉡ 15mmHg

정 답 01 ① 02 ② 03 ② 04 ② 05 ④

06 링겔만 매연 농도표에 의한 배출가스 중 매연의 농도 측정 시 연도 배출구에서 몇 cm 떨어진 곳의 농도와 비교하는가?

① 10~30cm

② 15~30cm

③ 30~45cm

④ 45~60cm

풀 이

측정위치의 선정: 될 수 있는 한 바람이 불지 않을 때 굴뚝 배경의 검은 장해물을 피해 연기의 흐름에 직각인 위치에 태양광선을 측면으로 받는 방향으로부터 농도표를 측정치의 앞 16m에 놓고 200m 이내 (가능하면 연도에서 16m)의 적당한 위치에 서서 굴뚝배출구에서 (30 ~ 45)cm 떨어진 곳의 농도를 측정자의 눈높이의 수직이 되게 관측 비교한다.

07 대기오염공정시험기준상 일반시험방법에 관한 설명으로 옳은 것은?

① 상온은 15~25℃, 실온은 1~35℃로 하고, 찬 곳은 따로 규정이 없는 한 4℃ 이하의 곳을 뜻한다.

② 냉후(식힌 후)라 표시되어 있을 때는 보온 또는 가열 후 상온까지 냉각된 상태를 뜻한다.

③ 시험은 따로 규정이 없는 한 상온에서 조작하고 조작 직후 그 결과를 관찰한다.

④ 냉수는 4℃ 이하, 온수는 50~60℃, 열수는 100℃를 말한다.

풀 이

① 표준온도는 0℃, 상온은 (15 ~ 25)℃, 실온은 (1 ~ 35)℃로 하고, 찬 곳은 따로 규정이 없는 한 (0 ~ 15)℃의 곳을 뜻한다.

② "냉후"(식힌 후)라 표시되어 있을 때는 보온 또는 가열 후 실온까지 냉각된 상태를 뜻한다.

④ 냉수는 15℃ 이하, 온수는 (60 ~ 70) ℃, 열수는 약 100℃를 말한다.

08 염산(1 + 4)라고 되어 있을 때, 실제 조제할 경우 어떻게 계산하는가?

① 염산 1mL을 물 2mL에 혼합한다.

② 염산 1mL을 물 3mL에 혼합한다.

③ 염산 1mL을 물 4mL에 혼합한다.

④ 염산 1mL을 물 5mL에 혼합한다.

09 **온도표시에 관한 설명으로 옳지 않은 것은?**

① "냉후"(식힌 후)라 표시되어 있을 때는 보온 또는 가열 후 실온까지 냉각된 상태를 뜻한다.
② 상온은 15~25℃, 실온은 1~35℃로 한다.
③ 찬 곳은 따로 규정이 없는 한 0~5℃를 뜻한다.
④ 온수는 60~70℃이고, 열수는 약 100℃를 말한다.

풀이

찬 곳은 따로 규정이 없는 한 (0 ~ 15)℃의 곳을 뜻한다.

10 **어떤 사업장의 굴뚝에서 실측한 배출가스 중 A오염물질의 농도가 600ppm이었다. 이 때 표준산소농도는 6%, 실측산소농도는 11%이었다면 이 사업장의 배출가스 중 보정된 A오염물질의 농도는? (단, A오염물질은 배출허용기준 중 표준산소농도를 적용받는 항목이다.)**

① 400ppm
② 500ppm
③ 900ppm
④ 1100ppm

풀이

배출농도 보정: $C = C_a \times \frac{21 - O_s}{21 - O_a}$

$C = 600 \times \frac{21-6}{21-11}$ = 900ppm

11 **대기오염공정시험기준상 일반사항에 관한 규정 중 옳은 것은?**

① 상온은 15~25℃, 실온은 1~35℃, 찬 곳은 따로 규정이 없는 한 0~15℃의 곳을 뜻한다.
② 방울수라 함은 20℃에서 정제수 10방울을 떨어뜨릴 때 그 부피가 약 1ml 되는 것을 뜻한다.
③ "약"이란 그 무게 또는 부피에 대하여 ±1% 이상의 차가 있어서는 안된다.
④ 10억분율은 pphm으로 표시하고 따로 표시가 없는 한 기체일 때는 용량 대 용량(V/V), 액체일 때는 중량 대 중량(W/W)을 표시한 것을 뜻한다.

풀이

② 방울수라 함은 20℃에서 정제수 20방울을 떨어뜨릴 때 그 부피가 약 1ml 되는 것을 뜻한다.
③ "약"이란 그 무게 또는 부피에 대하여 ±10% 이상의 차가 있어서는 안된다.
④ 1억분율 (Parts Per Hundred Milion)은 pphm, 10억분율 (Parts Per Bilion)은 ppb로 표시하고 따로 표시가 없는 한 기체일 때는 용량 대 용량 (V/V), 액체일 때는 중량 대 중량 (W/W)을 표시한 것을 뜻한다.

정답 06 ③ 07 ③ 08 ③ 09 ③ 10 ③ 11 ①

12 링겔만 매연 농도법을 이용한 매연 측정에 관한 내용으로 옳지 않은 것은?

① 매연의 검은 정도는 6종으로 분류한다.
② 될 수 있는 한 바람이 불지 않을 때 측정한다.
③ 연돌구 배경의 검은 장해물을 피해 연기의 흐름에 직각인 위치에서 태양광선을 측면으로 받는 방향으로부터 농도표를 측정자 앞 16m에 놓는다.
④ 굴뚝 배출구에서 30~40m 떨어진 곳의 농도를 측정자의 눈높이에 수직이 되게 관측 비교한다.

풀 이

측정위치의 선정: 될 수 있는 한 바람이 불지 않을 때 굴뚝 배경의 검은 장해물을 피해 연기의 흐름에 직각인 위치에 태양광선을 측면으로 받는 방향으로부터 농도표를 측정치의 앞 16m에 놓고 200m 이내 (가능하면 연도에서 16m)의 적당한 위치에 서서 굴뚝배출구에서 (30 ~ 45) cm 떨어진 곳의 농도를 측정자의 눈높이의 수직이 되게 관측 비교한다.

13 화학분석 일반사항에 관한 규정으로 옳은 것은?

① 방울수라 함은 20℃에서 정제수 20방울을 떨어뜨릴 때 그 부피가 약 10mL 되는 것을 뜻한다.
② 기밀용기라 함은 물질을 취급 또는 보관하는 동안에 기체 또는 미생물이 침입하지 않도록 내용물을 보호하는 용기를 뜻한다.
③ "감압 또는 진공"이라 함은 따로 규정이 없는 한 15mmHg 이하를 뜻한다.
④ 시험조작 중 "즉시"란 10초 이내에 표시된 조작을 하는 것을 뜻한다.

풀 이

① 방울수라 함은 20℃에서 정제수 20방울을 떨어뜨릴 때 그 부피가 약 1mL 되는 것을 뜻한다.
② 밀봉용기라 함은 물질을 취급 또는 보관하는 동안에 기체 또는 미생물이 침입하지 않도록 내용물을 보호하는 용기를 뜻한다.
④ 시험조작 중 "즉시"란 30초 이내에 표시된 조작을 하는 것을 뜻한다.

14 대기오염공정시험기준의 총칙에 근거한 "방울수"의 의미로 가장 적합한 것은?

① 20℃에서 정제수 20방울을 떨어뜨릴 때 그 부피가 약 1mL 되는 것을 뜻한다.
② 20℃에서 정제수 10방울을 떨어뜨릴 때 그 부피가 약 1mL 되는 것을 뜻한다.
③ 0℃에서 정제수 10방울을 떨어뜨릴 때 그 부피가 약 1mL 되는 것을 뜻한다.
④ 0℃에서 정제수 1방울을 떨어뜨릴 때 그 부피가 약 1mL 되는 것을 뜻한다.

15 시험분석에 사용하는 용어 및 기재사항에 관한 설명으로 옳지 않은 것은?

① "약"이란 그 무게 또는 부피에 대하여 ±10% 이상의 차가 있어서는 안된다.
② "정확히 단다"라 함은 규정한 양의 검체를 취하여 분석용 저울로 0.1mg까지 다는 것을 뜻한다.
③ "항량이 될 때까지 건조한다 또는 강열한다"라 함은 따로 규정이 없는 한 보통의 건조방법으로 30분간 더 건조 또는 강열할 때 전후 무게의 차가 0.3mg 이하일 때를 뜻한다.
④ 액체성분의 양을 "정확히 취한다"라 함은 홀피펫, 눈금플라스크 또는 이와 동등이상의 정도를 갖는 용량계를 사용하여 조작하는 것을 뜻한다.

풀이

"항량이 될 때까지 건조한다 또는 강열한다"라 함은 따로 규정이 없는 한 보통의 건조방법으로 1시간 더 건조 또는 강열할 때 전후 무게의 차가 매 g당 0.3mg 이하일 때를 뜻한다.

16 배출허용기준 중 표준산소농도를 적용받는 항목에 대한 배출가스유량 보정식으로 옳은 것은? (단, Q : 배출가스유량(Sm^3/일), Q_a : 실측배출가스유량(Sm^3/일), O_a : 실측산소농도(%), O_s : 표준산소농도(%))

① $Q = Q_a \times [(21 - O_s)/(21 - O_a)]$
② $Q = Q_a \div [(21 - O_s)/(21 - O_a)]$
③ $Q = Q_a \times [(21 + O_s)/(21 + O_a)]$
④ $Q = Q_a \div [(21 + O_s)/(21 + O_a)]$

17 대기오염공정시험기준상 분석시험에 있어 기재 및 용어에 관한 설명으로 옳은 것은?

① 시험조작중 "즉시"란 10초 이내에 표시된 조작을 하는 것을 뜻한다.
② "감압 또는 진공"이라 함은 따로 규정이 없는 한 10mmHg 이하를 뜻한다.
③ 용액의 액성표시는 따로 규정이 없는 한 유리전극법에 의한 pH미터로 측정한 것을 뜻한다.
④ "정확히 단다"라 함은 규정한 양의 검체를 취하여 분석용 저울로 0.3mg까지 다는 것을 뜻한다.

풀이

① 시험조작 중 "즉시"란 30초 이내에 표시된 조작을 하는 것을 뜻한다.
② "감압 또는 진공"이라 함은 따로 규정이 없는 한 15mmHg 이하를 뜻한다.
④ "정확히 단다"라 함은 규정한 양의 검체를 취하여 분석용 저울로 0.1mg까지 다는 것을 뜻한다.

정답 12 ④ 13 ③ 14 ① 15 ③ 16 ② 17 ③

18 분광광도계로 측정한 시료의 투과율이 10%일 때 흡광도는?

2022년 지방직9급

① 0.1
② 0.2
③ 1.0
④ 2.0

풀 이

흡광도$(A) = \log\frac{1}{t(\text{투과율})} = \log\frac{1}{0.1} = 1.0$

19 「실내공기질 관리법 시행규칙」상 다중이용시설에 적용되는 실내공기질 유지기준 항목이 아닌 것은?

2021년 지방직9급

① 총부유세균
② 미세먼지(PM－10)
③ 이산화질소
④ 이산화탄소

풀 이

이산화질소는 권고기준 항목이다.

20 「신에너지 및 재생에너지 개발 · 이용 · 보급 촉진법」상 재생에너지에 해당하지 않는 것은?

2020년 지방직9급

① 지열에너지
② 수력
③ 풍력
④ 연료전지

풀 이

연료전지는 신에너지에 해당한다.

신에너지 및 재생에너지 개발 · 이용 · 보급 촉진법

제2조(정의) 이 법에서 사용하는 용어의 뜻은 다음과 같다.

1. “신에너지”란 기존의 화석연료를 변환시켜 이용하거나 수소 · 산소 등의 화학 반응을 통하여 전기 또는 열을 이용하는 에너지로서 다음 각 목의 어느 하나에 해당하는 것을 말한다.
   가. 수소에너지
   나. 연료전지
   다. 석탄을 액화 · 가스화한 에너지 및 중질잔사유(重質殘渣油)를 가스화한 에너지로서 대통령령으로 정하는 기준 및 범위에 해당하는 에너지
   라. 그 밖에 석유 · 석탄 · 원자력 또는 천연가스가 아닌 에너지로서 대통령령으로 정하는 에너지
2. “재생에너지”란 햇빛 · 물 · 지열(地熱) · 강수(降水) · 생물유기체 등을 포함하는 재생 가능한 에너지를 변환시켜 이용하는 에너지로서 다음 각 목의 어느 하나에 해당하는 것을 말한다.
   가. 태양에너지
   나. 풍력
   다. 수력
   라. 해양에너지
   마. 지열에너지
   바. 생물자원을 변환시켜 이용하는 바이오에너지로서 대통령령으로 정하는 기준 및 범위에 해당하는 에너지
   사. 폐기물에너지(비재생폐기물로부터 생산된 것은 제외한다)로서 대통령령으로 정하는 기준 및 범위에 해당하는 에너지
   아. 그 밖에 석유 · 석탄 · 원자력 또는 천연가스가 아닌 에너지로서 대통령령으로 정하는 에너지

21 악취방지법령상 지정악취물질은?

2020년 지방직9급

① H_2S

② CO

③ N_2

④ N_2O

풀 이

악취방지법 시행규칙 [별표 1]

지정악취물질(제2조 관련)

1. 암모니아 2. 메틸메르캅탄 3. 황화수소 4. 다이메틸설파이드 5. 다이메틸다이설파이드 6. 트라이메틸아민
7. 아세트알데하이드 8. 스타이렌 9. 프로피온알데하이드 10. 뷰틸알데하이드 11. n－발레르알데하이드
12. i－발레르알데하이드 13. 톨루엔 14. 자일렌 15. 메틸에틸케톤 16. 메틸아이소뷰틸케톤 17. 뷰틸아세테이트
18. 프로피온산 19. n－뷰틸산 20. n－발레르산 21. i－발레르산 22. i－뷰틸알코올

정답 18 ③ 19 ③ 20 ④ 21 ①

22 미세먼지에 대한 설명으로 옳은 것만을 모두 고르면?

2020년 지방직9급

ㄱ. 미세먼지 발생원은 자연적인 것과 인위적인 것으로 구분된다.
ㄴ. 질소산화물이 대기 중의 수증기, 오존, 암모니아 등과 화학반응을 통해서도 미세먼지가 발생한다.
ㄷ. NH_4NO_3, $(NH_4)_2SO_4$는 2차적으로 발생한 유기 미세입자이다.
ㄹ. 환경정책기본법령상 대기환경기준에서 먼지에 관한 항목은 TSP, PM−10, PM−2.5이다.

① ㄱ, ㄴ
② ㄷ, ㄹ
③ ㄱ, ㄴ, ㄷ
④ ㄱ, ㄴ, ㄹ

풀이

ㄷ. NH_4NO_3, $(NH_4)_2SO_4$는 1차적으로 발생한 무기 미세입자이다.
ㄹ. 환경정책기본법령상 대기환경기준에서 먼지에 관한 항목은 PM−10, PM−2.5이다.

⊘ 환경정책기본법 시행령 [별표 1] 환경기준(제2조 관련)

항목	기준
아황산가스 (SO_2)	연간 평균치 0.02ppm 이하 24시간 평균치 0.05ppm 이하 1시간 평균치 0.15ppm 이하
일산화탄소 (CO)	8시간 평균치 9ppm 이하 1시간 평균치 25ppm 이하
이산화질소 (NO_2)	연간 평균치 0.03ppm 이하 24시간 평균치 0.06ppm 이하 1시간 평균치 0.10ppm 이하
미세먼지 (PM−10)	연간 평균치 50μg/m^3 이하 24시간 평균치 100μg/m^3 이하
초미세먼지 (PM−2.5)	연간 평균치 15μg/m^3 이하 24시간 평균치 35μg/m^3이하
오존 (O_3)	8시간 평균치 0.06ppm 이하 1시간 평균치 0.1ppm 이하
납(Pb)	연간 평균치 0.5μg/m^3 이하
벤젠	연간 평균치 5μg/m^3 이하

23 평균유량이 1.0m^3/min인 Air sampler를 10시간 운전하였다. 포집 전 1,000mg이었던 필터의 무게가 포집 후 건조하였더니 1,060mg이 되었을 때, 먼지의 농도[μg/m^3]는? 2019년 지방직9급

① 25 ② 50 ③ 75 ④ 100

풀 이

$$\frac{(1060-1000)mg\times\frac{1000\mu g}{1mg}}{\frac{1m^3}{\min}\times\frac{60\min}{hr}\times 10hr}=100\mu g/m^3$$

24 공기희석관능법에 의한 복합악취의 악취판정에 대한 설명으로 옳은 것은? 2024년 지방직9급

① 악취강도별 기준용액은 n−발레르산(n−valeric acid)을 사용하여 제조한다.
② 악취강도 1은 감지 냄새(threshold)로서 무슨 냄새인지 알 수 있는 정도이다.
③ 악취강도 4는 극심한 냄새(very strong)로서 병원에서 크레졸 냄새를 맡는 정도이다.
④ 악취강도 5는 참기 어려운 냄새(over strong)로서 호흡이 정지될 것같이 느껴지는 정도이다.

풀 이

바르게 고쳐보면
① 악취강도별 기준용액은 n−뷰탄올(n−n−butano)을 사용하여 제조한다.
② 악취강도 1은 감지 냄새(threshold)로서 무슨 냄새인지 알 수 없으나 냄새를 느낄 수 있는 정도의 상태이다.
③ 악취강도 4는 극심한 냄새(very strong)로서 아주 강한 냄새, 예를 들어 여름철에 재래식 화장실에서 나는 심한 정도의 상태이다.

악취판정도

악취강도	악취강도 구분	설명	노말뷰탄올 농도 (ppm)
0	무취 (none)	상대적인 무취로 평상시 후각으로 아무것도 감지하지 못하는 상태	0
1	감지 냄새 (threshold)	무슨 냄새인지 알 수 없으나 냄새를 느낄 수있는 정도의 상태	100
2	보통 냄새 (moderate)	무슨 냄새인지 알 수 있는 정도의 상태	400
3	강한 냄새 (strong)	쉽게 감지할 수 있는 정도의 강한 냄새를 말하며 예를 들어 병원에서 크레졸 냄새를 맡는 정도의 냄새	1500
4	극심한 냄새 (very strong)	아주 강한 냄새, 예를 들어 여름철에 재래식 화장실에서 나는 심한 정도의 상태	7000
5	참기 어려운 냄새 (over strong)	견디기 어려운 강렬한 냄새로서 호흡이 정지될 것 같이 느껴지는 정도의 상태	30000

정답 22 ① 23 ④ 24 ④

25 「대기환경보전법 시행규칙」상 기후 · 생태계 변화유발물질의 농도를 측정하기 위한 것은?

2023년 지방직9급

① 교외대기측정망
② 유해대기물질측정망
③ 대기오염집중측정망
④ 지구대기측정망

풀 이

시행규칙 제11조(측정망의 종류 및 측정결과보고 등) ① 법 제3조제1항에 따라 수도권대기환경청장, 국립환경과학원장 또는 「한국환경공단법」에 따른 한국환경공단(이하 "한국환경공단"이라 한다)이 설치하는 대기오염 측정망의 종류는 다음 각 호와 같다.

1. 대기오염물질의 지역배경농도를 측정하기 위한 교외대기측정망
2. 대기오염물질의 국가배경농도와 장거리이동 현황을 파악하기 위한 국가배경농도측정망
3. 도시지역 또는 산업단지 인근지역의 특정대기유해물질(중금속을 제외한다)의 오염도를 측정하기 위한 유해대기물질측정망
4. 도시지역의 휘발성유기화합물 등의 농도를 측정하기 위한 광화학대기오염물질측정망
5. 산성 대기오염물질의 건성 및 습성 침착량을 측정하기 위한 산성강하물측정망
6. 기후 · 생태계 변화유발물질의 농도를 측정하기 위한 지구대기측정망
7. 장거리이동대기오염물질의 성분을 집중 측정하기 위한 대기오염집중측정망
8. 초미세먼지(PM−2.5)의 성분 및 농도를 측정하기 위한 미세먼지성분측정망

② 법 제3조제2항에 따라 특별시장 · 광역시장 · 특별자치시장 · 도지사 또는 특별자치도지사(이하 "시 · 도지사"라 한다)가 설치하는 대기오염 측정망의 종류는 다음 각 호와 같다.

1. 도시지역의 대기오염물질 농도를 측정하기 위한 도시대기측정망
2. 도로변의 대기오염물질 농도를 측정하기 위한 도로변대기측정망
3. 대기 중의 중금속 농도를 측정하기 위한 대기중금속측정망
4. 삭제 〈2011. 8. 19.〉

③ 시 · 도지사는 법 제3조제2항에 따라 상시측정한 대기오염도를 측정망을 통하여 국립환경과학원장에게 전송하고, 연도별로 이를 취합 · 분석 · 평가하여 그 결과를 다음 해 1월말까지 국립환경과학원장에게 제출하여야 한다.

26 다중이용시설 등의 실내공기질관리법규상 신축공동주택의 실내공기질 권고 기준으로 옳지 않은 것은?

① 자일렌 : 600μg/m^3 이하
② 톨루엔 : 1000μg/m^3 이하
③ 스티렌 : 300μg/m^3 이하
④ 에틸벤젠 : 360μg/m^3 이하

풀 이

[시행규칙 별표 4의2] 신축 공동주택의 실내공기질 권고기준(제7조의2 관련)

1. 폼알데하이드 210μg/m^3 이하
2. 벤젠 30μg/m^3 이하
3. 톨루엔 1,000μg/m^3 이하
4. 에틸벤젠 360μg/m^3 이하
5. 자일렌 700μg/m^3 이하
6. 스티렌 300μg/m^3 이하
7. 라돈 148Bq/m^3 이하

27 실내공기질 유지기준의 오염물질 항목으로만 짝지어진 것은?

① 미세먼지, 라돈
② 일산화탄소, 석면
③ 오존, 총부유세균
④ 이산화탄소, 폼알데하이드

풀이

✓ [실내공기질 관리법 시행규칙 별표 2] 실내공기질 유지기준(제3조 관련)
미세먼지(PM−10), 미세먼지(PM−2.5), 이산화탄소, 폼알데하이드, 총부유세균, 일산화탄소

✓ [실내공기질 관리법 시행규칙 별표 3] 실내공기질 권고기준(제4조 관련)
이산화질소, 라돈, 총휘발성유기화합물, 곰팡이

28 실내공기질 관리법규상 실내주차장의 ㉠ PM10(μg/m^3), ㉡ CO(ppm) 실내공기질 유지기준으로 옳은 것은?

① ㉠ 100 이하, ㉡ 10 이하
② ㉠ 150 이하, ㉡ 20 이하
③ ㉠ 200 이하, ㉡ 25 이하
④ ㉠ 300 이하, ㉡ 40 이하

풀이

✓ 시행규칙 [별표 2] 실내공기질 유지기준(제3조 관련)

오염물질 항목 / 다중이용시설	미세먼지 (PM−10) (㎍/m^3)	미세먼지 (PM−2.5) (㎍/m^3)	이산화탄소 (ppm)	폼알데하이드 (㎍/m^3)	총부유세균 (CFU/m^3)	일산화탄소 (ppm)
실내주차장	200 이하	−	1,000 이하	100 이하	−	25 이하

정답 25 ④ 26 ① 27 ④ 28 ③

29 실내공기질 관리법규상 "의료기관"의 라돈(Bq/m^3)항목 실내공기질 권고기준은?

① 148 이하
② 400 이하
③ 500 이하
④ 1000 이하

풀 이

✓ **실내공기질 관리법 시행규칙 [별표 3] 실내공기질 권고기준(제4조 관련)**

오염물질 항목 / 다중이용시설	이산화질소 (ppm)	라돈 (Bq/m^3)	총휘발성유기화합물 ($\mu g/m^3$)	곰팡이 (CFU/m^3)
나. 의료기관, 산후조리원, 노인요양시설, 어린이집, 실내 어린이놀이시설	0.05 이하	148 이하	400 이하	500 이하

30 실내공기질 관리법규상"어린이집"의 실내공기질 유지기준으로 옳은 것은?

① PM10(μg/m^3) － 150 이하
② CO(ppm) － 25 이하
③ 총부유세균(CFU/m^3) － 800 이하
④ 폼알데하이드(μg/m^3) － 150 이하

풀 이

✓ **실내공기질 관리법 시행규칙 [별표 2] 실내공기질 유지기준(제3조 관련)**

오염물질 항목 / 다중이용시설	미세먼지 (PM－10) ($\mu g/m^3$)	미세먼지 (PM－2.5) ($\mu g/m^3$)	이산화탄소 (ppm)	폼알데하이드 ($\mu g/m^3$)	총부유세균 (CFU/m^3)	일산화탄소 (ppm)
나. 의료기관, 산후조리원, 노인요양시설, 어린이집, 실내 어린이놀이시설	75 이하	35 이하	1,000 이하	80 이하	800 이하	10 이하

31 탄소중립 사회로의 이행에 대한 설명으로 옳지 않은 것은? 2024년 지방직9급

① 배출되는 온실가스를 흡수, 제거한다.
② 재생에너지인 천연가스 보급률을 높인다.
③ 탄소 순배출량을 0으로 하는 것이 목표이다.
④ 수력, 태양에너지를 이용해 탄소 배출량을 줄일 수 있다.

풀 이

재생에너지에 천연가스는 포함되지 않는다.

신에너지 및 재생에너지 개발 · 이용 · 보급 촉진법

제2조(정의) 이 법에서 사용하는 용어의 뜻은 다음과 같다.

1. "신에너지"란 기존의 화석연료를 변환시켜 이용하거나 수소 · 산소 등의 화학 반응을 통하여 전기 또는 열을 이용하는 에너지로서 다음 각 목의 어느 하나에 해당하는 것을 말한다.
   가. 수소에너지
   나. 연료전지
   다. 석탄을 액화 · 가스화한 에너지 및 중질잔사유(重質殘渣油)를 가스화한 에너지로서 대통령령으로 정하는 기준 및 범위에 해당하는 에너지
   라. 그 밖에 석유 · 석탄 · 원자력 또는 천연가스가 아닌 에너지로서 대통령령으로 정하는 에너지
2. "재생에너지"란 햇빛 · 물 · 지열(地熱) · 강수(降水) · 생물유기체 등을 포함하는 재생 가능한 에너지를 변환시켜 이용하는 에너지로서 다음 각 목의 어느 하나에 해당하는 것을 말한다.
   가. 태양에너지
   나. 풍력
   다. 수력
   라. 해양에너지
   마. 지열에너지
   바. 생물자원을 변환시켜 이용하는 바이오에너지로서 대통령령으로 정하는 기준 및 범위에 해당하는 에너지
   사. 폐기물에너지(비재생폐기물로부터 생산된 것은 제외한다)로서 대통령령으로 정하는 기준 및 범위에 해당하는 에너지
   아. 그 밖에 석유 · 석탄 · 원자력 또는 천연가스가 아닌 에너지로서 대통령령으로 정하는 에너지

정답 29 ① 30 ③ 31 ②

이찬범 환경공학

단원별 기출문제집

폐기물관리

폐기물관리

01 제품 및 제품에 의해 발생된 폐기물에 대하여 포괄적인 생산자의 책임을 원칙으로 하는 제도는?

① 종량제
② 부담금제도
③ EPR제도
④ 전표제도

풀이

① 종량제 : 쓰레기 발생량을 배출자가 부담하게 하는 제도
② 부담금제도 : 폐기물의 발생을 억제하고 자원의 낭비를 막기 위하여 유해물질을 함유하고 있거나, 재활용이 어렵고 폐기물관리상 문제를 일으킬 수 있는 제품, 재료, 용기의 제조업자 또는 수입업자에게 그 폐기물의 처리에 드는 비용을 부담하도록 하는 제도
④ 전표제도 : 특정 폐기물의 발생된 장소와 양, 종류를 기록한 전표를 통해 산업체에서 발생한 특정폐기물을 최종처리단계까지 관리하는 제도

02 폐기물 관리 시 폐기물 발생단계에서 최우선으로 고려해야 할 사항은?

2024년 지방직9급

① 폐기물의 소각
② 안정적인 매립
③ 발생 억제 및 최소화
④ 연소 시 발생하는 폐열 및 에너지의 회수

03 쓰레기의 발생량 조사 방법이 아닌 것은?

① 경향법
② 적재차량 계수분석법
③ 직접 계근법
④ 물질 수지법

풀이

경향법 : 과거의 쓰레기 발생량을 바탕으로 미래의 쓰레기 발생량을 예측하는 방법이다.

04 **지정폐기물의 분류요건이 아닌 것은?** 2023년 지방직9급

① 부패성
② 부식성
③ 인화성
④ 폭발성

풀 이

부패성은 해당되지 않는다.

지정폐기물 분류체계

▷ 부식성, 독성, 반응성, 발화성, 용출특성, 난분해성, 유해가능성

05 **쓰레기의 발생량 조사 방법인 물질수지법에 관한 설명으로 옳지 않은 것은?**

① 주로 산업폐기물 발생량을 추산할 때 이용 된다.
② 비용이 저렴하고 정확한 조사가 가능하여 일반적으로 많이 활용된다.
③ 조사하고자 하는 계의 경계를 정확하게 설정하여야 한다.
④ 물질수지를 세울 수 있는 상세한 데이터가 있는 경우에 가능하다.

풀 이

비용이 많이 들고 작업량이 많아 일반적으로 많이 활용되지 않는다. 상세한 데이터가 있는 경우 정확한 추산이 가능하다.

06 **LCA(전과정 평가, Life Cycle Assessment)의 구성요소에 해당하지 않는 것은?**

① 목적 및 범위에 설정
② 분석평가
③ 영향평가
④ 개선평가

풀 이

전과정평가 : 목적 및 범위 설정, 목록분석, 영향평가, 결과해석(개선평가)으로 구성된다.

정답 01 ③ 02 ③ 03 ① 04 ① 05 ② 06 ②

07 **생활폐기물의 발생량을 나타내는 발생원 단위로 가장 적합한 것은?**

① kg/capita · day
② ppm/capita · day
③ m^3/capita · day
④ L/capita · day

08 **쓰레기의 발생량 조사방법인 직접계근법에 관한 내용으로 가장 거리가 먼 것은?**

① 입구에서 쓰레기가 적재되어 있는 차량과 출구에서 쓰레기를 적하한 공차량을 각각 계근하여 그 차이로 쓰레기량을 산출한다.
② 적재차량 계수분석에 비하여 작업량이 적고 간단하다.
③ 비교적 정확한 쓰레기 발생량을 파악할 수 있다.
④ 일정기간 동안 특정지역의 쓰레기를 수거한 운반차량을 중간적하장이나 중계처리장에서 직접 계근하는 방법이다.

풀 이

적재차량 계수분석에 비하여 작업량이 많고 복잡하다.

09 **종량제에 대한 설명으로 가장 거리가 먼 것은?**

① 처리비용을 배출자가 부담하는 원인자 부담원칙을 확대한 제도이다.
② 시장, 군수, 구청장이 수거체제의 관리책임을 가진다.
③ 가전제품, 가구 등 대형폐기물을 우선으로 수거한다.
④ 수수료 부과기준을 현실화하여 폐기물 감량화를 도모하고, 처리재원을 확보한다.

풀 이

일반생활폐기물을 우선으로 수거한다.

10 폐기물발생량 측정방법이 아닌 것은?

① 적재차량계수분석법
② 직접계근법
③ 물질수지법
④ 물리적조성법

풀이

① 적재차량계수분석법 : 특정지역에서 일정기간 동안 발생하는 쓰레기의 수거 차량수를 조사하여 폐기물의 겉보기 비중의 보정을 통해 중량을 계산하여 폐기물의 발생량을 산정하는 방법이다.
② 직접계근법 : 일정기간 중 수거운반차량을 적환장이나 처리장 등에서 직접계근하여 발생량을 산정하는 방법이다.
③ 물질수지법 : 원료 물질의 유입과 생산물질의 유출 관계를 근거로 계산하는 방법으로 주로 사업장 폐기물의 발생량을 추산할 때 사용한다.

11 산업폐기물 발생량을 추산할 때 이용되며, 상세한 자료가 있는 경우에만 가능하고 비용이 많이 드는 단점이 있으므로 특수한 경우에만 사용되는 방법은?

① 적재차량 계수분석
② 물질수지법
③ 직접계근법
④ 간접계근법

12 일정기간 동안 특정지역의 쓰레기 수거 차량의 댓수를 조사하여 이 값에 밀도를 곱하여 중량으로 환산하는 쓰레기 발생량 산정 방법은?

① 직접계근법
② 물질수지법
③ 통과중량조사법
④ 적재차량 계수분석법

정답 07 ① 08 ② 09 ③ 10 ④ 11 ② 12 ④

13 다음 조건에서 폐기물의 발생가능지점과 재활용가능시점을 순서대로 나열한 것은?

- 주관적인 가치가 0인 지점: A
- 객관적인 가치가 0인 지점: B
- 주관적 가치 ≥ 객관적 가치인 교점: C
- 객관적 가치 ≥ 주관적 가치인 교점: D

① A지점 이후, D지점 이후
② A지점 이후, C지점 이후
③ B지점 이후, D지점 이후
④ B지점 이후, C지점 이후

14 사용한 자원 및 에너지, 환경으로 배출되는 환경오염물질을 규명하고 정량화함으로써 한 제품이나 공정에 관련된 환경부담을 평가하고 그 에너지와 자원, 환경부하 영향을 평가하여 환경을 개선시킬 수 있는 기회를 규명하는 과정으로 정의되는 것은?

① ESSA ② LCA ③ EPA ④ TRA

15 우리나라 인구 1인당 1일 생활쓰레기 평균 발생량(kg)으로 가장 알맞은 것은?

① 약 0.2 ② 약 1.0 ③ 약 2.2 ④ 약 3.2

16 쓰레기 발생량 조사방법 중 물질수지법에 관한 설명으로 옳지 않은 것은?

① 시스템에 유입되는 대표적 물질을 설정하여 발생량을 추산하여야 한다.
② 주로 산업폐기물의 발생량 추산에 이용된다.
③ 물질수지를 세울 수 있는 상세한 데이터가 있는 경우에 가능하다.
④ 우선적으로 조사하고자 하는 계의 경계를 정확하게 설정하여야 한다.

풀이

물질수지법

- 원료 물질의 유입과 생산물질의 유출 관계를 근거로 계산하는 방법으로 주로 사업장 폐기물의 발생량을 추산할 때 사용한다.
- 산업폐기물 발생량을 추산할 때 이용한다.
- 상세한 자료가 있는 경우에만 가능하다.
- 비용이 많이 들고 업무량이 많은 단점이 있다.

17 **제품의 원료채취, 제조, 유통, 소비, 폐기의 전단계에서 발생하는 환경부하를 전과정평가(LCA)를 통해 정량적인 수치로 표시하는 우리나라의 환경 라벨링 제도는?**

① 환경마크제도(EM)
② 환경성적표지제도(EDP)
③ 우수재활용마크제도(GR)
④ 에너지절약마크제도(ES)

18 **쓰레기의 발생량 예측 방법 중 최저 5년 이상의 과거 처리 실적을 바탕으로 예측하며 시간과 그에 따른 쓰레기 발생량 간의 상관관계만을 고려하는 방법은?**

① 직접계근법
② 경향법
③ 다중회귀모델
④ 동적모사모델

풀 이

- 경향예측모델(Trend법) : 모든 인자를 시간에 대한 함수로 모델화시켜 예측하는 방법이다.
- 다중회귀모델(Multiple regression) : 인구, 면적, 기후, 생활상태, 사회적 특성 등의 영향인자를 하나의 수식으로 표현한 모델로 각 인자들에 의한 영향을 종합적으로 나타낸다.
- 동적모사모델(Dynamic simulation) : 영향인자를 시간에 따른 폐기물의 발생량과 연관지어 나타낸 모델로 경향예측모델과 다중회귀모델의 단점을 보완한 모델이다.

19 **지정폐기물의 정의 및 그 특징에 관한 설명으로 가장 거리가 먼 것은?**

① 생활폐기물 중 환경부령으로 정하는 폐기물을 의미한다.
② 유독성 물질을 함유하고 있다.
③ 2차 혹은 3차 환경오염의 유발 가능성이 있다.
④ 일반적으로 고도의 처리기술이 요구된다.

풀 이

"지정폐기물"이란 사업장폐기물 중 폐유 · 폐산 등 주변 환경을 오염시킬 수 있거나 의료폐기물(醫療廢棄物) 등 인체에 위해(危害)를 줄 수 있는 해로운 물질로서 대통령령으로 정하는 폐기물을 말한다.

정답 13 ② 14 ② 15 ② 16 ① 17 ② 18 ② 19 ①

20 분뇨의 특성과 거리가 먼 것은?

① 유기물 농도 및 염분함량이 낮다.
② 질소농도가 높다.
③ 토사와 협잡물이 많다.
④ 시간에 따라 크게 변한다.

풀이

유기물 농도 및 염분함량이 높다.

21 우리나라 수거분뇨의 pH는 대략 어느 범위에 속하는가?

① 1.0~2.5
② 4.0~5.5
③ 7.0~8.5
④ 10~12

22 다음 중 분뇨 수거 및 처분 계획을 세울 때 계획하는 우리나라 성인 1인당 1일 분뇨배출량의 평균 범위로 가장 적합한 것은?

① 0.2~0.5L
② 0.9~1.1L
③ 2.3~2.5L
④ 3.0~3.5L

23 분뇨 처리의 목적으로 가장 거리가 먼 것은?

① 최종 생성물의 감량화
② 생물학적으로 안정화
③ 위생적으로 안전화
④ 슬러지의 균일화

풀이

균일화는 분뇨처리의 목적에 해당되지 않는다.

24 다음 중 “고상폐기물”을 정의할 때 고형물의 함량기준은?

① 3% 이상
② 5% 이상
③ 10% 이상
④ 15% 이상

25 폐기물관리법령상 지정폐기물 중 부식성폐기물의 “폐산” 기준으로 옳은 것은?

① 액체상태의 폐기물로서 수소이온농도지수가 2.0 이하인 것으로 한정한다.
② 액체상태의 폐기물로서 수소이온농도지수가 3.0 이하인 것으로 한정한다.
③ 액체상태의 폐기물로서 수소이온농도지수가 5.0 이하인 것으로 한정한다.
④ 액체상태의 폐기물로서 수소이온농도지수가 5.5 이하인 것으로 한정한다.

26 폐기물의 3성분이라 볼수 없는 것은?

① 수분
② 무연분
③ 회분
④ 가연분

풀이
폐기물의 3성분은 수분, 회분, 가연분이다.

정답 20 ① 21 ③ 22 ② 23 ④ 24 ④ 25 ① 26 ②

27 도시폐기물을 계략분석(proximate analysis) 시 구성되는 4가지 성분으로 거리가 먼 것은?

① 수분
② 질소분
③ 휘발성 고형물
④ 고정탄소

풀이

폐기물의 4성분은 수분, 가연분(휘발성 고형물), 회분, 고정탄소 등이다.

28 폐기물의 재활용과 감량화를 도모하기 위해 실시할 수 있는 제도로 가장 거리가 먼 것은?

① 예치금 제도
② 환경영향평가
③ 부담금 제도
④ 쓰레기 종량제

풀이

환경영향평가: 대상사업의 시행으로 인하여 환경에 미치는 유해한 영향을 사전에 예측·분석하여 환경에 미치는 영향을 줄일 수 있는 방안을 강구하는 평가절차

29 폐기물의 자원화 방법으로 옳지 않은 것은? 2022년 지방직9급

① 유기성 폐기물의 매립
② 가축분뇨, 음식물쓰레기의 퇴비화
③ 가연성 물질의 고체 연료화
④ 유리병, 금속류, 이면지의 재이용

풀이

폐기물의 매립은 폐기물의 최종처분과정이다.

정답 27 ② 28 ② 29 ①

폐기물의 처리기술

01 쓰레기를 압축시켜 용적 감소율(volume reduction)이 75%인 경우 압축비(compactor ratio)는?

① 2.5 ② 4
③ 4.5 ④ 5

풀이

용적감소율 75%인 경우 처음부피가 100이면 압축 후 부피는 25이다.

$$압축비 = \frac{압축\ 전\ 부피}{압축\ 후\ 부피} = 100/25 = 4$$

02 함수율이 각각 90%, 70%인 하수슬러지를 무게비 3 : 1로 혼합하였다면 혼합 하수 슬러지의 함수율(%)은? (단, 하수 슬러지 비중 = 1.0)

① 81 ② 83
③ 85 ④ 87

풀이

무게비로 3 : 1이므로 전체를 4로 가정하면

$$\frac{90\% \times 3 + 70\% \times 1}{4} = 85\%$$

03 물렁거리는 가벼운 물질로부터 딱딱한 물질을 선별하는 데 이용되며, 경사진 컨베이어를 통해 폐기물을 주입시켜 회전하는 드럼 위에 떨어뜨려 분류하는 선별 방식은?

① Stoners ② Jigs
③ Secators ④ Float Separator

풀이

① Stoners : 진동이 있는 경사판에 공기를 가하여 밀도 차이가 있는 물질을 분리
② Jigs : 폐기물을 물 속에 넣어 밀도 차이가 있는 무거운 물질을 분리
④ Float Separator : 폐기물을 물 속에 넣어 밀도 차에 의해 가벼운 물질을 분리

정답 01 ② 02 ③ 03 ③

04 발열량과 발열량 분석에 관한 설명으로 틀린 것은?

① 발열량은 쓰레기 1kg을 완전연소시킬 때 발생하는 열량(kcal)을 말한다.
② 고위발열량(H_H)은 발열량계에서 측정한 값에서 물의 증발잠열을 뺀 값을 말한다.
③ 발열량 분석은 원소분석 결과를 이용하는 방법으로 고위발열량과 저위발열량을 추정할 수있다.
④ 저위발열량(H_L, kcal/kg)을 산정하는 방법은 $H_H - 600(9H + W)$을 사용한다.

풀이

고위발열량(H_H)은 발열량계에서 측정한 값에서 물의 증발잠열을 더한 값을 말한다.

05 폐기물 소각 시 발열량에 대한 설명으로 옳지 않은 것은?

2021년 지방직9급

① 연소생성물 중의 수분이 액상일 경우의 발열량을 고위발열량이라고 한다.
② 연소생성물 중의 수분이 증기일 경우의 발열량을 저위발열량이라고 한다.
③ 고체와 액체연료의 발열량은 불꽃열량계로 측정한다.
④ 실제 소각로는 배기온도가 높기 때문에 저위발열량을 사용한 방법이 합리적이다.

풀이

고체와 액체연료의 발열량은 봄베열량계로 측정하며 기체연료의 발열량은 불꽃열량계로 측정한다.

06 쓰레기 수거능을 판별할 수 있는 MHT에 대한 설명으로 가장 적절한 것은?

① 1톤의 쓰레기를 수거하는 데 수거인부 1인이 소요하는 총 시간
② 1톤의 쓰레기를 수거하는 데 소요되는 인부 수
③ 수거인부 1인이 시간당 수거하는 쓰레기 톤 수
④ 수거인부 1인이 수거하는 쓰레기 톤 수

풀이

MHT = man × hour/ton

07 연간 폐기물 발생량이 5,000,000톤인 지역에서 1일 작업시간이 평균 6시간, 1일 평균 수거인부가 5,000명이 소요되었다면 폐기물 수거 노동력(MHT)[man · hr · ton^{-1}]은? (단, 연간 200일 수거한다)

2020년 지방직9급

① 0.20　② 0.83
③ 1.20　④ 2.19

풀이

$$MHT = \frac{man \times hr}{ton}$$
$$= \frac{5{,}000명 \times (200 \times 6)hr}{5{,}000{,}000ton} = 1.2$$

08 연간 폐기물 발생량이 8000000톤인 지역에서 1일 평균 수거인부가 3000명이 소요되었으며, 1일 작업시간이 평균 8시간일 경우 MHT는? (단, 1년 = 365일로 산정)

① 1.0　② 1.1
③ 1.2　④ 1.3

풀이

MHT = man × hour/toon

$$\frac{3000명 \times 365day \times \frac{8hr}{day}}{8000000ton} = 1.095$$

09 슬러지의 함유수분 중 가장 많은 수분함유도를 유지하고 있는 것은?

① 표면부착수
② 모관결합수
③ 간극수
④ 내부수

풀이

수분의 함수율이 가장 큰 수분은 간극수이다.
슬러지 내 탈수성 : 틈새모관결합수 > 간극모관결합수(간극수) > 쐐기상모관결합수 > 표면부착수 > 내부수

정답 04 ② 05 ③ 06 ① 07 ③ 08 ② 09 ③

10 **적환장에 대한 설명으로 옳지 않은 것은?**

① 최종처리장과 수거지역의 거리가 먼 경우 사용하는 것이 바람직하다.
② 저밀도 거주지역이 존재할 때 설치한다.
③ 재사용 가능한 물질의 선별시설 설치가 가능하다.
④ 대용량의 수집차량을 사용할 때 설치한다.

풀이

소용량의 수집차량을 사용할 때 설치한다.

11 **고형분의 50%인 음식물쓰레기 10ton을 소각하기 위해 수분 함량을 20%가 되도록 건조 시켰다. 건조된 쓰레기의 최종중량(ton)은? (단, 비중은 1.0 기준)**

① 3.05
② 4.05
③ 5.25
④ 6.25

풀이

$SL_1(1 - X_1) = SL_2(1 - X_2)$
SL : 슬러지의 양
X = 함수율
$10ton(1 - 0.5) = SL_2(1 - 0.2)$
$SL_2 = 6.25ton$

12 **혐기성 소화의 장·단점이라 할 수 없는 것은?**

① 동력시설을 거의 필요로 하지 않으므로 운전 비용이 저렴하다.
② 소화 슬러지의 탈수 및 건조가 어렵다.
③ 반응이 더디고 소화기간이 비교적 오래 걸린다.
④ 소화가스는 냄새가 나며 부식성이 높은 편이다.

풀이

호기성 소화는 소화 슬러지의 탈수 및 건조가 어렵다.

13 함수율이 99%인 잉여슬러지 $40m^3$를 농축하여 96%로 했을 때 잉여슬러지의 부피(m^3)는?

① 5 ② 10
③ 15 ④ 20

풀이

$SL_1(1-X_1) = SL_2(1-X_2)$
SL : 슬러지의 양
X = 함수율
$40m^3(1-0.99) = SL_2(1-0.96)$
$SL_2 = 10m^3$

14 일반폐기물의 소각처리에서 통상적인 폐기물의 원소 분석치를 이용하여 얻을 수 있는 항목으로 가장 거리가 먼 것은?

① 연소용 공기량
② 배기가스양 및 조성
③ 유해가스의 종류 및 양
④ 소각재의 성분

풀이

소각재의 성분은 해당되지 않는다.

15 쓰레기 소각로의 열부하가 $50000kcal/m^3 \cdot hr$이며 쓰레기의 저위발열량 1800kcal/kg, 쓰레기 중량 20000kg일 때 소각로의 용량(m^3)은? (단, 소각로는 8시간 가동)

① 15 ② 30
③ 60 ④ 90

풀이

$$\text{소각로 용량} = \frac{\frac{1800kcal}{kg} \times 20000kg}{\frac{50000kcal}{m^3 \cdot hr} \times 8hr} = 90m^3$$

정답 10 ④ 11 ④ 12 ② 13 ② 14 ④ 15 ④

16 **폐타이어의 재활용 기술로 가장 거리가 먼 것은?**

① 열분해를 이용한 연료 회수
② 분쇄 후 유동층 소각로의 유동매체로 재활용
③ 열병합 발전의 연료로 이용
④ 고무 분말 제조

풀이
분쇄 후 유동층 소각로의 유동매체로 재활용되기 어렵다.

17 **일반적인 슬러지 처리 계통도가 가장 올바르게 나열된 것은?**

① 농축 → 안정화 → 개량 → 탈수 → 소각
② 탈수 → 개량 → 건조 → 안정화 → 소각
③ 개량 → 안정화 → 농축 → 탈수 → 소각
④ 탈수 → 건조 → 안정화 → 개량 → 소각

18 **혐기성 분해에 영향을 주는 인자로서 가장 거리가 먼 것은?**

① 탄질비
② pH
③ 유기산농도
④ 온도

풀이
혐기성분해의 영향인자로 C/N비는 거리가 멀다.

19 **다음 중 수거 분뇨의 성질에 영향을 주는 요소와 거리가 먼 것은?**

① 배출지역의 기후
② 분뇨 저장기간
③ 저장탱크의 구조와 크기
④ 종말처리방식

20 적환장의 일반적인 설치 필요조건으로 가장 거리가 먼 것은?

① 작은 용량의 수집차량을 사용할 때
② 슬러지 수송이나 공기수송 방식을 사용할 때
③ 불법 투기와 다량의 어질러진 쓰레기들이 발생할 때
④ 고밀도 거주지역이 존재할 때

풀이

저밀도 거주지역이 존재할 때

21 폐기물 파쇄 시 작용하는 힘과 가장 거리가 먼 것은?

① 충격력
② 압축력
③ 인장력
④ 전단력

22 수분이 60%, 수소가 10%인 폐기물의 고위발열량이 4500kcal/kg이라면 저위발열량(kcal/kg)은?

① 4010
② 3930
③ 3820
④ 3600

풀이

저위발열량 = 고위발열량 − 증발잠열 = 고위발열량 − 600(9H + W)
= 4500kcal/kg − 600(9 × 0.1 + 0.6) = 3600kcal/kg

정답 16 ② 17 ① 18 ① 19 ④ 20 ④ 21 ③ 22 ④

23 대상가구 3000세대, 세대당 평균인구수 2.5인, 쓰레기 발생량 1.05kg/인 · 일, 1주일에 2회 수거하는 지역에서 한 번에 수거되는 쓰레기 양(톤)은?

① 약 25

② 약 28

③ 약 30

④ 약 32

풀 이

$$3000세대 \times \frac{2.5인}{1세대} \times \frac{1.05kg}{인일} \times 7일 \times \frac{1}{2} \times \frac{ton}{1000kg} = 27.5625ton$$

24 함수율이 80%이며 건조고형물의 비중이 2.0인 슬러지의 비중은? (단, 물의 비중 = 1.0)

① 1.01 ② 1.11

③ 1.27 ④ 1.74

풀 이

$$\frac{SL}{\rho_{SL}} = \frac{TS}{\rho_{TS}} + \frac{w}{\rho_w}$$

$$\frac{100}{\rho_{SL}} = \frac{20}{2.0} + \frac{80}{1.0}$$

$\rho SL = 1.11$

25 폐기물 중간처리기술 중 처리 후 잔류하는 고형물의 양이 적은 것부터 큰 것까지 순서대로 나열된 것은?

㉠ 소각 ㉡ 용융 ㉢ 고화

① ㉠ - ㉡ - ㉢

② ㉢ - ㉡ - ㉠

③ ㉠ - ㉢ - ㉡

④ ㉡ - ㉠ - ㉢

26 분뇨를 혐기성 소화법으로 처리하고 있다. 정상적인 작동 여부를 확인하려고 할 때 조사 항목으로 가장 거리가 먼 것은?

① 소화 가스량
② 소화가스 중 메탄과 이산화탄소 함량
③ 유기산 농도
④ 투입 분뇨의 비중

풀이
투입 분뇨의 비중을 통해 정상적인 작동 유무는 알 수 없다.

27 다음의 특징을 가진 소각로의 형식은?

– 전처리가 거의 필요없다. – 소각로의 구조는 회전 연속 구동 방식이다. – 소각에 방해됨이 없이 연속적인 재배출이 가능하다. – 1400℃ 이상에서 가동될 수 있어서 독성물질의 파괴에 좋다.

① 다단 소각로
② 유동층 소각로
③ 로타리킬른 소각로
④ 건식 소각로

28 PCB와 같은 난연성의 유해폐기물의 소각에 가장 적합한 소각로 방식은?

① 스토커 소각로
② 유동층 소각로
③ 회전식 소각로
④ 다단 소각로

정답 23 ② 24 ② 25 ④ 26 ④ 27 ③ 28 ②

29 슬러지 $100m^3$의 함수율이 98%이다. 탈수 후 슬러지의 체적을 1/10로 하면 슬러지 함수율(%)은? (단, 모든 슬러지의 비중 = 1)

① 20
② 40
③ 60
④ 80

풀이

$SL_1(1 - X_1) = SL_2(1 - X_2)$
$100m^3(1 - 0.98) = 10(1 - X_2)$
$X_2 = 0.8 \rightarrow 80\%$

30 다음 설명에 해당하는 분뇨 처리 방법은?

- 부지소요면적이 적다.
- 고온반응이므로 무균상태로 유출되어 위생적이다.
- 슬러지탈수성이 좋아서 탈수 후 토양개량제로 사용된다.
- 기액분리 시 기체발생량이 많아 탈기해야 한다.

① 혐기성소화법
② 호기성소화법
③ 질산화-탈질산화법
④ 습식산화법

31 유기물의 산화공법으로 적용되는 Fenton 산화반응에 사용되는 것으로 가장 적절한 것은?

① 아연과 자외선
② 마그네슘과 자외선
③ 철과 과산화수소
④ 아연과 과산화수소

32 1차 반응속도에서 반감기(농도가 50% 줄어드는 시간)가 10분이다. 초기농도의 75%가 줄어드는데 걸리는 시간(분)은?

① 30
② 25
③ 20
④ 15

풀 이
반감기가 10분이므로
100 → 50 → 25
75%가 분해되려면 반감기를 2번 거치므로 20분의 반응시간이 필요하다.

33 분뇨처리장의 방류수량이 1000m³/day일 때 14.4분간 염소소독을 할 경우 소독조의 크기(m³)는?

① 1000
② 100
③ 10
④ 1

풀 이

$$\frac{1000m^3}{day} \times \frac{day}{1440\text{min}} \times 14.4\text{min} = 10m^3$$

34 다음 고-액 분리 장치가 아닌 것은?

① 관성분리기
② 원심분리기
③ filter press
④ belt press

풀 이
관성분리장치는 입자(고체-고체)의 분리장치이다.

정 답 29 ④ 30 ④ 31 ③ 32 ③ 33 ③ 34 ①

35 인구 1000만인 도시에서 년간 배출된 총 쓰레기량이 730만 톤이었다면 1인당 하루 배출량(kg/인 · 일)은? (단, 1년은 365일 임)

① 1.5
② 2
③ 2.5
④ 3.0

풀이

$$\frac{\frac{7300000\text{ton}}{\text{year}} \times \frac{1000\text{kg}}{\text{ton}} \times \frac{\text{year}}{365\text{day}}}{10000000\text{인}} = 2\text{kg/인일}$$

36 인구 100000명이고 1인 1일 쓰레기 배출량은 1.5kg/인 · 일이라 한다. 쓰레기의 밀도가 650kg/m^3라고 하면 적재량 12m^3인 트럭 (1대 기준)으로 1일 동안 배출된 쓰레기 전량을 운반하기 위한 횟수(회)는?

① 17
② 18
③ 19
④ 20

풀이

$$\frac{1.5\text{kg}}{\text{인일}} \times 100000\text{인} \times \frac{m^3}{650\text{kg}} \times \frac{\text{트럭 1대}}{12m^3} = 19.23\text{대} \rightarrow 20\text{대}$$

37 5m^3의 용적을 갖는 쓰레기를 압축하였더니 2m^3으로 감소되었을 때 압축비(CR)는?

① 1.5
② 2.0
③ 2.5
④ 3.0

풀이

압축비 = 압축 전 부피 / 압축 후 부피
= 5/2 = 2.5

38 적환장에 대한 설명 중 틀린 것은?

① 적환장은 폐기물 처분지가 멀리 위치할수록 필요성이 더 높다.
② 고밀도 거주지역이 존재할수록 적환장의 필요성이 더 높다.
③ 공기를 이용한 관로수송시스템 방식을 이용할수록 적환장의 필요성이 더 높다.
④ 작은 용량의 수집차량을 사용할수록 적환장의 필요성이 더 높다.

풀이

저밀도 거주지역이 존재할수록 적환장의 필요성이 더 높다.

39 파쇄기에 관한 설명으로 옳지 않은 것은?

① 압축파쇄기로 금속, 고무, 연질플라스틱류의 파쇄는 어렵다.
② 충격파쇄기는 대개 왕복식을 사용하며 유리나 목질류 등을 파쇄하는 데 이용된다.
③ 전단파쇄기는 충격파쇄기에 비해 파쇄속도가 느리고 이물질의 혼입에 대하여 약하다.
④ 압축파쇄기는 파쇄기의 마모가 적고 비용이 적게 소요되는 장점이 있다.

풀이

충격파쇄기는 대개 회전식을 사용하며 유리나 목질류 등을 파쇄하는 데 이용된다.

40 도시 쓰레기의 조성이 탄소 4.8%, 수소 6.4%, 산소 37.6%, 질소 2.06%, 황 0.4% 그리고 회분 5%일 때 고위 발열량(kcal/kg)은? (단, Dulong 식을 적용할 것)

① 750
② 650
③ 580
④ 980

풀이

Dulong식 $= 8100C + 34250(H - O/8) + 2250S$
$= 8100 \times 0.048 + 34250(0.064 - 0.376/8) + 2250 \times 0.004 = 980.05$kcal/kg

정답 35 ② 36 ④ 37 ③ 38 ② 39 ② 40 ④

41 분쇄된 폐기물을 가벼운 것(유기물)과 무거운 것(무기물)으로 분리하기 위하여 탄도학을 이용하는 선별법은?

① 중액선별 ② 스크린선별
③ 부상선별 ④ 관성선별법

42 폐기물 조성별 재활용 기술로 적절치 못한 것은?

① 부패성 쓰레기 – 퇴비화
② 가연성 폐기물 – 열회수
③ 난연성 쓰레기 – 열분해
④ 연탄재 – 물질회수

풀이
물질회수는 가용성이 있는 경우 적용이 가능하며 연탄재는 해당되지 않는다.

43 탄소 12kg을 연소시킬 때 필요한 산소량(kg)과 발생하는 이산화탄소량(kg)은?

① 8, 20 ② 16, 28
③ 32, 44 ④ 48, 60

풀이
$C + O_2 \rightarrow CO_2$
12kg : 32kg : 44kg

44 폐기물의 자원화 및 재생이용을 위한 선별 방법으로 체의 눈 크기, 폐기물의 부하특성, 기울기, 회전속도 등의 공정인자에 의해 영향받는 방법은?

① 부상선별 ② 풍력선별
③ 스크린선별 ④ 관성선별

45 **혐기성 소화와 호기성 소화를 비교한 내용으로 가장 거리가 먼 것은?**

① 호기성 소화 시 상층액의 BOD 농도가 낮다.
② 호기성 소화 시 슬러지 발생량이 많다.
③ 혐기성 소화 슬러지는 탈수성이 불량하다.
④ 호기성 소화 운전이 어렵고 반응시간도 길다.

풀이
혐기성 소화 슬러지는 탈수성은 좋은 편이다.

46 **탄소 85%, 수소 13%를 함유하는 중유 10kg 연소에 필요한 이론산소량(Sm^3)은?**

① 10 ② 17
③ 23 ④ 32

풀이
이론산소량(Sm^3/kg) : 1.867C + 5.6H + 0.7S − 0.7O
$1.867 \times 0.85 + 5.6 \times 0.13 = 2.3Sm^3/kg$
중유 10kg 이므로 $2.3Sm^3/kg \times 10kg = 23Sm^3$

47 **혐기성 분해 시 메탄균의 최적 pH는?**

① 5.2~5.4 ② 6.2~6.4
③ 7.2~7.4 ④ 8.2~8.4

정답 41 ④ 42 ④ 43 ③ 44 ③ 45 ③ 46 ③ 47 ③

48 1일 20톤 폐기물을 소각처리하기 위한 로의 용적(m^3)은? (단, 저위발열량 = 600kcal/kg, 로내 열부하 = 20000kcal/m^3 · hr, 1일 가동시간 = 12시간)

① 25
② 30
③ 45
④ 50

풀이

$$\frac{600kcal}{kg} \times \frac{m^3 \cdot hr}{20000kcal} \times 20000kg \times \frac{day}{12hr} = 50m^3/day$$

49 분뇨를 소화 처리함에 있어 소화 대상 분뇨량이 100m^3/day이고, 분뇨 내 유기물 농도가 10000mg/L라면 가스 발생량(m^3/day)은? (단, 유기물 소화에 따른 가스발생량은 500L/kg−유기물, 유기물전량 소화, 분뇨비중 = 1.0)

① 500
② 1000
③ 1500
④ 2000

풀이

$$\frac{100m^3}{day} \times \frac{10000mg}{L} \times \frac{kg}{10^6 mg} \times \frac{10^3 L}{m^3} \times \frac{500L}{kg} \times \frac{m^3}{10^3 L} = 500m^3/day$$

50 밀도가 300kg/m^3인 폐기물 중 비가연분이 무게비로 50%일 때 폐기물 10m^3 중 가연분의 양(kg)은?

① 1500
② 2100
③ 3000
④ 3500

풀이

$$10m^3 \times \frac{300kg}{m^3} \times \frac{50}{100} = 1500kg$$

51 유동층 소각로의 유동매체에 대한 설명으로 잘못된 것은?

① 활성일 것
② 내마모성이 있을 것
③ 비중이 작을 것
④ 입도 분포가 균일할 것

풀 이

불활성일 것

52 슬러지를 개량(conditioning)하는 주된 목적은?

① 농축 성질을 향상시킨다.
② 탈수 성질을 향상시킨다.
③ 소화 성질을 향상시킨다.
④ 구성성분 성질을 개선, 향상시킨다.

53 폐기물의 밀도가 200kg/m^{3}인 것을 500kg/m^{3}으로 압축시킬 때 폐기물의 부피변화는?

① 60% 감소
② 64% 감소
③ 67% 감소
④ 70% 감소

풀 이

압축 전 폐기물의 부피를 1m^{3}이라 하면 무게는 200kg이다.
압축 후 폐기물의 무게는 변하지 않으나 부피가 변하여 밀도가 변하였으므로

$$200kg \times \frac{m^3}{500kg} = 0.4m^3$$

$$\text{부피감소율} = \left(1 - \frac{0.4}{1}\right) \times 100 = 60\%$$

정답 48 ④ 49 ① 50 ① 51 ① 52 ② 53 ①

54 수거노선 설정 시 유의사항으로 적절하지 않은 것은?

① 고지대에서 저지대로 차량을 운행한다.
② 다량 발생되는 배출원은 하루 중 가장 나중에 수거한다.
③ 반복운행, U자 회전을 피한다.
④ 가능한 한 시계방향으로 수거노선을 정한다.

풀이

다량 발생되는 배출원은 하루 중 가장 먼저 수거한다.

55 다음 중 특정 물질의 연소계산에 있어 그 값이 가장 적은 값은?

① 실제 공기량
② 이론 연소가스량
③ 이론 산소량
④ 이론 공기량

풀이

이론산소량 < 이론공기량 < 실제공기량 < 이론연소가스량

56 인구가 6,000,000명이 사는 도시에서 1년에 3,000,000ton의 폐기물이 발생된다. 이 폐기물을 4,500명의 인부가 수거할 때 MHT는? (단, 수거인부의 1일 작업시간 = 8시간, 1년 작업 일수 = 300일)

① 2.3
② 3.6
③ 4.7
④ 8.8

풀이

MHT = man · hr/ton

$$\frac{4500\text{인} \times 300day \times \frac{8hr}{day}}{3000000ton} = 3.6$$

57 중유 1kg을 완전연소시킬 때의 저위발열량(kcal/kg)은? (단, H_H = 12000kcal/kg, 원소분석에 의한 수소 분석비 = 20%, 수분함량 = 20%)

① 10800
② 11988
③ 20988
④ 21988

풀이
저위발열량 = 고위발열량 − 물의 증발잠열
$H_L = H_H - 600(9H + W)$
$= 12000 - 600(9 \times 0.2 + 0.2) = 10800$kcal/kg

58 쓰레기를 압축시켜 용적감소율(VR)이 25%인 경우 압축비(CR)는?

① 1.09
② 1.11
③ 1.33
④ 1.57

풀이
용적감소율이 25%이므로 압축 전 부피가 100일 때 압축 부피는 75이다.
압축비 = 압축 전 부피/압축 후 부피이므로
압축비 = 100/75 = 1.33

59 적환장을 설치하였을 경우 나타나는 현상과 가장 거리가 먼 것은?

① 폐기물 처리시설과의 거리가 멀어질수록 경제적이다.
② 쓰레기 차량의 출입이 빈번해진다.
③ 소음 및 비산먼지, 악취 등이 발생한다.
④ 재활용품이 회수되지 않는다.

풀이
재활용품의 회수가 가능하다.

정답 54 ② 55 ③ 56 ② 57 ① 58 ③ 59 ④

60 파쇄 메커니즘과 가장 거리가 먼 것은?

① 압축작용
② 전단작용
③ 회전작용
④ 충격작용

풀이

압축, 전단, 충격작용에 의해 파쇄가 일어난다.

61 다음과 같은 조성의 쓰레기를 소각처분하고자 할 때 이론적으로 필요한 공기의 양(Sm^3)은 표준상태에서 쓰레기 1kg당 얼마인가?(단, 공기 중 산소는 부피기준으로 20% 이다.)

<쓰레기 조성(wt%)
−C : 10%, H : 5%, O : 10%

① 1.98
② 2.25
③ 3.41
④ 4.64

풀이

이론산소량 = 1.867C + 5.6H + 0.7S − 0.7O
= 1.867 × 0.1 + 5.6 × 0.05 − 0.7 × 0.1 = 0.3967Sm^3/kg
이론공기량 = 이론산소량/0.2 = 0.3967/0.2 = 1.9835Sm^3/kg

62 폐기물의 고위발열량과 저위발열량의 차이가 360kcal/kg일 때, 이 폐기물의 함수율(%)은? (단, 수소연소에 의한 수분발생은 무시한다.)

① 36
② 45
③ 60
④ 90

풀이

600(9H + W) = 360kal/kg
수소의 연소에 대한 수분 발생은 무시하므로
600(9 × 0 + W) = 360kal/kg
W = 0.6 → 60%

63 알칼리도를 감소시키기 위해 희석수를 사용하여 슬러지를 개량시키는 방법은?

① 동결융해(Freeze−Thaw)
② 세정(Elutriation)
③ 농축(Thickening)
④ 용매추출(Solvent Extraction)

64 유해폐기물의 용매추출법은 액상폐기물로부터 제거하고자 하는 성분을 용매 쪽으로 이동시키는 방법이다. 용매추출에 사용하는 용매의 선택기준으로 옳은 것은? 2019년 지방직9급

① 낮은 분배계수를 가질 것
② 끓는점이 낮을 것
③ 물에 대한 용해도가 높을 것
④ 밀도가 물과 같을 것

풀 이

바르게 고쳐보면,
① 높은 분배계수를 가질 것
③ 물에 대한 용해도가 낮을 것
④ 밀도가 물과 다를 것

65 슬러지의 탈수 가능성을 표현하는 용어로 가장 적합한 것은?

① 균등계수(Uniformity coefficient)
② 투수계수(Coefficient of permeability)
③ 유효입경(Effective diameter)
④ 비저항계수(Specific resistance coefficient)

풀 이

① 균등계수(Uniformity coefficient) : 유효입경에 대한 d_{60}(통과중량백분율 60%의 직경)에 대한 비이다.(d_{60}/d_{10})
② 투수계수(Coefficient of permeability) : Darcy법칙에 사용되는 계수로 다공성매질을 유체가 통과할 때의 계수이다.
③ 유효입경(Effective diameter) : 통과중량백분율 10%의 직경이다.

정답 60 ③ 61 ① 62 ③ 63 ② 64 ② 65 ④

66 함수율이 98%인 슬러지를 함수율 80%의 슬러지로 탈수시켰을 때 탈수 후/전의 슬러지 체적비(탈수 후/전)는? (단, 비중 = 1.0 기준)

① 1/9
② 1/10
③ 1/15
④ 1/20

풀이

$SL_1(1 - X_1) = SL_2(1 - X_2)$
$SL_1(1 - 0.98) = SL_2(1 - 0.8)$
$SL_2/SL_1 = 0.2/0.02 = 1/10$

67 화격자식(stoker) 소각로에 대한 설명으로 옳지 않은 것은?

① 연속적인 소각과 배출이 가능하다.
② 체류시간이 짧고 교반력이 강하여 국부가열 발생이 적다.
③ 고온 중에서 기계적으로 구동하기 때문에 금속부의 마모손실이 심하다.
④ 플라스틱 등과 같이 열에 쉽게 용해되는 물질은 화격자가 막힐 염려가 있다.

풀이

체류시간이 길고 교반력이 약하여 국부가열 발생할 가능성이 있다.

68 분뇨의 혐기성 분해 시 가장 많이 발생하는 가스는?

① NH_3
② CO_2
③ H_2S
④ CH_4

69 쓰레기를 수송하는 방법 중 자동화, 무공해화가 가능하고 눈에 띄지 않는다는 장점을 가지고 있으며 공기수송, 반죽수송, 캡슐수송 등의 방법으로 쓰레기를 수거하는 방법은?

① 모노레일 수거
② 관거 수거
③ 콘베이어 수거
④ 콘테이너 철도수거

70 다음 중 MHT에 관한 설명으로 옳지 않은 것은?

① man · hr/ton을 뜻한다.
② 폐기물의 수거효율을 평가하는 단위로 쓰인다.
③ MHT가 클수록 수거효율이 좋다.
④ 수거작업 간의 노동력을 비교하기 위한 것이다.

풀 이

MHT가 작을수록 수거효율이 좋다.

71 1,792,500ton/yr의 쓰레기를 5,450명의 인부가 수거하고 있다면 수거인부의 MHT는?(단, 수거인부의 1일 작업시간은 8시간이고 1년 작업일수는 310일이다.)

① 2.02
② 5.38
③ 7.54
④ 9.45

풀 이

$$MHT = \frac{Man \times Hr}{Ton}$$

$$MHT = 5{,}450\text{인} \times \frac{8hr}{day} \times \frac{310day}{yr} \times \frac{yr}{1{,}792{,}500ton}$$

$$= 7.5403\text{man} \cdot \text{hr/ton}$$

정답 66 ② 67 ② 68 ④ 69 ② 70 ③ 71 ③

72 쓰레기 수거노선을 결정할 때 고려사항으로 옳지 않은 것은?

① 아주 많은 양의 쓰레기가 발생되는 발생원은 하루 중 가장 나중에 수거한다.
② 가능한 한 시계방향으로 수거노선을 정한다.
③ U자 회전을 피하여 수거한다.
④ 적은 양의 쓰레기가 발생하나 동일한 수거빈도를 받기를 원하는 수거지점은 가능한 한 같은 날 왕복 내에서 수거하도록 한다.

풀이
아주 많은 양의 쓰레기가 발생되는 발생원은 하루 중 가장 먼저 수거한다.

73 쓰레기 수거노선을 결정하는데 유의할 사항으로 옳지 않은 것은?

① 가능한 한 한번 간 길은 가지 않는다.
② U자형 회전을 피해 수거한다.
③ 발생량이 많은 곳은 하루 중 가장 먼저 수거한다.
④ 가능한 한 반시계방향으로 수거노선을 정한다.

풀이
가능한 한 시계방향으로 수거노선을 정한다.

74 폐기물의 발생원에서 처리장까지의 거리가 먼 경우 중간지점에 설치하여 운반비용을 절감시키는 역할을 하는 것은?

① 적환장
② 소화조
③ 살포장
④ 매립지

75 **소형차량으로 수거한 쓰레기를 대형차량으로 옮겨 운반하기 위해 마련하는 적환장의 위치로 적합하지 않은 곳은?**

① 주요 간선도로에 인접한 곳
② 수송 측면에서 가장 경제적인 곳
③ 공중위생 및 환경피해가 최소인 곳
④ 가능한 한 수거지역에서 멀리 떨어진 곳

풀이
적환장은 가능한 한 수거지역에서 가까운 곳에 위치해야 한다.

76 **다음 중 적환장이 필요한 경우와 거리가 먼 것은?**

① 수집 장소와 처분 장소가 비교적 먼 경우
② 작은 용량의 수집 차량을 사용할 경우
③ 작은 규모의 주택들이 밀집되어 있는 경우
④ 상업지역에서 폐기물 수거에 대형 용기를 사용하는 경우

풀이
적환장은 상업지역에서 폐기물 수거에 소형 용기를 사용하는 경우 필요하다.

77 **폐기물의 수거를 용이하게 하기 위해 적환장의 설치가 필요한 이유로 가장 거리가 먼 것은?**

① 작은 규모의 주택들이 밀집되어 있는 경우
② 폐기물 수집에 소형 컨테이너를 많이 사용하는 경우
③ 처분장이 수집장소에 바로 인접하여 있는 경우
④ 반죽수송이나 공기수송방식을 사용하는 경우

풀이
처분장이 수집장소에 바로 인접하여 있는 경우 적환장을 설치할 필요가 없다.

정답 72 ① 73 ④ 74 ① 75 ④ 76 ④ 77 ③

78 **다음 중 폐기물의 선별목적으로 가장 적합한 것은?**

① 폐기물의 부피 감소
② 폐기물의 밀도 증가
③ 폐기물 저장 면적의 감소
④ 재활용 가능한 성분의 분리

79 **다음과 같은 특성을 지닌 폐기물 선별방법은?**

- 예부터 농가에서 탈곡 작업에 이용되어 온 것으로 그 작업이 밀폐된 용기 내에서 행해지도록 한 것
- 공기 중 각 구성물질의 낙하속도 및 공기저항의 차에 따라 폐기물을 분별하는 방법
- 종이나 플라스틱과 같은 가벼운 물질과 유리, 금속 등의 무거운 물질을 분리하는 데 효과적임

① 스크린 선별　② 공기 선별
③ 자력 선별　④ 손 선별

80 **다양한 크기를 가진 혼합 폐기물을 크기에 따라 자동으로 분류할 수 있으며, 주로 큰 폐기물로부터 후속 처리장치를 보호하기 위해 많이 사용되는 선별방법은?**

① 손 선별　② 스크린 선별
③ 공기 선별　④ 자석 선별

81 **스크린 선별에 관한 설명으로 거리가 먼 것은?**

① 스크린 선별은 주로 큰 폐기물로부터 후속 처리장치를 보호하거나 재료를 회수하기 위해 많이 사용한다.
② 트롬엘 스크린은 진동 스크린의 형식에 해당한다.
③ 스크린의 형식은 진동식과 회전식으로 구분할 수 있다.
④ 회전 스크린은 일반적으로 도시폐기물 선별에 많이 사용하는 스크린이다.

풀이

트롬엘 스크린은 회전식 스크린의 형식에 해당한다.

82 파쇄하였거나 파쇄하지 않은 폐기물로부터 철분을 회수하기 위해 가장 많이 사용되는 폐기물 선별 방법은?

① 공기선별
② 스크린선별
③ 자석선별
④ 손선별

83 수거된 폐기물을 압축하는 이유로 거리가 먼 것은?

① 저장에 필요한 용적을 줄이기 위해
② 수송 시 부피를 감소시키기 위해
③ 매립지의 수명을 연장시키기 위해
④ 소각장에서 소각 시 원활한 연소를 위해

풀 이

폐기물을 압축하면 소각 시 원활한 연소가 이루어지지 않는다.

84 처음 부피가 1,000m³인 폐기물을 압축하여 500m³인 상태로 부피를 감소시켰다면 체적 감소율(%)은?

① 2
② 10
③ 50
④ 100

풀 이

부피감소율 $= \left(\dfrac{V_1 - V_2}{V_1}\right) \times 100 = \left(\dfrac{1,000 - 500}{1,000}\right) \times 100 = 50\%$

정답 78 ④ 79 ② 80 ② 81 ② 82 ③ 83 ④ 84 ③

85 폐기물을 압축 시켰을 때 부피 감소율이 75%이었다면 압축비는?

① 1.5　② 2.0
③ 2.5　④ 4.0

풀 이

부피감소율이 75%이므로
압축 전의 부피를 100, 압축 후의 부피를 25라고 하면

$$압축비 = \frac{V_1}{V_2} = \frac{100}{25} = 4$$

86 밀도가 0.4ton/m^{3}인 쓰레기를 매립하기 위해 밀도 0.8ton/m^{3}으로 압축하였다. 압축비는?

① 0.5　② 1.5
③ 2.0　④ 2.5

풀 이

무게는 압축 전후를 비교하였을 때 동일하다.

ⓐ 압축 전
　부피 : 1m^3
　무게 : $\frac{0.4ton}{m^3} \times 1m^3 = 0.4ton$

ⓑ 압축 후
　무게 : 0.4ton
　부피 : $0.4ton \times \frac{m^3}{0.8ton} = 0.5m^3$

ⓒ 압축비
　$압축비 = \frac{V_1}{V_2} = \frac{1m^3}{0.5m^3} = 2$

87 폐기물처리에서 "파쇄"의 목적과 거리가 먼 것은?

① 부식효과 억제
② 겉보기 비중의 증가
③ 특정 성분의 분리
④ 고체물질 간의 균일혼합효과

풀 이

파쇄는 부식효과를 촉진 시킨다.

88 **폐기물을 파쇄시키는 목적으로 적합하지 않은 것은?**

① 분리 및 선별을 용이하게 한다.
② 매립 후 빠른 지반침하를 유도한다.
③ 부피를 감소시켜 수송효율을 증대시킨다.
④ 비표면적이 넓어져 소각을 용이하게 한다.

풀이

파쇄를 함으로써 매립 후 지반침하를 방지한다.

89 **폐기물의 파쇄작용이 일어나게 되는 힘의 3종류와 가장 거리가 먼 것은?**

① 압축력
② 전단력
③ 원심력
④ 충격력

풀이

원심력은 해당하지 않는다.

90 **다음 중 고정날과 가동날의 교차에 의해 폐기물을 파쇄하는 것으로 파쇄속도가 느린 편이며, 주로 목재류, 플라스틱 및 종이류 파쇄에 많이 사용되고, 왕복식, 회전식 등이 해당하는 파쇄기의 종류는?**

① 냉온파쇄기
② 전단파쇄기
③ 충격파쇄기
④ 압축파쇄기

정답 85 ④ 86 ③ 87 ① 88 ② 89 ③ 90 ②

91 **전단파쇄기에 관한 설명으로 옳지 않은 것은?**

① 고정칼, 왕복 또는 회전칼과의 교합에 의해 폐기물을 전단한다.
② 주로 목재류, 플라스틱류 및 종이류를 파쇄하는 데 이용된다.
③ 파쇄물의 크기를 고르게 할 수 있다는 장점이 있다.
④ 충격파에 비해 파쇄속도가 빠르고 이물질의 혼입에 대하여 강하다.

풀이

이물질의 혼입에 대하여 약하다.

92 **다음은 파쇄기의 특성에 관한 설명이다. (　　) 안에 가장 적합한 것은?**

(　　) 는 기계의 압착력을 이용하여 파쇄하는 장치로서 나무나 플라스틱류, 콘크리트덩이, 건축 폐기물의 파쇄에 이용되며, Rotary Mill식, Impact crucher 등이 있다. 이 파쇄기는 마모가 적고, 비용이 적게 소요되는 장점이 있으나 고무, 연질플라스틱류의 파쇄는 어렵다.

① 전단파쇄기
② 압축파쇄기
③ 충격파쇄기
④ 컨베이어 파쇄기

93 **소각로에서 연소효율을 높일 수 있는 방법과 거리가 먼 것은?**

① 공기와 연료의 혼합이 좋아야 한다.
② 온도가 충분히 높아야 한다.
③ 체류시간이 짧아야 한다.
④ 연료에 산소가 충분히 공급되어야 한다.

풀이

체류시간이 길수록 연소효율은 높아진다.

94 소각로에서 완전연소를 위한 3가지 조건(일명 3T)으로 옳은 것은?

① 시간 – 온도 – 혼합
② 시간 – 온도 – 수분
③ 혼합 – 수분 – 시간
④ 혼합 – 수분 – 온도

풀 이
완전연소를 위한 조건은 아래와 같이 구분된다.
3T : 시간(Time), 온도(Temperature), 혼합(Turbulence)
3TO : 시간(Time), 온도(Temperature), 혼합(Turbulence), 산소(Oxygen)

95 화상 위에서 쓰레기를 태우는 방식으로 플라스틱처럼 열에 열화, 용해되는 물질의 소각과 슬러지, 입자상물질의 소각에 적합하지만 체류시간이 길고 국부적으로 가열될 염려가 있는 소각로는?

① 고정상
② 화격자
③ 회전로
④ 다단로

96 화격자 연소기의 특징으로 거리가 먼 것은?

① 연속적인 소각과 배출이 가능하다.
② 체류시간이 짧고 교반력이 강하여 수분이 많은 폐기물의 연소에 효과적이다.
③ 고온 중에서 기계적으로 구동하므로 금속부의 마모손실이 심한 편이다.
④ 플라스틱과 같이 열에 쉽게 용해되는 물질에 의해 화격자가 막힐 염려가 있다.

풀 이
체류시간이 길고 교반력이 약하여 국부가열의 우려가 있다.

정 답 91 ④ 92 ② 93 ③ 94 ① 95 ① 96 ②

97 **화격자 소각로의 장점으로 가장 적합한 것은?**

① 체류시간이 짧고 교반력이 강하다.
② 연속적인 소각과 배출이 가능하다.
③ 열에 쉽게 용해되는 물질의 소각에 적합하다.
④ 수분이 많은 물질의 소각에 적합하며, 금속부의 마모손실이 적다.

풀이

바르게 고쳐보면,
① 체류시간이 길고 교반력이 약하다.
③ 열에 쉽게 용해되는 물질의 소각에 부적합하다.
④ 수분이 많은 물질의 소각에 적합하며, 금속부의 마모손실이 많다.

98 **다음 중 로타리킬른 방식의 장점으로 거리가 먼 것은?**

① 열효율이 높고, 적은 공기비로도 완전 연소가 가능하다.
② 예열이나 혼합 등 전처리가 거의 필요 없다.
③ 드럼이나 대형용기를 파쇄하지 않고 그대로 투입할 수 있다.
④ 공급장치의 설계에 있어서 유연성이 있다.

풀이

열효율이 낮고, 적은 공기비로도 완전 연소가 어렵다.

99 **소각로의 종류 중 다단로(Multple Hearth)의 특성으로 거리가 먼 것은?**

① 다량의 수분이 증발되므로 수분함량이 높은 폐기물도 연소가 가능하다.
② 체류시간이 짧아 온도반응이 신속하다.
③ 많은 연소영역이 있으므로 연소효율을 높일 수 있다.
④ 물리·화학적 성분이 다른 각종 폐기물을 처리할 수 있다.

풀이

체류시간이 길어 온도반응이 더디다.

100 유동상 소각로에서 유동상 매질이 갖추어야 할 특성으로 거리가 먼 것은?

① 불활성 일 것
② 내마모성 일 것
③ 융점이 낮을 것
④ 비중이 작을 것

풀이

융점이 높아야 한다.

101 장치 아래쪽에서는 가스를 주입하여 모래를 가열시키고 위쪽에서는 폐기물을 주입하여 연소시키는 형태로 기계적 구동부가 적어 고장율이 낮으며, 슬러지나 폐유 등의 소각에 탁월한 성능을 가지는 소각로는?

① 고정상 소각로
② 화격자 소각로
③ 유동상 소각로
④ 열분해 소각로

102 연료의 발열량에 관한 설명으로 옳지 않은 것은?

① 연료의 단위량(기체연료 $1Sm^3$, 고체및 액체연료 1kg)이 완전연소할 때 발생하는 열량(kcal/kg)을 발열량이라 한다.
② 발열량은 열량계로 측정하여 구하거나 연료의 화학성분 분석결과를 이용하여 이론적으로 구할 수 있다.
③ 저위발열량은 총발열량이라고도 하며 연료 중의 수분 및 연소에 의해 생성된 수분의 응축열을 포함한 열량이다.
④ 실제 연소에 있어서는 연소 배출가스 중의 수분은 보통 수증기 형태로 배출되어 이용이 불가능하므로 발열량에서 응축열을 제외한 나머지 열량이 유효하게 이용된다.

풀이

고위발열량은 총발열량이라고도 하며 연료 중의 수분 및 연소에 의해 생성된 수분의 응축열을 포함한 열량이다.

정답 97 ② 98 ① 99 ② 100 ③ 101 ③ 102 ③

103 통상적으로 소각로의 설계기준이 되는 진발열량을 의미하는 것은?

① 고위발열량
② 저위발열량
③ 고위발열량과 저위발열량의 기하평균
④ 고위발열량과 저위발열량의 산술평균

104 중량비로 수소가 15%, 수분이 1% 함유되어 있는 중유의 고위발열량이 13,000kcal/kg이다. 이 중유의 저위발열량은?

① 11,368kcal/kg
② 11,976kcal/kg
③ 12,025kcal/kg
④ 12,184kcal/kg

풀 이

저위 발열량 = 고위발열량 − 물의 증발잠열이다.
액체와 고체연료의 저위발열량 계산식
저위발열량 = 고위발열량 − 600(9H + W)

$$H_l = 13{,}000 - 600(9 \times \frac{15}{100} + \frac{1}{100}) = 12{,}184kcal/kg$$

105 쓰레기 소각로의 소각능력이 120kg/m^2 · hr인 소각로가 있다. 하루에 8시간씩 가동하여 12,000kg의 쓰레기를 소각하려고 한다. 이 때 소요되는 화격자의 넓이는 몇 m^2 인가?

① 11.0
② 12.5
③ 14.0
④ 15.5

풀 이

$$\text{소각률} = \frac{\text{소각량}}{\text{면적}} \rightarrow \frac{120kg}{m^2 \cdot hr} = \frac{12{,}000kg}{day} \times \underbrace{\frac{1day}{8hr}}_{day \to hr} \times \frac{1}{\square}$$

$$\square = \frac{12{,}000kg}{day} \times \frac{1day}{8hr} \times \frac{m^2 \cdot hr}{120kg} = 12.5m^2$$

106 도시폐기물 소각로에서 다이옥신이 생성되는 기작에 대한 설명으로 옳지 않은 것은?

2019년 지방직9급

① 전구물질이 비산재 및 염소 공여체와 결합한 후 생성된 PCDD는 배출가스의 온도가 600℃ 이상에서 최대로 발생한다.

② 유기물(PVC, lignin 등)과 염소 공여체(NaCl, HCl, Cl_2 등)로부터 생성된다.

③ 전구물질인 CP(chlorophenols)와 PCB(polychlorinated biphenyls) 등이 반응하여 PCDD/PCDF로 전환된다.

④ 투입된 쓰레기에 존재하던 PCDD/PCDF가 연소 시 파괴되지 않고 대기 중으로 배출된다.

풀이

바르게 고쳐보면,
전구물질이 비산재 및 염소 공여체와 결합한 후 생성되는 PCDD는 배출가스의 온도가 250~450℃에서 최대로 발생하며 850℃ 이상의 고온에서 발생이 억제된다.

107 쓰레기 발생량이 24,000kg/day이고 발열량이 500kcal/kg이라면 로내 열부하가 50,000kcal/m³ · hr인 소각로의 용적은?(단, 1일 가동시간은 12hr이다.)

① $20m^3$

② $40m^3$

③ $60m^3$

④ $80m^3$

풀이

$$\text{열부하}\frac{\text{kcal}}{\text{m}^3\cdot\text{hr}} = \frac{\text{시간당 발열량}}{\text{용적}}$$

$$\frac{50,000kcal}{m^3 \cdot hr} = \frac{24,000kg}{day} \times \frac{500kcal}{kg} \times \frac{1day}{12hr} \times \frac{1}{\square m^3}$$

$\square = 20m^3$

정답 103 ② 104 ④ 105 ② 106 ① 107 ①

108 **소각에 비하여 열분해 공정의 특징이라고 볼 수 없는 것은?**

① 무산소 분위기 중에서 고온으로 가열한다.
② 액체 및 기체상태의 연료를 생성하는 공정이다.
③ NOx 발생량이 적다.
④ 열분해 생성물이 질과 양의 안정적 확보가 용이하다.

풀 이

열분해 생성물이 질과 양의 안정적 확보가 어렵다.

109 **폐기물의 열분해에 관한 설명으로 옳지 않은 것은?**

① 공기가 부족한 상태에서 폐기물을 연소시켜 가스, 액체 및 고체 상태의 연료를 생산하는 공정을 열분해 방법이라 부른다.
② 열분해에 의해 생성되는 액체 물질은 식초산, 아세톤, 메탄올, 오일 등이다.
③ 열분해 방법 중 저온법에서는 Tar, Char 및 액체상태의 연료가 보다 많이 생성된다.
④ 저온 열분해는 1100~1500℃에서 이루어진다.

풀 이

저온 열분해는 500~900℃에서 이루어진다.

110 **폐기물 고화처리 시 고화재의 종류에 따라 무기적 방법과 유기적 방법으로 나눌 수 있다. 유기적 고형화에 관한 설명으로 틀린 것은?**

① 수밀성이 크며 다양한 폐기물에 적용할 수 있다.
② 최종 고화체의 체적 증가가 거의 균일하다.
③ 미생물, 자외선에 대한 안정성이 약하다.
④ 상업화된 처리법의 현장자료가 빈약하다.

풀 이

최종 고화체의 체적 증가는 균일하지 않다.

111 고형화 처리의 목적에 해당하지 않는 것은?

① 취급이 용이하다.
② 폐기물 내 독성이 감소한다.
③ 폐기물 내 오염물질의 용해도가 감소한다.
④ 폐기물 내 손실성분이 증가한다.

풀이

폐기물 내 손실성분은 감소한다.

112 열분해 공정에 대한 설명으로 옳지 않은 것은?

2020년 지방직9급

① 산소가 없는 상태에서 열을 공급하여 유기물을 기체상, 액체상 및 고체상 물질로 분리하는 공정이다.
② 외부열원이 필요한 흡열반응이다.
③ 소각 공정에 비해 배기가스량이 적다.
④ 열분해 온도에 상관없이 일정한 분해산물을 얻을 수 있다.

풀이

고온 열분해는 1100~1500℃ 저온 열분해는 500~900℃에서 이루어진다.

113 폐기물을 안정화 및 고형화 시킬 때의 폐기물의 전환특성으로 거리가 먼 것은?

① 오염물질의 독성 증가
② 폐기물 취급 및 물리적 특성 향상
③ 오염물질이 이동되는 표면적 감소
④ 폐기물 내에 있는 오염물질의 용해성 제한

풀이

폐기물을 안정화 및 고형화 시 오염물질의 독성은 감소해야 한다.

정답 108 ④ 109 ④ 110 ② 111 ④ 112 ④ 113 ①

114 밀도가 1g/cm³인 폐기물 10kg에 고형화 재료 2kg을 첨가하여 고형화 시켰더니 밀도가 1.2g/cm³로 증가했다. 이 경우 부피변화율은?

① 0.7 ② 0.8 ③ 0.9 ④ 1.0

풀 이

$$\text{밀도}(\rho) = \frac{\text{질량(g)}}{\text{부피}(cm^3)} \rightarrow \text{부피}(cm^3) = \frac{\text{질량}(\rho)}{\text{밀도}(\rho)}$$

ⓐ 고형화 재료 첨가 전 부피(V_1)

$$V_1(cm^3) = \frac{10,000g}{1.0g/cm^3} = 10,000cm^3$$

ⓑ 고형화 재료 첨가 후 부피(V_2)

$$V_2(cm^3) = \frac{12,000g}{1.2g/cm^3} = 10,000cm^3$$

ⓒ 부피변화율 산정

$$\text{부피변화율} = \frac{V_2}{V_1} \rightarrow \text{부피변화율} = \frac{10,000}{10,000} = 1$$

115 폐기물의 고형화 처리 시 유기성 고형화에 관한 설명으로 가장 거리가 먼 것은?(단, 무기성 고형화와 비교 시)

① 수밀성이 매우 크며, 다양한 폐기물에 적용이 가능하다.
② 미생물 및 자외선에 대한 안정성이 강하다.
③ 최종 고화체의 체적 증가가 다양하다.
④ 폐기물의 특정 성분에 의한 중합체 구조의 장기적인 약화가능성이 존재한다.

풀 이

미생물 및 자외선에 대한 안정성이 약하다.

116 무기성 고형화에 대한 설명으로 가장 거리가 먼 것은?

① 다양한 산업폐기물에 적용이 가능하다.
② 수밀성과 수용성이 높아 다양한 적용이 가능하나 처리 비용은 고가이다.
③ 고형화 재료에 따라 고화체의 체적 증가가 다양하다.
④ 상온 및 상압하에서 처리가 가능하다.

풀 이

유기성고형화는 수밀성이 높아 다양한 적용이 가능하나 처리 비용은 고가이다.

117 유해폐기물을 "무기적 고형화"에 의한 처리방법에 관한 특성비교로 옳지 않은 것은?(단, 유기적 고형화 방법과 비교)

① 고도의 기술이 필요하며, 촉매 등 유해물질이 사용된다.
② 수용성이 작고, 수밀성이 양호하다.
③ 고화재료 구입이 용이하며, 재료가 무독성이다.
④ 상온, 상압에서 처리가 용이하다.

풀이
고도의 기술이 필요하지 않으며, 촉매 등 유해물질이 사용되지 않는다.

118 폐기물 고체연료(RDF)의 구비조건으로 옳지 않은 것은?

① 열량이 높을 것
② 함수율이 높을 것
③ 대기오염이 적을 것
④ 성분 배합률이 균일할 것

풀이
함수율이 낮을 것

119 슬러지 처리공정 단위조작으로 가장 거리가 먼 것은?

① 혼합
② 탈수
③ 농축
④ 개량

풀이
슬러지 처리공정은 슬러지 → 농축 → 소화 → 개량 → 탈수 → 소각 → 매립이다.

정답 114 ④ 115 ② 116 ② 117 ① 118 ② 119 ①

120 건조 전 슬러지 무게가 150g 이고, 항량으로 건조한 후의 무게가 35g이었다면 이 때 수분의 함량(%)은?

① 46.7 ② 56.7
③ 66.7 ④ 76.7

풀이

건조과정을 거쳐 수분이 증발하였으므로 건조 전후의 무게차를 이용하여 계산한다.

$$\frac{150-35}{150} \times 100 = 76.6666\%$$

121 농축대상 슬러지량이 $500m^3$/day이고, 슬러지의 고형물 농도가 15g/L일 때, 농축조의 고형물 부하를 $2.5kg/m^2 \cdot hr$로 하기 위해 필요한 농축조의 면적(m^2)은?(단, 슬러지의 비중은 1.0이고, 24시간 연속가동 기준이다.)

① 110 ② 125
③ 140 ④ 155

풀이

고형물의 면적부하 = 고형물 부하량/면적

$$\frac{\frac{500m^3}{day} \times \frac{15g}{L} \times \frac{kg}{10^3g} \times \frac{10^3L}{m^3} \times \frac{day}{24hr}}{\square m^2} = 2.5kg/m^2 \cdot hr$$

$\square = 125m^2$

122 혐기성 소화탱크에서 유기물 80%, 무기물 20%인 슬러지를 소화처리하여 소화슬러지의 유기물이 50%, 무기물이 50%가 되었다. 소화율은?

① 35% ② 45%
③ 50% ④ 75%

풀이

$$\eta = \left(1 - \frac{VS_2/FS_2}{VS_1/FS_1}\right) \times 100$$

$$\eta = \left(1 - \frac{50/50}{80/20}\right) \times 100 = 75\%$$

123 폐수 슬러지를 혐기적 방법으로 소화시키는 목적으로 거리가 먼 것은?

① 유기물을 분해시킴으로써 슬러지를 안정화시킨다.
② 슬러지의 무게와 부피를 증가시킨다.
③ 이용가치가 있는 부산물을 얻을 수 있다.
④ 유해한 병원균을 죽이거나 통제할 수 있다.

풀 이
슬러지의 무게와 부피를 감소시킨다.

124 폐수처리 공정에서 발생되는 슬러지를 혐기성으로 소화시키는 목적과 가장 거리가 먼 것은?

① 유해중금속 등의 화학물질을 분해시킨다.
② 슬러지의 무게와 부피를 감소시킨다.
③ 이용가치가 있는 부산물을 얻을 수 있다.
④ 병원균을 죽이거나 통제할 수 있다.

풀 이
유해중금속 등의 화학물질은 소화공정에서 분해되지 않는다.

125 다음 중 슬러지 개량(conditioning) 방법에 해당하지 않는 것은?

① 슬러지 세척
② 열관리
③ 약품처리
④ 관성분리

풀 이
슬러지의 개량은 탈수성 향상에 목적이 있으며, 약품처리, 열처리, 세정, 동결 등의 방법이 있다.

정답 120 ④ 121 ② 122 ④ 123 ② 124 ① 125 ④

126 슬러지 내 물의 존재 형태 중 다음 설명으로 가장 적합한 것은?

큰 고형물질입자 간극에 존재하는 수분으로 가장 많은 양을 차지하며 고형물과 직접 결합해 있지 않기 때문에 농축 등의 방법으로 용이하게 분리할 수 있다.

① 모관결합수
② 내부수
③ 부착수
④ 간극수

풀이

간극수 → 모관결합수 → 표면부착수 → 내부수 순서로 증발된다.

127 슬러지나 분뇨의 탈수 가능성을 나타내는 것은?

① 균등계수
② 알칼리도
③ 여과비저항
④ 유효경

풀이

여과비저항 : 고형물과 물 사이의 결합정도를 나타내는 용어로 여과비저항이 클수록 고형물과 물과의 결합력이 강해 탈수성은 낮다.

128 함수율 25%인 쓰레기를 건조시켜 함수율이 20%인 쓰레기로 만들려면 쓰레기 1ton당 약 얼마의 수분을 증발시켜야 하는가?

① 62.5kg
② 66.5kg
③ 80.5kg
④ 100kg

풀이

$SL_1(1-X_1)=SL_2(1-X_2)$

$1000kg(1-0.25) = SL_2(1-0.20)$

$SL_2 = 937.5kg$

증발시켜야 할 수분 $= SL_1 - SL_2 = 1000 - 937.5 = 62.5kg$

129 소화 슬러지의 발생량은 투입량의 15%이고 함수율 90%이다. 탈수기에서 함수율을 70%로 한다면 케이크의 부피(m^3)는?(단, 투입량은 150kL이다.)

① 7.5
② 8.7
③ 9.5
④ 10.7

풀이

$$150kL(=m^3) \times \frac{10_{-TS}}{100_{-SL}} \times \frac{15}{100} \times \frac{100_{-cake}}{30_{-TS}} = 7.5m^3$$

130 퇴비화 시 부식질의 역할로 옳지 않은 것은?

① 토양능의 완충능을 증가시킨다.
② 토양의 구조를 양호하게 한다.
③ 가용성 무기질소의 용출량을 증가시킨다.
④ 용수량을 증가시킨다.

풀이

가용성 무기질소의 용출량을 감소시킨다.

131 폐기물의 고형화처리에 대한 설명으로 옳지 않은 것은? 2021년 지방직9급

① 폐기물을 고형화함으로써 독성을 감소시킬 수 있다.
② 시멘트기초법은 무게와 부피를 증가시킨다는 단점이 있다.
③ 석회기초법은 석회와 함께 미세 포졸란(pozzolan)물질을 폐기물에 섞는 방법이다.
④ 유기중합체법은 화학적 고형화처리법이다.

풀이

유기중합체법은 폐기물의 고형 성분을 스펀지와 같은 유기성 중합체에 물리적으로 고립시켜 처리하는 방법으로 물리적 고형화처리법이다.

정답 126 ④ 127 ③ 128 ① 129 ① 130 ③ 131 ④

132 쓰레기를 퇴비화 시킬 때의 적정 C/N비 범위는?

① 1~5
② 20~35
③ 100~150
④ 250~300

133 다음 중 퇴비화의 최적조건으로 가장 적합한 것은?

① 수분 50~60%, pH 5.5~8 정도
② 수분 50~60%, pH 8.5~10 정도
③ 수분 80~85%, pH 5.5~8 정도
④ 수분 80~85%, pH 8.5~10 정도

134 퇴비화에 대한 설명으로 옳지 않은 것은?

2021년 지방직9급

① 일반적으로 퇴비화에 적합한 초기 탄소/질소 비(C/N 비)는 25~35이다.
② 퇴비화 더미를 조성할 때의 최적 습도는 70% 이상이다.
③ 고온성 미생물의 작용에 의한 분해가 끝나면 퇴비온도는 떨어진다.
④ 퇴비화 과정에서 호기성 산화 분해는 산소의 공급이 필수적이다.

풀이

퇴비화 더미를 조성할 때의 최적 습도는 45~60%이다.

퇴비화의 최적설계조건

- 입자크기: 2.5~7.5cm
- 혼합과 미생물 식종: 무게비로 1~5% 정도
- 교반: 주1~2회(온도가 상승하면 매일)
- 수분함량: 50~60%
- 온도: 50~60℃
- C/N비: 25~40
- 공기공급: 50~200L/min · m^3
- 최적 pH: 7~8

135 퇴비화의 장점으로 거리가 먼 것은?

① 초기 시설투자비가 낮다.
② 비료로서 가치가 뛰어나다.
③ 토양개량제로 사용가능하다.
④ 운영 시 소요되는 에너지가 낮다.

풀 이

퇴비화된 퇴비는 비료로서 가치가 낮다.

136 다음 중 유기성 폐기물의 퇴비화 특성으로 가장 거리가 먼 것은?

① 생성되는 퇴비는 비료가치가 높으며, 퇴비완성시 부피감소율이 70% 이상으로 큰 편이다.
② 초기 시설투자비가 낮고, 운영 시 소요 에너지도 낮은편이다.
③ 다른 폐기물의 처리기술에 비해 고도의 기술수준이 요구되지 않는다.
④ 퇴비제품의 품질표준화가 어렵고, 부지가 많이 필요한 편이다.

풀 이

생산된 퇴비는 비료가치가 낮으며, 퇴비완성 시 부피감소율이 작은 편이다.

137 유기성 폐기물을 혐기성 소화 시 나오는 가스의 성분 중 에너지로 사용되는 것은?

2024년 지방직9급

① NO_2
② CH_4
③ HCHO
④ PAN

풀 이

NO_2, HCHO, PAN 등은 대기오염물질에 해당한다.

정답 132 ② 133 ① 134 ② 135 ② 136 ① 137 ②

138 폐기물의 열분해에 대한 설명으로 옳지 않은 것은? 2024년 지방직9급

① 다이옥신류의 발생량이 소각에 비해 많다.
② 열분해는 흡열반응이고 소각은 발열반응이다.
③ 열분해생성물 수율은 운전온도와 가열속도에 영향을 받는다.
④ 폐기물을 무산소 또는 저산소 상태에서 가열하여 연료를 생산한다.

풀 이

다이옥신류의 발생량은 소각 시 많이 발생한다.

139 폐기물의 퇴비화 조건으로 가장 거리가 먼 것은?

① 퇴비화하기 쉬운 물질을 선정한다.
② 분뇨, 슬러지 등 수분이 많을 경우 Bulking Agent를 혼합한다.
③ 미생물 식종을 위해 부숙 중인 퇴비의 일부를 반송하여 첨가한다.
④ pH가 5.5 이하인 경우 인위적인 pH 조절을 위해 탄산칼슘을 첨가한다.

풀 이

퇴비화 시 폐기물 내의 자체 미생물로 반응이 충분하다.
미생물 식종을 위해 부숙 중인 퇴비의 일부를 반송하여 첨가하는 경우는 있으나 꼭 필요한 조건에 해당하지는 않는다.

140 사업장폐기물의 퇴비화에 대한 내용으로 틀린 것은?

① 퇴비화 이용이 불가능하다.
② 토양오염에 대한 평가가 필요하다.
③ 독성물질의 함유농도에 따라 결정하여야 한다.
④ 중금속 물질의 전처리가 필요하다.

풀 이

퇴비화 이용이 가능하다.

141 매립된 쓰레기양이 1000ton이고, 유기물 함량이 40%이며, 유기물에서 가스로 전환율이 70%이다. 유기물 kg당 $0.5m^3$의 가스가 생성되고 가스 중 메탄함량이 40%일 때 발생되는 총 메탄의 부피(m^3)는? (단, 표준상태로 가정)

① 46000
② 56000
③ 66000
④ 76000

풀이

$$1000000kg \times \frac{40}{100} \times \frac{70}{100} \times \frac{0.5m^3}{1kg} \times \frac{40}{100} = 56000m^3$$

142 매립장 침출수의 차단방법 중 표면차수막에 관한 설명으로 가장 거리가 먼 것은?

① 보수는 매립 전이라면 용이하지만 매립 후는 어렵다.
② 시공 시에는 눈으로 차수성 확인이 가능하지만 매립이 이루어지면 어렵다.
③ 지하수 집배수시설이 필요하지 않다.
④ 차수막의 단위면적당 공사비는 비교적 싸지만 총공사비는 비싸다.

풀이

지하수 집배수시설이 필요하다.

143 내륙매립공법 중 도랑형공법에 대한 설명으로 옳지 않은 것은?

① 전처리로 압축 시 발생되는 수분처리가 필요하다.
② 침출수 수집장치나 차수막 설치가 어렵다.
③ 사전 정비작업이 그다지 필요하지 않으나 매립용량이 낭비된다.
④ 파낸 흙을 복토재로 이용 가능한 경우에 경제적이다.

풀이

도랑형공법에서 대부분 전처리는 필요하지 않다.

정답 138 ① 139 ③ 140 ① 141 ② 142 ③ 143 ①

144 쓰레기 퇴비장(야적)의 세균 이용법에 해당하는 것은?

① 대장균 이용 ② 혐기성 세균의 이용
③ 호기성 세균의 이용 ④ 녹조류의 이용

145 매립 시 파쇄를 통해 얻는 이점을 설명한 것으로 가장 거리가 먼 것은?

① 압축장비가 없어도 고밀도의 매립이 가능하다.
② 곱게 파쇄하면 매립 시 복토가 필요 없거나 복토요구량이 절감된다.
③ 폐기물과 잘 섞여서 혐기성 조건을 유지하므로 메탄 등의 재회수가 용이하다.
④ 폐기물 입자의 표면적이 증가되어 미생물작용이 촉진된다.

풀이
폐기물의 파쇄와 혐기성조건의 유지는 거리가 멀다.

146 퇴비화 반응의 분해정도를 판단하기 위해 제안된 방법으로 가장 거리가 먼 것은?

① 온도 감소 ② 공기공급량 증가
③ 퇴비의 발열능력 감소 ④ 산화·환원전위의 증가

풀이
퇴비화 반응의 분해정도가 진행될수록 공기공급량은 감소한다.

147 합성차수막 중 PVC에 관한 설명으로 틀린 것은?

① 작업이 용이하다.
② 접합이 용이하고 가격이 저렴하다.
③ 자외선, 오존, 기후에 약하다.
④ 대부분의 유기화학물질에 강하다.

풀이
대부분의 유기화학물질에 약하다.

148 **매립가스의 이동현상에 대한 설명으로 옳지 않은 것은?**

① 토양 내에 발생된 가스는 분자확산에 의해 대기로 방출된다.
② 대류에 의한 이동은 가스 발생량이 많은 경우에 주로 나타난다.
③ 매립가스는 수평보다 수직 방향으로의 이동 속도가 높다.
④ 미량가스는 확산보다 대류에 의한 이동 속도가 높다.

풀이

미량가스는 대류보다 확산에 의한 이동 속도가 높다.

149 **8m³/day 용량의 분뇨처리장에서 발생하는 메탄의 양(m³/day)은? (단, 가스 생산량 = 8m³/m³, 가스 중 CH_4 함량 = 75%)**

① 22
② 32
③ 48
④ 56

풀이

$$\frac{8m^3}{day}\times\frac{8m^3}{m^3}\times\frac{75}{100}=48m^3/day$$

150 **인구 200000명인 도시에 매립지를 조성하고자 한다. 1인1일 쓰레기 발생량은 1.3kg이고 쓰레기 밀도는 0.5ton/m³이며 이 쓰레기를 압축하면 그 용적이 2/3로 줄어든다. 압축한 쓰레기를 매립한 경우, 연간 필요한 매립면적(m²)은? (단, 매립지 깊이 = 2m, 기타조건은 고려하지 않음)**

① 약 12500
② 약 51800
③ 약 63300
④ 약 76200

풀이

$$\frac{1.3kg}{\text{인일}}\times 200000\text{인}\times\frac{ton}{1000kg}\times 365day\times\frac{m^3}{0.5ton}\times\frac{2}{3}\times\frac{1}{2m}=63266.66m^2$$

정답 144 ③ 145 ③ 146 ② 147 ④ 148 ④ 149 ③ 150 ③

151 도시 쓰레기를 퇴비화할 경우 적정 수분함량에 가장 가까운 것은?

① 15%
② 35%
③ 55%
④ 75%

풀 이

퇴비화의 적정 수분함량은 50~60%이다.

152 매립 시 연직차수막과 비교한 표면차수막에 관한 설명으로 가장 거리가 먼 것은?

① 지하수 집배수시설이 필요하다.
② 경제성에 있어서 차수막 단위면적당 공사비는 고가이나 총공사비는 싸다.
③ 보수 가능성면에 있어서는 매립 전에는 용이하나 매립 후에는 어렵다.
④ 차수성 확인에 있어서는 시공시에는 확인되지만 매립 후에는 곤란하다.

풀 이

경제성에 있어서 차수막 단위면적당 공사비는 저가이나 총공사비는 비싸다.

153 유기성 폐기물 자원화 기술 중 퇴비화의 장·단점으로 가장 거리가 먼 것은?

① 운영 시 에너지 소모가 비교적 적다.
② 퇴비가 완성되어도 부피가 크게 감소(50% 이하) 되지 않는다.
③ 생산된 퇴비는 비료가치가 높다.
④ 다양한 재료를 이용하므로 퇴비제품의 품질표준화가 어렵다.

풀 이

생산된 퇴비는 비료가치가 낮다.

154 **퇴비화공정의 운전척도에 대한 설명으로 옳지 않은 것은?**

① 수분함량이 너무 크면 퇴비화가 지연되므로 적정 수분함량은 30~40% 정도가 적절하다.
② 온도가 서서히 내려가 40~45℃에서는 퇴비화가 거의 완성된 상태로 간주한다.
③ 퇴비가 되면 진한 회색을 띠며 약간의 갈색을 나타낸다.
④ pH는 변동이 크지 않다.

풀이
퇴비화 공정에서 수분량은 50~60%정도가 적절하다.

155 **매립지 내에서 일어나는 물리 · 화학적 및 생물학적 변화로 중요도가 가장 낮은 것은?**

① 유기물질의 호기성 또는 혐기성 반응에 의한 분해
② 가스의 이동 및 방출
③ 분해물질의 농도구배 및 삼투압에 의한 이동
④ 무기물질의 용출 및 분해

풀이
매립지 내의 물리 · 화학적 및 생물학적 변화는 유기물질의 용출 및 분해와 관련이 있다.

156 **폐기물의 해안매립공법 중 밑면이 뚫린 바지선 등으로 쓰레기를 떨어뜨려 줌으로서 바닥지반의 하중을 균일하게 하고, 쓰레기 지반 안정화 및 매립부지 조기이용 등에는 유리하지만 매립효율이 떨어지는 것은?**

① 셀 공법
② 박층뿌림공법
③ 순차투입공법
④ 내수배제공법

정답 151 ③ 152 ② 153 ③ 154 ① 155 ④ 156 ②

157 다음 중 내륙매립 공법의 종류가 아닌 것은?

① 도랑형공법
② 압축매립공법
③ 샌드위치공법
④ 박층뿌림공법

풀 이

내륙매립공법 : 셀공법, 압축매립공법, 샌드위치공법
해안매립공법 : 박층뿌림공법

158 다음은 어떤 매립공법의 특성에 관한 설명인가?

- 폐기물과 복토층을 교대로 쌓는 방식
- 협곡, 산간 및 폐광산 등에서 사용하는 방법
- 외곽 우수배제시설 필요
- 복토재의 외부 반입이 필요

① 샌드위치공법
② 도랑형공법
③ 박층뿌림공법
④ 순차투입공법

159 매립지에서 복토를 하는 목적으로 틀린 것은?

① 악취 발생 억제
② 쓰레기 비산 방지
③ 화재 방지
④ 식물 성장 방지

풀 이

복토는 식물 성장을 촉진 시킨다.

160 다음 중 덮개시설에 관한 설명으로 옳지 않은 것은?

① 당일복토는 매립 작업 종료 후에 매일 실시한다.
② 셀(cell)방식의 매립에서는 상부면의 노출기간이 7일 이상이므로 당일복토는 주로 사면부에 두께 15cm 이상으로 실시한다.
③ 당일복토재로 사질토를 사용하면 압축작업이 쉽고 통기성은 좋으나 악취발산의 가능성이 커진다.
④ 중간복토의 두께는 15cm 이상으로 하고, 우수배제를 위해 중간복토층은 최소 0.5% 이상의 경사를 둔다.

풀 이

중간복토의 두께는 30cm 이상으로 한다.

161 다음은 매립가스 중 어떤 성분에 관한 설명인가?

매립가스 중 이 성분은 지구 온난화를 일으키며, 공기보다 가벼우므로 매립지 위에 구조물을 건설하는 경우 건물 기초 밑의 공간에 축적되어 폭발의 위험성이 있다. 또한 9% 이상 존재 시 눈의 통증이나 두통을 유발한다.

① CH_4
② CO_2
③ N_2
④ NH_3

162 유기성 폐기물 매립장(혐기성)에서 가장 많이 발생되는 가스는?(단, 정상상태(Steady State)이다.)

① 일산화탄소
② 이산화질소
③ 메탄
④ 부탄

풀 이

정상상태의 매립장에서 메탄이 약55%, 이산화탄소가 약40%, 기타 5%가 발생한다.

정 답 157 ④ 158 ① 159 ④ 160 ④ 161 ① 162 ③

163 **매립지에서 매립 후 경과기간에 따라 매립가스(Landfill gas) 생성과정을 4단계로 구분할 때, 각 단계에 관한 설명으로 가장 거리가 먼 것은?**

① 제1단계에서는 친산소성 단계로서 폐기물 내에 수분이 많은 경우에는 반응이 가속화 되어 용존 산소가 쉽게 고갈되어 2단계 반응에 빨리 도달한다.
② 제2단계에서는 산소가 고갈되어 혐기성 조건이 형성되며 질소가스가 발생하기 시작하며, 아울러 메탄가스도 생성되기 시작하는 단계이다.
③ 제3단계에서는 매립지 내부의 온도가 상승하여 약 55℃ 정도까지 올라간다.
④ 4단계에서는 매립가스 내 메탄과 이산화탄소의 함량이 거의 일정하게 유지된다.

풀 이

제2단계는 혐기성 단계이지만 메탄이 형성되지 않는 단계로서 혐기성으로 전이가 일어나는 단계이다.

164 **매립지에서 발생될 침출수량을 예측하고자 한다. 이 때 침출수 발생량에 영향을 받는 항목으로 가장 거리가 먼 것은?**

① 강수량
② 유출량
③ 메탄가스의 함량
④ 폐기물 내 수분 또는 폐기물 분해에 따른 수분

풀 이

메탄가스의 함량은 침출수와 거리가 멀다.

165 **폐기물을 매립한 평탄한 지면으로부터 폭이 좁은 수로를 200m 간격으로 굴착하였더니 지면으로부터 각각 4m, 6m 깊이에 지하수면이 형성되었다. 대수층의 두께가 20m이고 투수계수가 0.1m/day이라면 대수층 폭 10m당 침출수의 유량은?**

① $0.10m^3/day$
② $0.15m^3/day$
③ $0.20m^3/day$
④ $0.25m^3/day$

풀이

ⓐ 동수경사 산정

I : 동수경사 → $I = \frac{H}{L} = \frac{6-4}{200} = 0.01$

ⓑ 면적 산정

A : 면적(m^2) → 20m × 10m = $200m^2$

ⓒ 유량 산정

Q = C × I × A

Q = 0.1 × 0.01 × 200 = $0.2m^3$/day

여기서, C : 투수계수 → 0.1m/day

166 폐기물 매립지 선정 시 고려 사항으로 옳은 것만을 모두 고르면?

2023년 지방직9급

ㄱ. 경관의 손상이 적어야 한다.
ㄴ. 육상 매립지의 집수면적을 넓게 한다.
ㄷ. 침출수가 해수에 영향을 주는 장소를 피한다.
ㄹ. 해안 매립지의 경우 파도나 수압의 영향이 크지 않아야 한다.

① ㄱ, ㄴ
② ㄱ, ㄴ, ㄷ
③ ㄱ, ㄷ, ㄹ
④ ㄴ, ㄷ, ㄹ

풀이

육상 매립지의 집수면적을 좁게 한다.

167 폐기물 매립처분 방법 중 위생 매립의 장점이 아닌 것은?

2020년 지방직9급

① 매립시설 설치를 위한 부지 확보가 가능하면 가장 경제적인 매립 방법이다.
② 위생 매립지는 복토 작업을 통해 매립지 투수율을 증가시켜 침출수 관리를 용이하게 한다.
③ 처분대상 폐기물의 증가에 따른 추가 인원 및 장비 소요가 크지 않다.
④ 안정화 과정을 거친 부지는 공원, 운동장, 골프장 등으로 이용될 수 있다.

풀이

위생 매립지는 복토 작업을 통해 매립지 투수율을 감소시켜 침출수량을 최소화시켜 관리를 용이하게 한다.

정답 163 ② 164 ③ 165 ③ 166 ③ 167 ②

168 일반적인 매립가스 발생의 변화단계를 바르게 나열한 것은? 2019년 지방직9급

① 호기성 단계 → 혐기성 단계 → 유기산 생성 단계(통성 혐기성 단계) → 혐기성 안정화 단계
② 혐기성 단계 → 유기산 생성 단계(통성 혐기성 단계) → 호기성 단계 → 혐기성 안정화 단계
③ 호기성 단계 → 유기산 생성 단계(통성 혐기성 단계) → 혐기성 단계 → 혐기성 안정화 단계
④ 혐기성 단계 → 호기성 단계 → 유기산 생성 단계(통성 혐기성 단계) → 혐기성 안정화 단계

풀이

매립가스 발생 단계 : 호기성 단계→ 유기산 생성 단계(통성 혐기성 단계)→ 혐기성 단계→ 혐기성 안정화 단계

▷ 1단계(호기성단계) : 친산소성 단계로서 폐기물 내에 수분이 많은 경우에는 반응이 가속화 되어 용존산소가 쉽게 고갈되어 2단계 반응에 빨리 도달한다. (O_2가 소모, CO_2발생 시작, N_2는 서서히 소모됨)

▷ 2단계(통성혐기성단계) : 혐기성 단계이지만 메탄이 형성되지 않는 단계로서 혐기성으로 전이가 일어나는 단계이다. 유기산 생성단계라고 하며 유기물의 분해로 유기산, 알코올류가 생성된다.(N_2가 급격히 소모됨)

▷ 3단계(혐기성단계) : 매립지 내부의 온도가 상승하여 약 55℃ 정도까지 올라간다.(CH_4가 발생하기 시작함.)

▷ 4단계(혐기성안정화단계) : 앞의 단계에서 생성된 유기산과 알코올류가 메탄생성균과 반응하여 메탄을 생성하며 이 단계는 정상적인 혐기성 단계로 매립가스 내 메탄과 이산화탄소의 함량이 거의 일정하게 유지된다.(가스의 조성 : CH_4 55%, CO_2 40%)

정답 168 ③

01 폐기물관리법의 적용을 받는 폐기물은?

① 방사능 폐기물
② 용기에 들어 있지 않은 기체상 물질
③ 분뇨
④ 폐유독물

풀 이

폐기물관리법은 다음 각 호의 어느 하나에 해당하는 물질에 대하여는 적용하지 아니한다.

1. 「원자력안전법」에 따른 방사성 물질과 이로 인하여 오염된 물질
2. 용기에 들어 있지 아니한 기체상태의 물질
3. 「물환경보전법」에 따른 수질 오염 방지시설에 유입되거나 공공 수역(水域)으로 배출되는 폐수
4. 「가축분뇨의 관리 및 이용에 관한 법률」에 따른 가축분뇨
5. 「하수도법」에 따른 하수 · 분뇨
6. 「가축전염병예방법」 제22조제2항, 제23조, 제33조 및 제44조가 적용되는 가축의 사체, 오염 물건, 수입 금지 물건 및 검역 불합격품
7. 「수산생물질병 관리법」 제17조제2항, 제18조, 제25조제1항 각 호 및 제34조제1항이 적용되는 수산동물의 사체, 오염된 시설 또는 물건, 수입금지물건 및 검역 불합격품
8. 「군수품관리법」 제13조의2에 따라 폐기되는 탄약
9. 「동물보호법」 제69조제1항에 따른 동물장묘업의 허가를 받은 자가 설치 · 운영하는 동물장묘시설에서 처리되는 동물의 사체

02 「폐기물관리법」상 적용되는 폐기물의 범위로 옳지 않은 것은? 2022년 지방직9급

① 「대기환경보전법」 또는 「소음 · 진동관리법」에 따라 배출시설을 설치 · 운영하는 사업장에서 발생하는 폐기물
② 보건 · 의료기관, 동물병원 등에서 배출되는 폐기물 중 인체에 감염 등 위해를 줄 우려가 있는 폐기물
③ 사업장 폐기물 중 폐유, 폐산 등 주변 환경을 오염시킬 우려가 있는 폐기물
④ 「가축분뇨의 관리 및 이용에 관한 법률」에 따른 가축분뇨

풀 이

「가축분뇨의 관리 및 이용에 관한 법률」에 따른 가축분뇨는 폐기물관리법상 적용하지 아니한다.

정답 01 ④ 02 ④

03 **폐기물의 고형물 함량을 측정하였더니 18%로 측정되었다. 고형물 함량으로 분류할 때 해당되는 것은?**

① 고상폐기물
② 액상폐기물
③ 반고상폐기물
④ 알 수 없음

풀이
① 고상폐기물 : 고형물 함량 15% 이상
② 액상폐기물 : 고형물 함량 5% 미만
③ 반고상폐기물 : 고형물 함량 5% 이상 15% 미만

04 **함수율 83%인 폐기물이 해당되는 것은?**

① 유기성폐기물
② 액상폐기물
③ 반고상폐기물
④ 고상폐기물

풀이
고상폐기물 : 고형물 함량 15% 이상 = 함수율 85% 미만
반고상폐기물 : 고형물 함량 5% 이상 15% 미만 = 함수율 85% 이상 95% 미만
액상폐기물 : 고형물 함량 5% 미만 = 함수율 95% 이상

05 **함수율 90%인 하수오니의 폐기물 명칭은?**

① 액상폐기물
② 반고상폐기물
③ 고상폐기물
④ 폐기물은 상(相, phase)을 구분하지 않음

풀이
고상폐기물 : 고형물 함량 15% 이상 = 함수율 85% 미만
반고상폐기물 : 고형물 함량 5% 이상 15% 미만 = 함수율 85% 이상 95% 미만
액상폐기물 : 고형물 함량 5% 미만 = 함수율 95% 이상

06 pH가 2인 용액 2L와 pH가 1인 용액 2L를 혼합하면 pH는?(log5.5 = 0.74)

① 0.26
② 1.26
③ 2.26
④ 3.26

풀이

pH2 = 10^{-2}M이고 pH1 = 10^{-1}M이다.
혼합용액의 수소이온농도를 구하면

$$C_m = \frac{C_1Q_1 + C_2Q_2}{Q_1 + Q_2}$$

$$C_m = \frac{10^{-2} \times 2L + 10^{-1} \times 2L}{2L + 2L} = 0.055M$$

pH = $-\log[H^+]$이므로
pH = $-\log[0.055]$ = 2 − 0.74 = 1.26

07 의료폐기물의 종류 중 위해의료폐기물의 종류와 가장 거리가 먼 것은?

① 전염성류 폐기물
② 병리계 폐기물
③ 손상성 폐기물
④ 생물·화학 폐기물

풀이

위해의료폐기물 : 조직물류폐기물, 병리계폐기물, 손상성폐기물, 생물화학폐기물, 혈액오염폐기물

08 지정폐기물배출자는 사업장에서 발생되는 지정폐기물인 폐산을 보관개시일부터 최소 며칠을 초과하여 보관하여서는 안 되는가?

① 90일
② 70일
③ 60일
④ 45일

풀이

지정폐기물배출자는 그의 사업장에서 발생하는 지정폐기물 중 폐산·폐알칼리·폐유·폐유기용제·폐촉매·폐흡착제·폐흡수제·폐농약, 폴리클로리네이티드비페닐 함유폐기물, 폐수처리 오니 중 유기성 오니는 보관이 시작된 날부터 45일을 초과하여 보관하여서는 아니 되며, 그 밖의 지정폐기물은 60일을 초과하여 보관하여서는 아니 된다.

정답 03 ① 04 ④ 05 ② 06 ② 07 ① 08 ④

09 **폐기물의 노말헥산 추출물질의 양을 측정하기 위해 다음과 같은 결과를 얻었을 때 노말헥산 추출물질의 농도(mg/L)는?**

> - 시료의 양: 500mL
> - 시험 전 증발용기의 무게: 25g
> - 시험 후 증발용기의 무게: 13g
> - 바탕시험 전 증발용기의 무게: 5g
> - 바탕시험 후 증발용기의 무게: 4.8g

① 11800
② 23600
③ 32400
④ 53800

풀이

$$\frac{[(25-13)-(5-4.8)]g}{0.5L}\times\frac{1000mg}{g}=23600\text{mg/L}$$

10 **1ppm이란 몇 ppb를 말하는가?**

① 10ppb
② 100ppb
③ 1000ppb
④ 10000ppb

11 **천분율 농도를 표시할 때 그 기호로 알맞은 것은?**

① mg/L
② mg/kg
③ ㎍/kg
④ ‰

풀이

① mg/L: 백만분율
② mg/kg: 백만분율
③ ㎍/kg: 십억분율

12 폐기물공정시험기준의 총칙에 관한 설명으로 틀린 것은?

① "여과한다"란 거름종이 5종 A 또는 이와 동등한 여지를 사용하여 여과하는 것을 말한다.
② 온도의 영향이 있을 것으로 판단되는 경우 표준온도를 기준으로 한다.
③ 염산(1 + 2)이라고 하는 것은 염산 1mL에 물 1mL을 배합 조제하여 전체 2mL가 되는 것을 말한다.
④ 시험에 쓰는 물은 따로 규정이 없는 한 정제수를 말한다.

풀이

염산(1 + 2)이라고 하는 것은 염산 1mL에 물 2mL을 배합 조제하여 전체 3mL가 되는 것을 말한다.

13 다음 용어의 정의로 옳지 않은 것은?

① 재활용이란 폐기물을 재사용·재생이용하거나 재사용·재생이용할 수 있는 상태로 만드는 활동을 말한다.
② 생활폐기물이란 사업장폐기물 외의 폐기물을 말한다.
③ 폐기물감량화시설이란 생산 공정에서 발생하는 폐기물 배출을 최소화(재활용은 제외함)하는 시설로서 환경부령으로 정하는 시설을 말한다.
④ 폐기물처리시설이란 폐기물의 중간처분시설, 최종처분시설 및 재활용시설로서 대통령령으로 정하는 시설을 말한다.

풀이

"폐기물감량화시설"이란 생산 공정에서 발생하는 폐기물의 양을 줄이고, 사업장 내 재활용을 통하여 폐기물 배출을 최소화하는 시설로서 대통령령으로 정하는 시설을 말한다.

정답 09 ② 10 ③ 11 ④ 12 ③ 13 ③

14 다음 중 산성이 가장 강한 수용액상 폐액은?

① pOH = 11인 수용액상 폐액
② pOH = 1인 수용액상 폐액
③ pH = 2인 수용액상 폐액
④ pH = 4인 수용액상 폐액

풀 이

pH가 낮을수록 산성이 강하다.
① pOH = 11인 수용액상 폐액 = pH 3
② pOH = 1인 수용액상 폐액 = pH 13
③ pH = 2인 수용액상 폐액
④ pH = 4인 수용액상 폐액

15 쓰레기의 겉보기 비중을 구하는 방법에 대한 설명 중 옳지 않은 것은?

① 30cm 높이에서 3회 낙하시킨다.
② 용적을 알고 있는 용기에 시료를 넣는다.
③ 낙하시켜 감소된 양을 측정한다.
④ 단위는 kg/m^3 또는 ton/m^3으로 한다.

풀 이

낙하시켜 감소된 만큼 시료를 추가하여 감소되지 않을 때까지 반복한다.

16 용액 100g 중의 성분 부피(mL)를 표시하는 것은?

① W/W%
② W/V%
③ V/W%
④ V/V%

17 pH가 3인 폐산 용액은 pH가 5인 폐산 용액에 비하여 수소이온이 몇 배 더 함유되어 있는가?

① 2배
② 15배
③ 20배
④ 100배

풀이

pH3 = 10^{-3}M
pH5 = 10^{-5}M

18 쓰레기의 물리적 성상분석에 관한 설명으로 틀린 것은?

① 수분함량을 측정하기 위해서는 105~110℃에서 4시간 건조시킨다.
② 회분함량 측정을 위해 가열하는 온도는 600±25℃이어야 한다.
③ 종류별 성상분석은 일반적으로 손선별로 한다.
④ 쓰레기 밀도는 겉보기밀도가 아닌 진밀도를 측정하여야 한다.

풀이

쓰레기 밀도는 진밀도가 아닌 겉보기밀도를 측정하여야 한다.

19 순수한 물 500mL에 HCl(비중 1.2) 100mL를 혼합하였을 때 용액의 염산농도(중량 %)는?

① 16.15%
② 19.35%
③ 23.85%
④ 26.95%

풀이

물 : 500mL = 500g

HCl : $100mL \times \frac{1.2g}{mL} = 120g$

염산농도 = $\frac{120g}{(500+120)g} \times 100 =$ 19.35%

정답 14 ③ 15 ③ 16 ③ 17 ④ 18 ④ 19 ②

20 폐기물시료 축소단계에서 원추꼭지를 수직으로 눌러 평평하게 한 후 부채꼴로 4등분하여 일정 부분을 취하고 적당한 크기까지 줄이는 방법은?

① 원추구획법
② 교호삽법
③ 원추사분법
④ 사면축소법

21 온도의 영향이 없는 고체상태 시료의 시험조작은 어느 상태에서 실시하는가?

① 상온
② 실온
③ 표준온도
④ 측정온도

22 액체시약의 농도에 있어서 황산(1 + 10)이라고 되어 있을 경우 옳은 것은?

① 물 1mL와 황산 10mL를 혼합하여 조제한 것
② 물 1mL와 황산 9mL를 혼합하여 조제한 것
③ 황산 1mL와 물 9mL를 혼합하여 조제한 것
④ 황산 1mL와 물 10mL를 혼합하여 조제한 것

23 투사광의 강도 I_t가 입사광 강도 I_0의 10%라면 흡광도(A)는?

① 0.5
② 1.0
③ 2.0
④ 5.0

풀이

흡광도(A) = $-\log(I_t/I_0) = -\log(0.1) = 1.0$

24 폐기물공정시험방법에서 정의하고 있는 용어의 설명으로 맞는 것은?

① 고상폐기물이라 함은 고형물의 함량이 5% 미만인 것을 말한다.
② 상온은 15~20℃이고, 실온은 4~25℃이다.
③ 감압 또는 진공이라 함은 따로 규정이 없는 한 15mmH_2O 이하를 말한다.
④ 항량으로 될 때까지 강열한다 함은 같은 조건에서 1시간 더 강열할 때 전후 무게의 차가 g당 0.3mg 이하일 때를 말한다.

풀 이

① 고상폐기물이라 함은 고형물의 함량이 15% 이상인 것을 말한다.
② 상온은 15~20℃이고, 실온은 1~30℃이다.
③ 감압 또는 진공이라 함은 따로 규정이 없는 한 15mmHg 이하를 말한다.

25 「폐기물관리법 시행령」상 지정폐기물에 대한 설명으로 옳지 않은 것은?

2022년 지방직9급

① 오니류는 수분함량이 95% 미만이거나 고형물 함량이 5% 이상인 것으로 한정한다.
② 부식성 폐기물 중 폐산은 액체상태의 폐기물로서 pH 2.0 이하인 것으로 한정한다.
③ 부식성 폐기물 중 폐알칼리는 액체상태의 폐기물로서 pH 10.0 이상인 것으로 한정한다.
④ 분진은 대기오염방지시설에서 포집된 것으로 한정하되, 소각시설에서 발생되는 것은 제외한다.

풀 이

부식성 폐기물 중 폐알칼리는 액체상태의 폐기물로서 pH 12.5 이상인 것으로 한정한다.

26 「자원의 절약과 재활용촉진에 관한 법률 시행령」상 재활용지정사업자에 해당하지 않는 업종은?

2021년 지방직9급

① 종이제조업　② 유리용기제조업
③ 플라스틱제품제조업　④ 제철 및 제강업

풀 이

✓ 자원의 절약과 재활용촉진에 관한 법률 시행령 [시행 2021. 5. 25.]

제32조(재활용지정사업자 관련 업종) 법 제23조제1항에서 "대통령령으로 정하는 업종"이란 다음 각 호의 업종을 말한다.
1. 종이제조업
2. 유리용기제조업
3. 제철 및 제강업

정답 20 ③ 21 ① 22 ④ 23 ② 24 ④ 25 ③ 26 ③

27 폐기물관리법령에서 정한 지정폐기물 중 오니류, 폐흡착제 및 폐흡수제에 함유된 유해물질이 아닌 것은? 2020년 지방직9급

① 유기인 화합물
② 니켈 또는 그 화합물
③ 테트라클로로에틸렌
④ 납 또는 그 화합물

풀 이

폐기물관리법 시행규칙
[별표 1] 지정폐기물에 함유된 유해물질(제2조제1항 관련)

1. 오니류 · 폐흡착제 및 폐흡수제에 함유된 유해물질
   가. 납 또는 그 화합물[「환경분야 시험 · 검사 등에 관한 법률」 제6조에 따라 환경부장관이 지정 · 고시한 폐기물에 관한 공정시험기준(이하 이 표에서 "폐기물공정시험기준"이라 한다)에 의한 용출시험 결과 용출액 1리터당 3밀리그램 이상의 납을 함유한 경우만 해당한다]
   나. 구리 또는 그 화합물[폐기물공정시험기준에 의한 용출시험 결과 용출액 1리터당 3밀리그램 이상의 구리를 함유한 경우만 해당한다]
   다. 비소 또는 그 화합물[폐기물공정시험기준에 의한 용출시험 결과 용출액 1리터당 1.5밀리그램 이상의 비소를 함유한 경우만 해당한다]
   라. 수은 또는 그 화합물[폐기물공정시험기준에 의한 용출시험 결과 용출액 1리터당 0.005밀리그램 이상의 수은을 함유한 경우만 해당한다]
   마. 카드뮴 또는 그 화합물[폐기물공정시험기준에 의한 용출시험 결과 용출액 1리터당 0.3밀리그램 이상의 카드뮴을 함유한 경우만 해당한다]
   바. 6가크롬화합물[폐기물공정시험기준에 의한 용출시험 결과 용출액 1리터당 1.5밀리그램 이상의 6가크롬을 함유한 경우만 해당한다]
   사. 시안화합물[폐기물공정시험기준에 의한 용출시험 결과 용출액 1리터당 1밀리그램 이상의 시안화합물을 함유한 경우만 해당한다]
   아. 유기인화합물[폐기물공정시험기준에 의한 용출시험 결과 용출액 1리터당 1밀리그램 이상의 유기인화합물을 함유한 경우만 해당한다]
   자. 테트라클로로에틸렌[폐기물공정시험기준에 의한 용출시험 결과 용출액 1리터당 0.1밀리그램 이상의 테트라클로로에틸렌을 함유한 경우만 해당한다]
   차. 트리클로로에틸렌[폐기물공정시험기준에 의한 용출시험 결과 용출액 1리터당 0.3밀리그램 이상의 트리클로로에틸렌을 함유한 경우만 해당한다]
   카. 기름성분(중량비를 기준으로 하여 유해물질을 5퍼센트 이상 함유한 경우만 해당한다)
   타. 그 밖에 환경부장관이 정하여 고시하는 물질
2. 광재 · 분진 · 폐주물사 · 폐사 · 폐내화물 · 도자기조각 · 소각재, 안정화 또는 "고형화 · 고화 처리물, 폐촉매 및 폐형광등 파쇄물에 함유된 유해물질
   가. 제1호 가목부터 사목까지의 규정과 카목에 따른 유해물질(분진과 소각재의 경우에는 제1호 가목부터 사목까지의 규정에 따른 유해물질만 해당한다)
   나. 석면(고형화 처리물의 경우로서 건조 고형물의 함량을 기준으로 하여 석면이 1퍼센트 이상 함유된 경우로 한정한다)
   다. 그 밖에 환경부장관이 정하여 고시하는 물질

정답 27 ②

MEMO

이찬범 환경공학

단원별 기출문제집

토양지하수관리

토양지하수관리

01 토양수분장력이 5기압에 해당되는 경우 pF의 값은? (단, log2 = 0.304)

① 약 0.3
② 약 0.7
③ 약 3.7
④ 약 4.0

풀 이

pF = log(H), H : 토양 수분의 결합력을 나타낸 물기둥 높이(cm)
pF = log(5166) = log(0.5 × 10^4) = 4 + [−log2] = 4 − 0.304 = 3.696
H = $5atm \times \frac{1033.2cmH_2O}{1atm} = 5166cmH_2O$

02 생물학적 복원기술의 특징으로 옳지 않은 것은?

① 상온, 상압 상태의 조건에서 이용하기 때문에 많은 에너지가 필요하지 않다.
② 2차 오염 발생률이 높다.
③ 원위치에서도 오염정화가 가능하다.
④ 유해한 중간물질을 만드는 경우가 있어 분해생성물의 유무를 미리 조사하여야 한다.

풀 이

2차 오염 발생률이 낮다.

03 오염된 지하수의 Darcy 속도(유출속도)가 0.2m/day이고, 유효 공극률이 0.4일 때 오염원으로부터 1000m 떨어진 지점에 도달하는 데 걸리는 기간(년)은? (단, 유출속도 : 단위시간에 흙의 전체 단면적을 통하여 흐르는 물의 속도)

① 약 4.5
② 약 5.5
③ 약 6.9
④ 약 7.5

풀 이

$V_{실제} = \frac{V_{이론}}{공극률}$

$V_{실제} = \frac{0.2m/day}{0.4} = 0.5m/day$

1000m 떨어진 지점에 도착하는 기간 : $1000m \times \frac{day}{0.5m} \times \frac{1yr}{365day} = 5.4794yr$

04 불포화토양층 내에 산소를 공급함으로써 미생물의 분해를 통해 유기물질의 분해를 도모하는 토양 정화방법은?

① 생물학적분해법(biodegradation)
② 생물주입배출법(biobention)
③ 토양경작법(landfarming)
④ 토양세정법(soil flushing)

05 토양 중에서 1분 동안 12m를 침출수가 이동(겉보기 속도)하였다면, 이때 토양공극 내의 침출수 속도(m/s)는? (단, 유효공극률 = 0.4)

① 0.08
② 0.2
③ 0.5
④ 0.8

풀이

$$V_{실제} = \frac{V_{이론}}{공극률}$$

$$\frac{\frac{12m}{\min} \times \frac{\min}{60\sec}}{0.4} = 0.5m/\sec$$

06 토양 및 지하수 오염 복원 기술 중 포화토양층 내에 존재하는 휘발성 유기오염물질을 원위치에서 처리하는 기술은?

① pump and treat 기술
② air sparging 기술
③ bioventing 기술
④ 토양세척법(soil washing)

정답 01 ③ 02 ② 03 ② 04 ② 05 ③ 06 ②

07 **지하수의 특성에 대한 설명으로 틀린 것은?**

① 지하수는 국지적인 환경조건의 영향을 크게 받는다.
② 지하수의 염분농도는 지표수 평균농도보다 낮다.
③ 주로 세균에 의한 유기물 분해작용이 일어난다.
④ 지하수는 토양수 내 유기물질 분해에 따른 탄산가스의 발생과 약산성의 빗물로 인하여 광물질이 용해되어 경도가 높다.

풀이
지하수의 염분농도는 지표수 평균농도보다 약 30% 정도 높다.

08 **지하수의 일반적 특성으로 가장 거리가 먼 것은?**

① 수온변동이 적고 탁도가 낮다.
② 미생물이 거의 없고 오염물질이 적다.
③ 무기염류농도와 경도가 높다.
④ 자정속도가 빠르다.

풀이
지하수는 혐기성 세균에 의해 자정작용이 일어나 자정속도가 느리다.

09 **수원의 종류 중 지하수에 관한 설명으로 틀린 것은?**

① 수온 변동이 적고 탁도가 높다.
② 미생물이 없고 오염물이 적다.
③ 유속이 빠르고, 광역적인 환경조건의 영향을 받아 정화되는 데 오랜 기간이 소요된다.
④ 무기염류 농도와 경도가 높다.

풀이
유속이 느리고, 국지적인 환경조건의 영향을 받아 정화되는 데 오랜 기간이 소요된다.

10 지표수와 비교한 지하수 특성으로 틀린 것은?

① 수온변동이 적고 자정속도가 느리다.
② 지표수에 비해 염류의 함량이 크다.
③ 미생물이 없고, 오염물이 적다.
④ 지층 및 지역별로 수질차이가 크다.

풀이
지표수는 지층 및 지역별로 수질차이가 크며 지하수는 차이가 크지 않다.

11 지하수의 오염의 특징으로 틀린 것은?

① 지하수의 오염경로는 단순하여 오염원에 의한 오염범위를 명확하게 구분하기가 용이하다.
② 지하수는 흐름을 눈으로 관찰할 수 없기 때문에 대부분의 경우 오염원의 흐름방향을 명확하게 확인하기 어렵다.
③ 오염된 지하수층을 제거, 원상 복구하는 것은 매우 어려우며 많은 비용과 시간이 소요된다.
④ 지하수는 대부분 지역에서 느린 속도로 이동하여 관측정이 오염원으로부터 원거리에 위치한 경우 오염원의 발견에 많은 시간이 소요될 수 있다.

풀이
지하수의 오염경로는 복잡하여 오염원에 의한 오염범위를 명확하게 구분하기가 어렵다.

12 지하수의 특성에 관한 설명으로 옳지 않은 것은?

① 염분함량이 지표수보다 낮다.
② 주로 세균(혐기성)에 의한 유기물 분해작용이 일어난다.
③ 국지적인 환경조건의 영향을 크게 받는다.
④ 빗물로 인하여 광물질이 용해되어 경도가 높다.

풀이
지하수의 염분농도는 지표수 평균농도 보다 약 30% 정도 높다.

정답 07 ② 08 ④ 09 ③ 10 ④ 11 ① 12 ①

13 **토양처리기술 중 굴착 후 처리기술로 가장 적절한 것은?**

① 생물학적분해법
② 토양경작법
③ 바이오벤팅법
④ 토양세정법

풀이

토양경작법(Land-Farming : Ex-Situ, 생물학적 방법) : 생물복원기술을 이용하여 토양 내 유류오염물질을 감소시키는 지상복원기술이다. 토양을 얇게 펼치고 공기, 영양물질, 유기물질, 물을 뿌려줌으로써 호기성 미생물의 활성을 높여 오염물질을 처리한다. 염소계를 제외한 휘발성 유기화합물, 탄화수소류를 대상 오염물질로 하며, 장기간의 처리기간이 요구된다.

14 **보통 농업용수의 수질평가 시 SAR로 정의하는데 이에 대한 설명으로 틀린 것은?**

① SAR값이 20 정도이면 Na^{+}가 토양에 미치는 영향이 적다.
② SAR의 값은 Na^{+}, Ca^{2+}, Mg^{2+} 농도와 관계가 있다.
③ 경수가 연수보다 토양에 더 좋은 영향을 미친다고 볼 수 있다.
④ SAR의 계산식에 사용되는 이온의 농도는 meq/L를 사용한다.

풀이

SAR이 클수록 토양에 미치는 영향은 커지며 배수가 불량한 토양이 된다.

15 **토양증기추출법(Soil Vapor Extraction)의 단점으로 틀린 것은?**

① 오염물질의 독성은 변화가 없다.
② 굴착공정으로 인하여 설치기간이 비교적 길다.
③ 지반구조의 복잡성으로 총 처리시간을 예측하기 어렵다.
④ 토양층이 치밀하여 기체 흐름이 어려운 곳에서는 사용이 곤란하다.

풀이

토양증기추출법은 굴착이 필요 없는 공정이다.
토양증기추출법(Soil Vapor Extraction : In-Situ, 물리화학적 방법) : 불포화 대수층 위에 토양을 진공상태로 만들어 줌으로서 토양으로부터 휘발성, 준휘발성 유기물질을 제거하는 기술이다. 오염물 처리기간이 짧고 오염물질이 휘발성이고 오염지역의 대수층이 낮을 때 적용가능하다.

16 토양에서 일어나는 흡착모델인 랭뮤어(Langmuir) 흡착등온모델의 가정으로 옳지 않은 것은?

① 표면에 흡착된 분자는 옆으로 이동한다.
② 흡착은 가역적이다.
③ 흡착에너지는 모든 지점에서 동일하다.
④ 흡착은 흡착지점이 고정된 단일 흡착층에서 일어난다.

풀이

표면에 흡착된 분자는 옆으로 이동하지 않는다.

17 토양수의 이동에 관한 설명으로 틀린 것은?

① 토양수분의 증발량은 기온에 비례하며 기압에 반비례한다.
② 공극이 작으면 틈이 작고 마찰에 의한 저항이 작기 때문에 충분한 압력을 가하지 않는 한 하강운동은 크게 억제된다.
③ 토양수의 하강정도는 물의 점성계수 · 토양성질 · 지하수위 등에 따라 매우 달라지며, 이러한 성질을 투수성이라 한다.
④ 토양 중 물이 하향방향으로 이동하는데 방해하는 힘은 토양 입자 표면의 마찰력과 토양공기의 저항력 및 물의 표면장력이다.

풀이

토양의 공극이 적으면 틈이 작고 토양수의 흐름에 대한 마찰저항이 증가되어 충분한 압력을 가하지 않는 한 하강운동은 크게 억제된다. 즉, 토양수의 이동에 많은 에너지가 필요하다.

18 토양오염의 특성이 아닌 것은?

① 피해발현의 급진성
② 오염영향의 국지성
③ 원상복구의 어려움
④ 타 환경인자와의 영향관계의 모호성

풀이

토양오염의 피해는 시차를 두고 나타난다.

정답 13 ② 14 ① 15 ② 16 ① 17 ② 18 ①

19 다음 토양 공극에 대한 특성으로 틀린 것은?

① 토양의 입자 사이에 공기나 물로 채워진 틈을 공극이라 한다.
② 토양의 공극량은 토양의 겉보기 비중과는 반비례 관계이다.
③ 공극량(%) $= \left(1 - \frac{용적비중}{입자비중}\right) \times 100$으로 구할 수 있다.
④ 균등한 입도를 가진 토양이 다양한 입도를 가진 토양에 비해 공극량이 낮다.

풀이

균등한 입도를 가진 토양이 다양한 입도를 가진 토양에 비해 공극량이 높다.

20 다른 토양복원기술과 비교한 토양세척법(Soil Washing)공정의 장점과 가장 거리가 먼 것은?

① 외부환경의 조건변화에 대한 영향이 적고 자체적인 조건 조절이 가능한 폐쇄형 공정이다.
② 작용 가능한 오염물 종류의 범위가 넓다.
③ 오염토양 내 수분 공급으로 미생물에 의한 처리효율을 높일 수 있다.
④ 오염토양 부피의 단시간 내의 효율적인 급감으로 2차 처리비용이 절감된다.

풀이

토양세척은 탈위치(Ex−Situ)에 의한 방법이다.

21 두 지점의 수두차 1m, 두 지점 사이의 수평거리 800m. 투수계수 300m/day일 때 대수층의 두께 4m, 폭 3m인 지하수의 유량(m^3/day)은?

① 1.5
② 3.0
③ 4.5
④ 6.0

풀이

$$Q = KIA = KA\frac{\Delta h}{\Delta L} = KA\frac{h_2 - h_1}{L_2 - L_1}$$

$$Q = KA\frac{h_2 - h_1}{L_2 - L_1} = \frac{300m}{day} \times 12m^2 \times \frac{1m}{800m} = 4.5m^3/day$$

Q: 대수층의 유량(m^3/sec)
K: 투수계수(m/sec)
A: 단면적(m^2)
I: 수리경사도
$\Delta h = h_2 - h_1$: 수두차 변화(m)
$\Delta L = L_2 - L_1$: 수평방향의 거리(m)

22 토양오염 물질 중 BTEX에 포함되지 않는 것은?

① 벤젠 ② 톨루엔
③ 에틸렌 ④ 자일렌

풀 이

BTEX : 벤젠, 톨루엔, 에틸벤젠, 자일렌

23 토양의 생물학적 복원기술에 관한 설명 중 틀린 것은?

① 저농도 및 광범위한 오염에 적합하다.
② 유해한 중간물질을 만드는 경우가 있어 분해생성물의 유무를 조사할 필요가 있다.
③ 다양한 물질에 의해 오염되어 있는 경우에도 별도의 기술개발이 필요 없다.
④ 약품을 많이 사용하지 않기 때문에 2차 오염이 적다.

풀 이

다양한 물질에 의해 오염되어 있는 경우에도 별도의 기술개발이 필요 하다.

24 토양경작법의 장점이 아닌 것은?

① 유류성분의 경우 저농도보다는 고농도 오염에 효과적이다.
② 일반적으로 설계가 용이하다.
③ 일반적으로 비용이 저렴하다.
④ 일반적으로 지중처리보다 처리효율이 높다.

풀 이

유류성분의 경우 고농도보다는 저농도 오염에 효과적이다.
토양경작법(Land－Farming : Ex－Situ, 생물학적 방법) : 생물복원기술을 이용하여 토양 내 유류오염물질을 감소시키는 지상복원기술이다. 토양을 얇게 펼치고 공기, 영양물질, 유기물질, 물을 뿌려줌으로써 호기성 미생물의 활성을 높여 오염물질을 처리한다. 염소계를 제외한 휘발성 유기화합물, 탄화수소류를 대상 오염물질로 하며, 장기간의 처리기간이 요구된다.

정답 19 ④ 20 ③ 21 ③ 22 ③ 23 ③ 24 ①

25 **지하수 흐름속도는 Darcy의 법칙으로 계산할 수 있다. 다음 중 흐름속도의 계산인자가 아닌 것은?**

① 수리전도도 ② 유효공극율
③ 수두구배 ④ 지층두계

풀이

토양 공극 내의 지하수 흐름은 Darcy 법칙으로 설명할 수 있다.

$$Q = KIA = KA\frac{\triangle h}{\triangle L} = KA\frac{h_2 - h_1}{L_2 - L_1}$$

Q : 대수층의 유량(m^3/sec) K : 투수계수(m/sec)
A : 단면적(m^2) I : 수리경사도
$\triangle h = h_2 - h_1$: 수두차 변화(m)
$\triangle L = L_2 - L_1$: 수평방향의 거리(m)

26 **토양오염의 특징에 대한 설명으로 틀린 것은?**

① 토양오염은 오염물질의 특성과 오염지역 토양 특성에 의해 영향을 받는다.
② 토양오염은 오염의 발생과 오염에 따른 문제 발생 간에는 시간차를 두고 있다.
③ 토양오염은 토양에 국한되어 다른 매체에 대한 2차 오염을 유발하지 않는다.
④ 토양오염의 확산 및 처리에 영향을 미치는 중요 요소로는 투수계수, 지하수위 등이 있다.

풀이

토양오염은 토양과 지하수 등 연계된 환경에 대한 2차 오염을 유발한다.

27 **10m 간격으로 떨어져 있는 실험공의 수위차가 20cm일 때, 실질 평균선형유속[m/day]은? (단, 투수 계수는 0.4m/day이고 공극률은 0.5이다)**

① 0.008 ② 0.18
③ 0.004 ④ 0.016

풀이

토양 공극 내의 지하수 흐름은 Darcy 법칙으로 설명할 수 있다.

$$V_{실제} = \frac{V_{이론}}{공극률}$$

$$V_{이론} = KI = K\frac{\triangle h}{\triangle L} = K\frac{h_2 - h_1}{L_2 - L_1} = \frac{\frac{0.4m}{day} \times \frac{0.2m}{10m}}{0.5} = 0.016m/day$$

K : 투수계수(m/sec) I : 수리경사도
$\triangle h = h_2 - h_1$: 수두차 변화(m)
$\triangle L = L_2 - L_1$: 수평방향의 거리(m)

28 지하수 대수층의 부피가 2,500m^3, 공극률이 0.4, 공극수 내 비반응성 물질 A의 농도가 50mg/L일 때, 공극수 내 물질 A의 질량[kg]은?

① 25
② 40
③ 50
④ 100

풀이

$$2500m^3 \times 0.4 \times \frac{50mg}{L} \times \frac{kg}{10^6 mg} \times \frac{10^3 L}{m^3} = 50kg$$

29 토양 및 지하수 처리 공법에 대한 설명으로 옳지 않은 것은?

① 토양세척공법(soil washing)은 중금속으로 오염된 토양 처리에 효과적이다.
② 바이오벤팅공법(bioventing)은 휘발성이 강하거나 생분해성이 높은 유기물질로 오염된 토양 처리에 효과적이며 토양증기 추출법과 연계하기도 한다.
③ 바이오스파징공법(biosparging)은 휘발성 유기물질로 오염된 불포화토양층 처리에 효과적이다.
④ 열탈착공법(thermal desorption)은 오염 토양을 굴착한 후, 고온에 노출시켜 소각이나 열분해를 통해 유해물질을 분해 시킨다.

풀이

바이오스파징공법(biosparging)은 미생물활성도를 증가시켜 포화대수층 내에서 유기물을 분해시키는 In-Site 공법이다.

30 지하수에 대한 설명으로 옳지 않은 것은? 2019년 지방직9급

① 지하수는 천층수, 심층수, 복류수, 용천수 등이 있다.
② 지하수는 하천수와 호소수 같은 지표수보다 경도가 낮다.
③ 피압면 지하수는 자유면 지하수층보다 수온과 수질이 안정하다.
④ 저투수층(aquitard)은 투수도는 낮지만 물을 저장할 수 있다.

풀이

지하수는 하천수와 호소수 같은 지표수보다 경도가 높으며 깊은 곳에 위치한 지하수일수록 경도가 높다.
또한 저투수층은 투수도는 낮지만 물을 저장할 수 있으며 복류수라고 한다.

정답 25 ④ 26 ③ 27 ④ 28 ③ 29 ③ 30 ②

31 오염된 토양의 복원기술 중에서 원위치(in−situ) 처리기술이 아닌 것은?

2019년 지방직9급

① 토지경작(land farming)
② 토양증기추출(soil vapor extraction)
③ 바이오벤팅(bioventing)
④ 토양세정(soil flushing)

풀 이

토양경작법은 오염토양을 굴착하여 지표면에 깔아 놓고 정기적으로 뒤집어줌으로써 공기를 공급해 주는 호기성 생분해 공정으로 오염토양 밖에서 처리하는 EX−Site 방법이다.

토양증기추출법(Soil Vapor Extraction)

▷ 물리화학적 방법, In−Situ
▷ 휘발성 또는 준휘발성의 오염물질을 제거하는 기술이다. 불포화 대수층 위에 토양을 진공상태로 만들어 처리하는 기술이며 오염지역의 대수층이 낮을 때 적용할 수 있다.

생물학적통풍법

▷ 생물학적 방법, In−Situ
▷ 오염이 진행된 불포화 토양층에 공기를 주입시켜 휘발성 오염물질을 이동시키고 토양 내 산소를 공급하여 미생물의 분해 능력을 향상시켜 처리하는 기술이다.

토양세정법

▷ 물리화학적 방법, In−Situ
▷ 오염토양에 흡착되어 있는 오염물질을 순환하는 물을 이용하여 용해시켜 오염물질을 탈착 및 추출하여 제가하는 기술로 중금속에 오염된 토양에 많이 적용한다.

32 토양오염 처리기술 중 토양증기 추출법(Soil Vapor Extraction)에 대한 설명으로 옳지 않은 것은?

2020년 지방직9급

① 오염 지역 밖에서 처리하는 현장외(ex−situ) 기술이다.
② 대기오염을 방지하려면 추출된 기체의 후처리가 필요하다.
③ 오염물질에 대한 생물학적 처리 효율을 높여줄 수 있다.
④ 추출정 및 공기 주입정이 필요하다.

풀 이

오염 지역 안에서 처리하는 현장내(In−situ) 기술이다.

토양증기추출법(Soil Vapor Extraction)

▷ 물리화학적 방법, In−Situ
▷ 휘발성 또는 준휘발성의 오염물질을 제거하는 기술이다. 불포화 대수층 위에 토양을 진공상태로 만들어 처리하는 기술이며 오염지역의 대수층이 낮을 때 적용할 수 있다.

33 **지하수 흐름 관련 Darcy 법칙에 대한 설명으로 옳지 않은 것은?** 2020년 지방직9급

① 다공성 매질을 통해 흐르는 유체와 관련된 법칙이다.
② 콜로이드성 진흙과 같은 미세한 물질에서의 지하수 이동을 잘 설명한다.
③ 유량과 수리적 구배 사이에 선형성이 있다고 가정한다.
④ 매질이 다공질이며 유체의 흐름이 난류인 경우에는 적용되지 않는다.

풀 이

Darcy 법칙은 다공성 매질(모래 등)을 통과하는 유체의 흐름에 대하여 관찰을 통해 얻은 경험식으로부터 유도된 법칙이다.

34 **지하수의 특성에 대한 설명으로 옳은 것은?** 2022년 지방직9급

① 국지적인 환경 조건의 영향을 크게 받지 않는다.
② 자정작용의 속도가 느리고 유량 변화가 적다.
③ 부유물질(SS) 농도 및 탁도가 높다.
④ 지표수보다 수질 변동이 크다.

풀 이

바르게 고쳐보면
① 국지적인 환경 조건의 영향을 크게 받는다.
③ 부유물질(SS) 농도 및 탁도가 낮다.
④ 지표수보다 수질 변동이 크지 않다.

정답 31 ① 32 ① 33 ② 34 ②

35 지하수 모니터링을 위해 20m 간격으로 설치된 감시우물의 수위 차가 50cm일 때, 실질적인 지하수 유속[md^{-1}]은? (단, 투수계수는 0.2md^{-1}, 공극률은 0.2이다)

① 0.025　　② 0.050
③ 0.075　　④ 0.090

풀 이

토양 공극 내의 지하수 흐름은 Darcy 법칙으로 설명할 수 있다.

$$V_{실제} = \frac{V_{이론}}{공극률}$$

$$V_{이론} = KI = K\frac{\Delta h}{\Delta L} = K\frac{h_2 - h_1}{L_2 - L_1}$$

K : 투수계수(m/sec)　　I : 수리경사도

$\triangle h = h_2 - h_1$: 수두차 변화(m)

$\triangle L = L_2 - L_1$: 수평방향의 거리(m)

$$V_{실제} = \frac{\frac{0.2m}{day} \times \frac{0.5m}{20m}}{0.2} = 0.025m/day$$

36 토양 오염에 대한 설명으로 옳지 않은 것은?

2023년 지방직9급

① 특정 비료의 과다 유입은 인근 수역의 부영양화를 초래하는 원인이 된다.
② 일반적으로 인산염은 토양입자에 잘 흡착되지 않는다.
③ 질산 이온은 토양에서 쉽게 용출되어 지하수 오염에 큰 영향을 미친다.
④ 토양 내 잔류농약 농도는 토양의 물리화학적 성질에 영향을 받는다.

풀 이

일반적으로 인산염은 토양입자에 잘 흡착된다.

37 토양의 용적비중이 1.18이고, 입자비중이 2.36일 때 토양의 공극률은?

① 40%　　② 50%
③ 60%　　④ 70%

풀 이

$$공극률(\%) = \left(1 - \frac{가비중(용적밀도)}{진비중(입자밀도)}\right) \times 100$$

$$공극률(\%) = \left(1 - \frac{1.18}{2.36}\right) \times 100 = 50\%$$

38 토양을 구성하는 모암 중 퇴적암에 속하지 않는 암석은?

① 사암
② 혈암
③ 반려암
④ 석회암

풀 이

반려암은 화성암으로 분류된다.

39 지구의 6대 조암광물의 구성으로 옳은 것은?

① 석영, 장석, 운모, 감석석, 휘석, 감람석
② 석영, 장석, 운모, 석면, 휘석, 감람석
③ 석영, 장석, 석회석, 감섬석, 휘석, 감람석
④ 석영, 장석, 황철석, 감섬석, 석고, 감람석

40 토양수분장력이 pF4 라면 이를 물기둥의 압력으로 환산한 값으로 가장 적절한 것은?

① 약 1기압
② 약 4기압
③ 약 8기압
④ 약 10기압

풀 이

pF = log(H), H : 토양 수분의 결합력을 나타낸 물기둥 높이(cm)
4 = log(H)
H = 10000cmH_2O = 100mH_2O
1atm = 10.332mH_2O이므로 약 10atm에 해당한다.

정답 35 ① 36 ② 37 ② 38 ③ 39 ① 40 ④

41 물리학적으로 구분된 토양수분 중 흡습수 외부에 표면장력과 중력이 평형을 유지하여 존재하는 물로 pF가 2.54~4.5 범위에 있는 것은?

① 결합수
② 유효수분
③ 중력수
④ 모세관수

풀이

결합수(화학수, 결정수) pF 7 이상	토양입자를 구성하는 수분으로 작물이 흡수할 수 없으며 105~110℃로 가열해도 분리되지 않는다.
흡습수(흡착수) pF 4.5~7	주로 대기 중 수분이 토양 입자에 결합되어 형성된 수분으로 작물은 거의 이용하지 못하며 105~110℃의 온도에서 8~10시간 정도 건조시키면 제거된다.
모세관수(응집수) pF 2.54~4.5	표면장력에 의한 모세관현상으로 보유되는 수분으로 물 분자 사이의 응집력에 의해 유지되고 작물이 이용할 수 있는 유효 수분이다.
중력수(자유수) pF 2.54 이하	토양입자 사이에 존재하는 수분으로 중력에 영향을 받아 이동할 수 있으며 대수층으로 모여 지하수가 되고 작물이 유용하게 이용할 수 있는 수분이다.

42 토양수분의 물리학적 분류에 해당하지 않는 것은?

① 결합수
② 흡습수
③ 유효수
④ 모세관수

43 토양수분 중 흡습수에 관한 설명으로 가장 거리가 먼 것은?

① 습도가 높은 대기 중에 토양을 놓아두었을 때 대기로부터 토양에 흡착되는 수분이다.
② pF 4.5 이상이다.
③ 결합수와 달리 식물이 직접 흡수 이용할 수 있다.
④ 105~110℃에서 8~9시간 건조시키면 제거된다.

풀이

주로 대기 중 수분이 토양 입자에 결합되어 형성된 수분으로 작물은 거의 이용하지 못하며 105~110℃의 온도에서 8~10시간 정도 건조시키면 제거된다.

44 토양의 CEC에 대한 설명 중 틀린 것은?

① 일정량의 토양교질이 보유할 수 있는 교환성 양이온의 총량을 말한다.
② 토양의 CEC는 토양교질입자의 양전하의 크기에 달려있다.
③ CEC는 건조토양 100g당 흡착된 교환가능성 양이온의 밀리그램당량(meq)으로 나타낸다.
④ 자연토양의 경우 여러 가지 점토광물의 혼합물로서 그 CEC는 대략 50meq 정도이다.

풀이
온대지방 토양의 교질입자는 대체로 양전하보다 음전하의 크기가 크다. 토양의 교질입자의 음전하는 식물의 생육에 중대한 영향을 미친다. 따라서 토양의 CEC는 토양교질입자의 음전하의 크기에 달려있다.

45 토양오염의 특징과 가장 거리가 먼 것은?

① 오염경로의 다양성
② 피해발현의 완만성
③ 오염영향의 광역성
④ 오염의 비인지성

풀이
수질 또는 대기오염에 비해 오염영향의 광역성이 않은 특성이 있다.

46 유기오염 물질의 휘발성이 낮아지는 순서로 나열된 것은?(단, 휘발성 높음 > 휘발성 낮음)

① PCB > 석유탄화수소 > PAH
② 휘발성 염화유기용매 > PCB > BTEX
③ PAH > BTEX > PCB
④ BTEX > 석유탄화수소 > PCB

정답 41 ④ 42 ③ 43 ③ 44 ② 45 ③ 46 ④

47 **토양오염물질인 BTEX에 포함되지 않는 것은?**

① 톨루엔
② 크실렌
③ 에틸벤젠
④ 에탄올

48 **원위치 처리방법 적용에 적합한 사항과 가장 거리가 먼 것은?**

① 처리량이 많다.
② 오염원의 분포가 광범위하고 농도가 낮다.
③ 처리부지 확보가 용이하다.
④ 처리비용이 저가이다.

풀이
원위치 처리방법은 처리부지 확보가 곤란할 때 적용하는 방법이다.

49 **다음의 토양복원기술 중 원위치(in−situ) 정화기술과 가장 거리가 먼 것은?**

① 토양증기추출법(Soil Vapor Extraction)
② 생분해법(Biodegradation)
③ 유리화(Vitrification)
④ 토지경작법(Landfarming)

풀이
토지경작법(Landfarming) : 굴착 후 처리[비원위치, Ex−Situ]

50 다음 중 복원기술 중 물리화학적 복원기술과 가장 거리가 먼 것은?

① 토양증기추출법
② 토양세정법(Soil−Flushing)
③ 토양경작법
④ Air−Sparging

풀 이
토양경작법 : 생물학적 복원기술

PART 04

51 오염토양 복원을 위한 원위치 처리방법 적용에 적합한 사항과 거리가 먼 것은?

① 처리량이 많다.
② 오염물의 농도가 높다.
③ 처리부지 확보가 곤란하다.
④ 처리기간이 길다.

풀 이
오염물의 농도가 낮은 경우 적용 가능하다.

52 토양정화기술 중에서 Ex−situ 정화기술과 가장 거리가 먼 것은?

① 토양세정법(soil flushing)
② 용제추출법(solvent extraction)
③ 퇴비화법(composting)
④ 할로겐분리법(glycolate dehalogenation)

풀 이
토양세정법(soil flushing) : in−situ

정답 47 ④ 48 ③ 49 ④ 50 ③ 51 ② 52 ①

53 **토양오염확산방지기술인 고형화와 안정화의 장점이라 볼 수 없는 내용은?**

① 폐기물 표면적을 증가시켜 안정화속도를 빠르게 한다.
② 폐기물 내 오염물질이 독성형태에서 비독성형태로 변형된다.
③ 폐기물의 용해성이 감소한다.
④ 폐기물의 취급이 용이해진다.

풀 이

폐기물의 표면적은 감소되어 부피가 커지고 폐기물의 이동성을 감소시키는 기술이다.

54 **생물학적통풍법을 적용하기 위해 검토해야 하는 토양의 주요인자가 아닌 것은?**

① 고유투수계수
② 지하수위
③ 양이온 교환능력
④ 토양미생물

55 **토양처리기술중 굴착 후 처리기술로 가장 적절한 것은?**

① 생물학적 분해법(biodegradation)
② 토양경작법(landfarming)
③ 바이오벤팅법(bioventing)
④ 토양세정법(soil flushing)

56 **토양경작법에 관한 설명으로 옳지 않은 것은?**

① 중금속으로 오염된 토양 처리에 적합하다.
② 오염토양을 복원하기 위하여 넓은 부지가 필요하다.
③ 휘발성 유기물질의 농도는 생분해보다 휘발에 의해 감소된다.
④ 유기용매가 대기 중으로 방출되어 대기를 오염시키기 때문에 방출되기 전에 미리 처리해야 한다.

풀 이

주로 염소계를 제외한 유기물질, 탄화수소를 대상으로 한다.

57 **토양증기추출법(soil vapor extraction) 시스템의 구성요소에 해당하지 않는 것은?**

2023년 지방직9급

① 추출정 및 공기주입정
② 진공펌프 및 송풍기
③ 풍력분별장치
④ 배가스 처리장치

풀 이

토양증기추출법(Soil Vapor Extraction)
▷ 물리화학적 방법, In－Situ
▷ 휘발성 또는 준휘발성의 오염물질을 제거하는 기술이다. 불포화 대수층 위에 토양을 진공상태로 만들어 처리하는 기술이며 오염지역의 대수층이 낮을 때 적용할 수 있다.

58 **토양증기추출법(Soil Vapor Extraction, SVE)의 장점이 아닌 것은?**

2024년 지방직9급

① 통기대 깊이에서 유용하다.
② 오염된 본래의 장소에서 현장처리가 가능하다.
③ 제거되는 물질 일부는 활성탄으로 흡착할 수 있다.
④ 휘발성이 낮은 물질의 제거 효율이 높다.

풀 이

휘발성이 높은 물질의 제거 효율이 높다.

정 답 53 ① 54 ③ 55 ② 56 ① 57 ③ 58 ④

이찬범 환경공학

단원별 기출문제집

소음진동관리

소음진동관리

01 소음공해의 특징이 아닌 것은?

2023년 지방직9급

① 감각적인 공해이다.
② 주위에서 진정과 분쟁이 많다.
③ 사후 처리할 물질이 발생하지 않는다.
④ 국소적이고 다발적이며 축적성이 있다.

풀이

소음공해의 특징은 축적성이 없다.

02 음압레벨 90dB인 기계 1대가 가동 중이다. 여기에 음압레벨 88dB인 기계 1대를 추가로 가동시킬 때 합성음압레벨은?

① 92dB ② 94dB
③ 96dB ④ 98dB

풀이

합성음압레벨 $= L_t[dB(A)] = 10\log\left[\left(10^{L_1/10} + 10^{L_2/10} + \cdots\right)\right]$

$L_t[dB(A)] = 10\log\left[\left(10^{90/10} + 10^{88/10}\right)\right] = 92.1244dB$

03 파동의 특성을 설명하는 용어로 옳지 않은 것은?

① 파동의 가장 높은 곳을 마루라 한다.
② 매질의 진동방향과 파동의 진행방향이 직각인 파동을 횡파라고 한다.
③ 마루와 마루 또는 골과 골 사이의 거리를 주기라 한다.
④ 진동의 중앙에서 마루 또는 골까지의 거리를 진폭이라 한다.

풀이

마루와 마루 또는 골과 골 사이의 거리를 파장이라 한다.

04 방음대책을 음원대책과 전파경로대책으로 구분할 때 음원대책에 해당하는 것은?

① 거리감쇠
② 소음기 설치
③ 방음벽 설치
④ 공장건물 내벽의 흡음처리

05 소음과 관련된 용어의 정의 중 "측정소음도에서 배경소음을 보정한 후 얻어지는 소음도"를 의미하는 것은?

① 대상소음도 ② 배경소음도
③ 등가소음도 ④ 평가소음도

PART 05

06 소음의 배출허용기준 측정방법에서 소음계의 청감보정회로는 어디에 고정하여 측정하여야 하는가?

① A특성 ② B특성
③ D특성 ④ F특성

07 A벽체의 투과손실이 32dB일 때, 이 벽체의 투과율은?

① 6.3×10^{-4} ② 7.3×10^{-4}
③ 8.3×10^{-4} ④ 9.3×10^{-4}

풀 이

$$TL = 10\log\left(\frac{1}{\tau}\right) = 10\log\left(\frac{I_{in}}{I_{out}}\right)$$

$$32dB = 10\log\left(\frac{1}{\tau}\right) \rightarrow \left(\frac{1}{\tau}\right) = 10^{\frac{32}{10}}$$

$$\tau = 10^{-\frac{32}{10}} = 6.3\times10^{-4}$$

τ : 투과율 I_{in} : 입사음의 세기 I_{out} : 투과음의 세기

정답 01 ④ 02 ① 03 ③ 04 ② 05 ① 06 ① 07 ①

08 〈보기〉는 소음의 표현이다. (　　)안에 알맞은 것은?

> 보기
>
> 1(　　)은 1,000Hz 순음의 음세기 레벨 40dB의 음크기를 말한다.

① SIL　　② PNL
③ Sone　　④ NNI

09 인체 귀의 구조 중 고막의 진동을 쉽게 할 수 있도록 외이와 중이의 기압을 조정하는 것은?

① 고막　　② 고실창
③ 달팽이관　　④ 유스타키오관

10 금속스프링의 장점이라 볼 수 없는 것은?

① 환경요소(온도, 부식, 용해 등)에 대한 저항성이 크다.
② 최대변위가 허용된다.
③ 공진 시에 전달률이 매우 크다.
④ 저주파 차진에 좋다.

풀이

공진 시 전달률은 작다.

11 방음대책을 음원대책과 전파경로대책으로 구분할 때 다음 중 음원대책이 아닌 것은?

① 소음기 설치　　② 방음벽 설치
③ 공명방지　　④ 방진 및 방사율 저감

풀이

방음벽 설치는 전파경로 대책에 해당된다.

12 아파트 벽의 음향투과율이 0.1%라면 투과손실은?

① 10dB ② 20dB
③ 30dB ④ 50dB

풀 이

$TL = 10\log\left(\frac{1}{\tau}\right) = 10\log\left(\frac{I_{in}}{I_{out}}\right)$

$TL = 10\log\left(\frac{1}{0.001}\right) = 30dB$

- τ : 투과율
- I_{in} : 입사음의 세기
- I_{out} : 투과음의 세기

13 소음의 영향으로 옳지 않은 것은?

① 소음성난청은 소음이 높은 공장에서 일하는 근로자들에게 나타나는 직업병으로 4,000Hz 정도에서부터 난청이 시작된다.
② 단순 반복작업보다는 보통 복잡한 사고, 기억을 필요로 하는 작업에 더 방해가 된다.
③ 혈중 아드레날린 및 백혈구 수가 감소한다.
④ 말초혈관 수축, 맥박증가 같은 영향을 미친다.

풀 이

소음에 노출되면 혈중 아드레날린 및 백혈구 수가 증가한다.

14 다음 중 다공질 흡음재료에 해당하지 않는 것은?

① 암면
② 유리섬유
③ 발포수지재료(연속기포)
④ 석고보드

풀 이

석고보드 : 판형 흡음재료

정 답 08 ③ 09 ④ 10 ③ 11 ② 12 ③ 13 ③ 14 ④

15 진동수가 100Hz, 속도가 50m/sec인 파동의 파장은?

① 0.5m ② 1.0m ③ 1.5m ④ 2.0m

풀이

$$\text{주파수}(f) = \frac{\text{속도}(C)}{\text{파장}(\lambda)} \rightarrow \text{파장}(\lambda) = \frac{\text{속도}(C)}{\text{주파수}(f)}$$

$$\text{파장}(\lambda) = \frac{50\text{m/sec}}{100Hz} = 0.5\text{m}$$

16 진동레벨 중 가장 많이 쓰이는 수직진동레벨의 단위로 옳은 것은?

① dB(A) ② dB(V) ③ dB(L) ④ dB(C)

17 음향파워레벨이 150dB인 기계의 음향파워는 약 얼마인가?

① 1W ② 10W ③ 100W ④ 1000W

풀이

$$PWL = 10\log\left(\frac{W}{W_0}\right)$$

$$150dB = 10\log\left(\frac{W}{10^{-12}}\right)$$

$$W = 10^{\frac{150}{10}} \times 10^{-12} = 1000\,W$$

18 70dB과 80dB인 두 소음의 합성레벨을 구하는 식으로 옳은 것은?

① $10\log(10^{70} + 10^{80})$

② $10\log(70 + 80)$

③ $10\log(10^{70/10} + 10^{80/10})$

④ $10\log[(70 + 80)/2]$

풀이

합성소음도 $L_t[dB(A)] = 10\log[(10^{L_1/10} + 10^{L_2/10} + \cdots)]$

19 환경기준 중 소음 측정점 및 측정조건에 관한 설명으로 옳지 않은 것은?

① 손으로 소음계를 잡고 측정할 경우 소음계는 측정자의 몸으로부터 0.5m 이상 떨어져야 한다.
② 소음계의 마이크로폰은 주소음원 방향으로 향하도록 한다.
③ 옥외측정을 원칙으로 한다.
④ 일반지역의 경우 장애물이 없는 지점의 지면 위 0.5m 높이로 한다.

풀이

일반지역의 경우에는 가능한 한 측정점 반경 3.5m 이내에 장애물(담, 건물, 기타 반사성 구조물 등)이 없는 지점의 지면 위 1.2 ~ 1.5m로 한다.

20 다음 지반을 전파하는 파에 관한 설명 중 옳은 것은?

① 종파는 파동의 진행 방향과 매질의 진동 방향이 서로 수직이다.
② 종파는 매질이 없어도 전파된다.
③ 음파는 종파에 속한다.
④ 지진파의 S파는 파동의 진행 방향과 매질의 진동 방향이 서로 평행하다.

풀이

ⓐ 횡파(고정파) : 파동의 진행방향과 매질의 진동방향이 직각인 파장
　예 물결(수면)파, 지진파(S)파
ⓑ 종파(소밀파) : 파동의 진행방향과 매질의 진동방향이 평행인 파장
　예 음파, 지진파(P파)

21 다음 그림에서 파장은 어느 부분인가? (단, 가로축은 시간, 세로축은 변위)

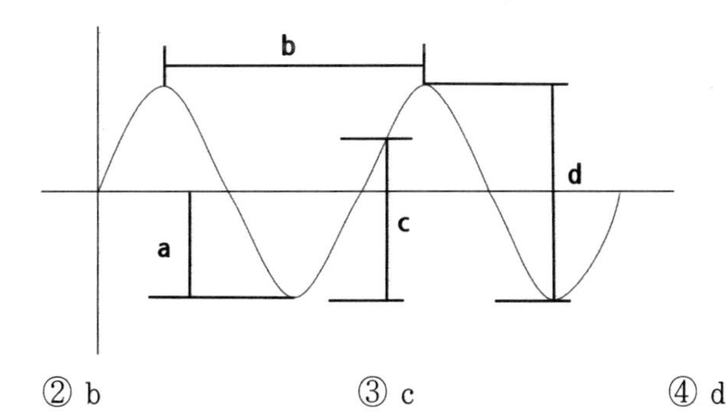

① a　② b　③ c　④ d

정답 15 ① 16 ② 17 ④ 18 ③ 19 ④ 20 ③ 21 ②

22 음향파워레벨(PWL)이 100dB인 음원의 음향파워는?

① 0.01W ② 0.1W
③ 1W ④ 10W

풀 이

$PWL = 10\log\left(\frac{W}{W_0}\right)$

$100dB = 10\log\left(\frac{W}{10^{-12}}\right)$

$W = 10^{\frac{100dB}{10}} \times 10^{-12} = 0.01\,W$

23 마스킹 효과에 관한 설명 중 옳지 않은 것은?

① 저음이 고음을 잘 마스킹 한다.
② 두 음의 주파수가 비슷할 때는 마스킹 효과가 대단히 커진다.
③ 두음의 주파수가 거의 같을 때는 Doppler 현상에 의해 마스킹 효과가 커진다.
④ 음파의 간섭에 의해 일어난다.

풀 이

Doppler 현상은 음원이 이동할 때 진행방향 쪽에서는 원래 발생음보다 크게, 진행방향 반대쪽에서는 원래 발생음보다 작게 들리는 현상이다.

24 방음대책을 음원대책과 전파경로대책으로 분류할 때, 다음 중 주로 전파경로대책에 해당되는 것은?

① 방음벽 설치 ② 소음기 설치
③ 발생원의 유속저감 ④ 발생원의 공명방지

풀 이

② 소음기 설치: 음원 대책
③ 발생원의 유속저감: 음원 대책
④ 발생원의 공명방지: 음원 대책

25 다음은 음의 크기에 관한 설명이다. (   ) 안에 알맞은 것은?

(   ) 순음의 음세기레벨 40dB의 음크기를 1sone이라 한다.

① 10Hz ② 100Hz
③ 1,000Hz ④ 10,000Hz

26 진동수가 250Hz이고 파장이 5m인 파동의 전파속도는?

① 50m/sec ② 250m/sec
③ 750m/sec ④ 1250m/sec

풀이

파장(λ) $= \dfrac{속도(C)}{주파수(f)} \rightarrow \dfrac{\square\ m/sec}{250Hz} = 5m \rightarrow \square = 1,250m/sec$

27 어느 벽체의 입사음의 세기가 $10^{-2}W/m^2$이고, 투과음의 세기가 $10^{-4}W/m^2$이었다. 이 벽체의 투과율과 투과손실은?

① 투과율 10^{-2}, 투과손실 20dB
② 투과율 10^{-2}, 투과손실 40dB
③ 투과율 10^{2}, 투과손실 20dB
④ 투과율 10^{2}, 투과손실 40dB

풀이

$$TL = 10\log\left(\frac{1}{\tau}\right) = 10\log\left(\frac{I_{in}}{I_{out}}\right)$$

ⓐ 투과율 계산

$$\tau = \frac{I_{out}}{I_{in}} = \frac{10^{-4}}{10^{-2}} = 10^{-2}$$

ⓑ 투과손실 계산

$$TL = 10\log\left(\frac{1}{10^{-2}}\right) = 20dB$$

− τ: 투과율 − I_{in}: 입사음의 세기 − I_{out}: 투과음의 세기

정답 22 ① 23 ③ 24 ① 25 ③ 26 ④ 27 ①

28 소음계의 성능기준으로 옳지 않은 것은?

① 레벨레인지 변환기의 전환오차는 5dB 이내이어야 한다.
② 측정가능 주파수 범위는 31.5Hz~8kHz 이상이어야 한다.
③ 측정가능 소음도 범위는 35~130dB 이상이어야 한다.
④ 지시계기의 눈금오차는 0.5dB 이내이어야 한다.

풀이
레벨레인지 변환기의 전환오차는 0.5dB 이내이어야 한다.

29 하중의 변화에도 기계의 높이 및 고유진동수를 일정하게 유지시킬 수 있으며, 부하능력이 광범위하나 사용진폭이 적은 것이 많으므로 별도의 댐퍼가 필요한 경우가 많은 방진재는?

① 방진고무
② 탄성블럭
③ 금속스프링
④ 공기스프링

30 다음은 진동과 관련한 용어설명이다. (①)안에 알맞은 것은?

(①)은(는) 1~90Hz 범위의 주파수 대역별 진동가속도레벨에 주파수 대역별 인체의 진동감각특성(수직 또는 수평감각)을 보정한 후의 값들을 dB 합산한 것이다.

① 진동레벨
② 등감각곡선
③ 변위진폭
④ 진동수

31 손으로 소음계를 잡고 측정할 경우 소음계는 측정자의 몸으로부터 얼마 이상 떨어져야 하는가?

① 0.1m 이상
② 0.2m 이상
③ 0.3m 이상
④ 0.5m 이상

32 **방진대책을 발생원, 전파경로, 수진측 대책으로 분류할 때 다음 중 전파경로 대책에 해당하는 것은?**

① 가진력을 감쇠시킨다.
② 진동원의 위치를 멀리하여 거리 감쇠를 크게 한다.
③ 동적흡진한다.
④ 수진측의 강성을 변경시킨다.

33 **다음 중 표시 단위가 다른 것은?**

① 투과율
② 음압레벨
③ 투과손실
④ 음의 세기레벨

풀 이

투과율은 단위가 없다. 음압레벨, 투과손실, 음의 세기레벨은 dB을 사용한다.

34 **음의 회절에 관한 설명으로 옳지 않은 것은?**

① 회절하는 정도는 파장에 반비례한다.
② 슬릿의 폭이 좁을수록 회절하는 정도가 크다.
③ 장애물 뒤쪽으로 음이 전파되는 현상이다.
④ 장애물이 작을수록 회절이 잘된다.

풀 이

회절하는 정도는 파장에 비례한다.

정 답 28 ① 29 ④ 30 ① 31 ④ 32 ② 33 ① 34 ①

35 다음 (　　) 안에 알맞은 것은?

> 한 장소에 있어서의 특정의 음을 대상으로 생각할 경우 대상소음이 없을 때 그 장소의 소음을 대상소음에 대한 (　　) 이라 한다.

① 고정소음　　② 기저소음
③ 정상소음　　④ 배경소음

36 가속도진폭의 최대값이 0.01m/sec^{2}인 정현진동의 진동가속도 레벨은?(단, 기준 10^{-5}m/sec^2)

① 28dB　　② 30dB
③ 57dB　　④ 60dB

풀 이

$$VAL(dB) = 20\log\left(\frac{A}{A_r}\right) \rightarrow VAL(dB) = 20\log\left(\frac{0.01}{10^{-5}}\right) = 60dB$$

A : 측정진동가속도실효치(m/sec^2)
A_r : 기준가속도(m/sec^2)

37 공해진동에 관한 설명으로 옳지 않은 것은?

① 진동수 범위는 1,000~4,000Hz 정도이다.
② 문제가 되는 진동레벨은 60dB부터 80dB까지가 많다.
③ 사람이 느끼는 최소진동역치는 55±5dB 정도이다.
④ 사람에게 불쾌감을 준다.

풀 이

일반적으로 공해진동의 주파수 범위는 1~90Hz 이다.

38 무지향성 점음원을 두 면이 접하는 구석에 위치시켰을 때의 지향지수는?

① 0dB ② +3dB
③ +6dB ④ +9dB

풀이

무지향성 점음원의 지향계수와 지향지수

자유공간(공중음원)	반자유공간(바닥위)
지향계수 : 1, 지향지수 : 0dB	지향계수 : 2, 지향지수 : 3dB
두 변이 만나는 구석	세 변이 만나는 구석
지향계수 : 4, 지향지수 : 6dB	지향계수 : 8, 지향지수 : 9dB

39 흡음재료의 선택 및 사용상의 유의점에 관한 설명으로 옳지 않은 것은?

① 벽면 부착 시 한 곳에 집중시키기보다는 전체 내벽에 분산시켜 부착한다.
② 흡음재는 전면을 접착재로 부착하는 것보다는 못으로 시공하는 것이 좋다.
③ 다공질재료는 산란하기 쉬우므로 표면에 얇은 직물로 피복하는 것이 바람직하다.
④ 다공질재료의 흡음율을 높이기 위해 표면에 종이를 바르는 것이 권장되고 있다.

풀이

다공질재료의 표면에 종이를 바르면 흡음율이 낮아진다.

40 다음 중 종파에 해당되는 것은?

① 광파 ② 음파
③ 수면파 ④ 지진파의 S파

풀이

ⓐ 횡파(고정파) : 파동의 진행방향과 매질의 진동방향이 직각인 파장
  예 물결(수면)파, 지진파(S)파
ⓑ 종파(소밀파) : 파동의 진행방향과 매질의 진동방향이 평행인 파장
  예 음파, 지진파(P파)

정답 35 ④ 36 ④ 37 ① 38 ③ 39 ④ 40 ②

41 진동수가 330Hz이고, 속도가 33m/sec인 소리의 파장은?

① 0.1m ② 1m
③ 10m ④ 100m

풀 이

$$주파수(f)=\frac{속도(C)}{파장(\lambda)}\rightarrow 파장(\lambda)=\frac{속도(C)}{주파수(f)}$$

$$파장(\lambda)=\frac{33m/\sec}{330Hz}=0.1m$$

42 진동측정 시 진동픽업을 설치하기 위한 장소로 옳지 않은 것은?

① 경사 또는 요철이 없는 장소
② 완충물이 있고 충분히 다져서 단단히 굳은 장소
③ 복잡한 반사, 회절현상이 없는 지점
④ 온도, 전자기 등의 외부 영향을 받지 않는 곳

풀 이

완충물이 없고 충분히 다져서 단단히 굳은 장소

43 사람의 귀는 외이, 중이, 내이로 구분할 수 있다. 다음 중 내이에 관한 설명으로 옳지 않은 것은?

① 음의 전달 매질은 액체이다.
② 이소골에 의해 진동음압을 20배 정도 증폭시킨다.
③ 음의 대소는 섬모가 받는 자극의 크기에 따라 다르다.
④ 난원창은 이소골의 진동을 와우각 중의 림프액에 전달하는 진동판이다.

풀 이

이소골은 중이에 해당한다.
외이: 귀바퀴, 외이도, 고막
중이: 추골, 침골, 등골로 구성된 이소골, 유스타키오관(이관, 귀관)
내이: 와우각(전정계, 달팽이관, 고실계 등), 3개의 반고리관

44 소음계의 구성요소 중 음파의 미약한 압력변화(음압)를 전기신호로 변환하는 것은?

① 정류회로
② 마이크로폰
③ 동특성조절기
④ 청감보정회로

45 흡음재료 선택 및 사용상 유의점으로 거리가 먼 것은?

① 다공질 재료는 산란되기 쉬우므로 표면을 얇은 직물로 피복하는 행위는 금해야 한다.
② 다공질 재료의 표면을 도장하면 고음역에서 흡음율이 저하된다.
③ 실의 모서리나 가장자리 부분에 흡음재를 부착하면 효과가 좋아진다.
④ 막진동이나 판진동형의 것도 도장해도 차이가 없다.

풀이

다공질 재료는 산란되기 쉬우므로 표면을 얇은 직물로 피복하는 것이 좋다.

46 종파(소밀파)에 관한 설명으로 옳지 않은 것은?

① 매질이 있어야만 전파된다.
② 파동의 진행방향과 매질의 진동방향이 서로 평행하다.
③ 수면파는 종파에 해당한다.
④ 음파는 종파에 해당한다.

풀이

ⓐ 횡파(고정파) : 파동의 진행방향과 매질의 진동방향이 직각인 파장
　예 물결(수면)파, 지진파(S)파
ⓑ 종파(소밀파) : 파동의 진행방향과 매질의 진동방향이 평행인 파장
　예 음파, 지진파(P파)

정답 41 ① 42 ② 43 ② 44 ② 45 ① 46 ③

47 **방음벽 설치 시 유의사항으로 거리가 먼 것은?**

① 음원의 지향성과 크기에 대한 상세한 조사가 필요하다.
② 음원의 지향성이 수음측 방향으로 클 때에는 벽에 의한 감쇠치가 계산치보다 크게 된다.
③ 벽의 투과손실은 회절감쇠치보다 적어도 5dB 이상 크게 하는 것이 바람직하다.
④ 소음원 주위에 나무를 심는 것이 방음벽 설치보다 확실한 방음 효과를 기대할 수 있다.

풀 이
방음벽이 더 확실한 방음효과를 기대할 수 있다.

48 **2개의 진동물체의 고유진동수가 같을 때 한쪽의 물체를 울리면 다른 쪽도 울리는 현상을 의미하는 것은?**

① 임피던스 ② 굴절
③ 간섭 ④ 공명

49 **환경적 측면에서 문제가 되는 진동 중 특별히 인체에 해를 끼치는 공해진동의 진동수의 범위로 가장 적합한 것은?**

① 1~90Hz
② 0.1~500Hz
③ 20~12,500Hz
④ 20~20,000Hz

50 **공기스프링에 관한 설명으로 가장 거리가 먼 것은?**

① 부하능력이 광범위하다.
② 공기누출의 위험성이 없다.
③ 사용진폭이 적은 것이 많으므로 별도의 댐퍼가 필요한 경우가 많다.
④ 자동제어가 가능하다.

풀 이
공기누출의 위험성이 있다.

51 다음 중 한 파장이 전파되는 데 소요되는 시간을 말하는 것은?

① 주파수 ② 변위
③ 주기 ④ 가속도레벨

52 다음 중 종파(소밀파)에 해당하는 것은?

① 물결파 ② 전자기파
③ 음파 ④ 지진파의 S파

풀이

ⓐ 횡파(고정파) : 파동의 진행방향과 매질의 진동방향이 직각인 파장
　예 물결(수면)파, 지진파(S)파
ⓑ 종파(소밀파) : 파동의 진행방향과 매질의 진동방향이 평행인 파장
　예 음파, 지진파(P파)

53 투과계수가 0.001일 때 투과손실량은?

① 20dB ② 30dB
③ 40dB ④ 50dB

풀이

$$TL = 10\log\left(\frac{1}{\tau}\right) = 10\log\left(\frac{I_{in}}{I_{out}}\right)$$

$$TL = 10\log\left(\frac{1}{0.001}\right) = 30dB$$

τ : 투과율
I_{in} : 입사음의 세기
I_{out} : 투과음의 세기

정답 47 ④ 48 ④ 49 ① 50 ② 51 ① 52 ③ 53 ②

54 발음원이 이동할 때 그 진행방향 가까운 쪽에서는 발음원보다 고음으로, 진행 반대쪽에서는 저음으로 되는 현상은?

① 음의 전파속도 효과
② 도플러 효과
③ 음향출력 효과
④ 음압레벨 효과

55 진동 감각에 대한 인간의 느낌을 설명한 것으로 옳지 않은 것은?

① 진동수 및 상대적인 변위에 따라 느낌이 다르다.
② 수직 진동은 주파수 4~8Hz에서 가장 민감하다.
③ 수평 진동은 주파수 1~2Hz에서 가장 민감하다.
④ 인간이 느끼는 진동가속도의 범위는 0.01~10Gal이다.

풀 이

인간이 느끼는 진동가속도의 범위는 1~1,000Gal이다.

56 음이 온도가 일정치 않은 공기를 통과할 때 음파가 휘는 현상은?

① 회절 ② 반사
③ 간섭 ④ 굴절

57 소음이 인체에 미치는 영향으로 가장 거리가 먼 것은?

① 혈압상승, 맥박 증가
② 타액분비량 증가, 위액산도 저하
③ 호흡수 감소 및 호흡깊이 증가
④ 혈당도 상승 및 백혈구 수 증가

풀 이

소음이 인체에 미치는 영향은 호흡수 증가 및 호흡깊이 감소이다.

58 형상의 선택이 비교적 자유롭고 압축, 전단 등의 사용방법에 따라 1개로 2축방향 및 회전방향의 스피링 정수를 광범위하게 선택할 수 있으나 내부마찰에 의한 발열 때문에 열화되는 방진재료는?

① 방진고무
② 공기스프링
③ 금속스프링
④ 직접지지관 스프링

59 변동하는 소음의 에너지 평균 레벨로서 어느 시간 동안에 변동하는 소음레벨의 에너지를 같은 시간대의 정상 소음의 에너지로 치환한 값은?

① 소음레벨(SL)
② 등가소음레벨(L_{eq})
③ 시간율 소음도(L_n)
④ 주야등가소음도(L_{dn})

60 귀의 구성 중 내이에 관한 설명으로 틀린 것은?

① 난원창은 이소골의 진동을 와우각중의 림프액에 전달하는 진동관이다.
② 음의 전달 매질은 액체이다.
③ 달팽이관은 내부에 림프액이 들어있다.
④ 이관은 내이의 기압을 조정하는 역할을 한다.

풀이

이관은 중이의 기압을 조정한다.

61 흡음기구에 의한 흡음재료를 분류한 것으로 볼 수 없는 것은?

① 다공질 흡음재료
② 공명형 흡음재료
③ 판진동형 흡음재료
④ 반사형 흡음재료

정답 54 ② 55 ④ 56 ④ 57 ③ 58 ① 59 ② 60 ④ 61 ④

62 소음계의 기본구조 중 “측정하고자 하는 소음도가 지시계기의 범위 내에 있도록 하기 위한 감쇠기”를 의미하는 것은?

① 증폭기
② 마이크로폰
③ 동특성 조절기
④ 레벨레인지 변환기

63 진동에 의한 장애는?

① 난청 ② 중이염
③ 레이노씨 현상 ④ 피부염

64 일정한 장소에 고정되어 있어 소음 발생시간이 지속적이고 시간에 따른 변화가 없는 소음은?

① 공장소음 ② 교통소음
③ 항공기 소음 ④ 궤도 소음

65 공기 스프링에 관한 설명 중 틀린 것은?

① 설계 시 스프링의 높이, 스프링정수를 각각 독립적으로 광범위하게 설정할 수 있다.
② 사용진폭이 작아 댐퍼가 필요한 경우가 적다.
③ 부하능력이 광범위하다.
④ 자동제어가 가능하다.

풀이

사용진폭이 작아 댐퍼가 필요한 경우가 많다.

66 **파동의 종류 중 '횡파'에 관한 설명으로 틀린 것은?**

① 파동의 진행방향과 매질의 진동방향이 서로 평행이다.
② 매질이 없어도 전파된다.
③ 풀결파(수면파)는 횡파이다.
④ 지진파의 S파는 횡파이다.

풀 이

파동의 진행방향과 매질의 진동방향이 서로 수직이다.

67 **발음원이 이동할 때 그 진행 방향쪽에서는 원래 발음원의 음보다 고음으로 진행반대쪽에서는 저음으로 되는 현상을 무엇이라 하는가?**

① 도플러 효과
② 회절
③ 지향효과
④ 마스킹 효과

68 **방음대책을 음원대책과 전파경로대책으로 구분할 때, 다음 중 전파경로대책에 해당하는 것은?**

① 강제력 저감
② 방사율 저감
③ 파동의 차단
④ 지향성 변환

풀 이

강제력 저감, 방사율 저감, 파동의 차단은 발생원 대책에 해당된다.

소음방지대책

▷ 발생원(음원) 대책 : 발생원 저감(유속 저감, 마찰력 감소, 충돌방지, 공명방지 등), 소음기 설치, 방음 커버 등
▷ 전파경로 대책 : 공장건물 내벽의 흡음처리, 공장 벽체의 차음성 강화, 방음벽 설치, 거리감쇠, 지향성 변환 등
▷ 수음측 대책 : 귀마개 등

정 답 62 ④ 63 ③ 64 ① 65 ② 66 ① 67 ① 68 ④

69 음은 파동에 의해 전파되므로 장애물 뒤 쪽의 암역(shadow zone)에도 어느 정도 음이 전달된다. 이는 소리가 장애물의 모퉁이를 돌아 전해지기 때문인데, 이 현상을 무엇이라 하는가?

① 반사　　② 굴절
③ 회절　　④ 간섭

70 가로 × 세로 × 높이가 각각 3m × 5m × 2m이고, 바닥, 벽, 천장의 흡음률이 각각 0.1, 0.2, 0.6일 때 이 방의 평균흡음률은?

① 0.13　　② 0.19
③ 0.27　　④ 0.31

풀이

㉠ 방의 바닥
- 면적: $3 \times 5 = 15m^2$
- 흡음률: 0.1

㉡ 방의 벽
- 면적: $2 \times (3+5) \times 2 = 32m^2$
- 흡음률: 0.2

㉢ 방의 천장
- 면적: $3 \times 5 = 15m^2$
- 흡음률: 0.6

㉣ 평균흡음률

$$\frac{(15m^2 \times 0.1) + (32m^2 \times 0.2) + (15m^2 \times 0.6)}{(15+32+15)m^2} = 0.2725$$

71 다음 중 다공질 흡음제가 아닌 것은?

① 암면
② 비닐시트
③ 유리솜
④ 폴리우레탄폼

풀이

흡음재료

▷ 판구조형 흡음재료: 석고보드, 합판, 철판, 하드보드판, 알루미늄 등
▷ 다공질형 흡음재료: 폴리우레탄폼, 유리솜, 암면, 유리섬유, 발포수지 등

72 진동측정에 사용되는 용어의 정의로 틀린 것은?

① 배경진동 : 한 장소에 있어서의 특정의 진동을 대상으로 생각할 경우 대상진동이 없을 때 그 장소의 진동을 대상진동에 대한 배경진동이라 한다.
② 정상진동 : 시간적으로 변동하지 아니하거나 또는 변동 폭이 작은 진동을 말한다.
③ 측정진동레벨 : 대상진동레벨에 관련 시간대에 대한 평가진동레벨 발생시간의 백분율, 시간별, 지역별 등의 보정치를 보정한 후 얻어진 진동레벨을 말한다.
④ 충격진동 : 단조기의 사용, 폭약의 발파 시 등과 같이 극히 짧은 시간 동안에 발생하는 높은 세기의 진동을 말한다.

풀이

평가진동레벨 : 대상진동레벨에 관련 시간대에 대한 평가진동레벨 발생시간의 백분율, 시간별, 지역별 등의 보정치를 보정한 후 얻어진 진동레벨을 말한다.

73 음의 굴절에 관한 다음 설명 중 틀린 것은?

① 음파가 한 매질에서 타 매질로 통과할 때 구부러지는 현상이다.
② 대기의 온도차에 의한 굴절은 온도가 낮은 쪽으로 굴절한다.
③ 음원보다 상공의 풍속이 클 때 풍상층에서는 상공으로 굴절한다.
④ 밤(지표부근의 온도가 상공보다 저온)이 낮(지표부근의 온도가 상공보다 고온)보다 거리감쇠가 크다.

풀이

밤(지표부근의 온도가 상공보다 저온)이 낮(지표부근의 온도가 상공보다 고온)보다 거리감쇠가 작다.

정답 69 ③ 70 ③ 71 ② 72 ③ 73 ④

74 다음 중 소음 · 진동과 관련된 용어의 정의로 옳지 않은 것은?

① 반사음은 한 매질 중의 음파가 다른 매질의 경계면에 입사한 후 진행방향을 변경하여 본래의 매질 중으로 되돌아오는 음을 말한다.
② 정상소음은 시간적으로 변동하지 아니하거나 또는 변동폭이 작은 소음을 말한다.
③ 등가소음도는 임의의 측정시간 동안 발생한 변동소음의 총 에너지를 같은 시간 내의 정상소음의 에너지로 등가하여 얻어진 소음도를 말한다.
④ 지발발파는 수 시간 내에 시간차를 두고 발파하는 것을 말한다.

풀이

지발발파는 수초 내에 시간차를 두고 발파하는 것을 말한다.

75 다음 중 중이(中耳)에서 음의 전달매질은?

① 음파
② 공기
③ 림프액
④ 뼈

풀이

구분	매질	역할
외이	기체(공기)	이개 – 집음기, 외이도 – 음증폭, 고막 – 진동판
중이	고체(뼈)	증폭임피던스변환기
내이	액체(림프액)	난원창 – 진동판, 유스타기코관(이관) – 기압조절

76 다음은 소음 · 진동환경오염 공정시험기준에서 사용되는 용어의 정의이다. (　　)안에 알맞은 것은?

> (　　)란 임의의 측정시간 동안 발생한 변동소음의 총 에너지를 같은 시간 내의 정상소음의 에너지로 등가하여 얻어진 소음도를 말한다.

① 등가소음도
② 평가소음도
③ 배경소음도
④ 정상소음도

77 **음의 크기 수준(loudness level)을 나타내는 단위로 적합하지 않은 것은?** 2022년 지방직9급

① Pa

② noy

③ sone

④ phon

풀 이

① Pa : 파스칼, 압력단위, N/m^2

② noy : 음의 시끄러움 정도를 표시하는 단위로 음압 레벨이 40dB의 1kHz대역음의 노이지니스를 기준값 1noy로 한다.

③ sone : 음의 감각적인 크기를 나타내는 척도로 주파수 1000㎐, 음압 레벨이 40dB 세기의 음과 감각적으로 같은 크기로 들리는 음을 1sone이라고 한다

④ phon : 소리의 양을 수치적으로 표현하는 단위 중 하나로 특정한 소리를 사람이 듣고 이를 1000Hz의 순음으로 판단하는 방식으로 감각에 의해 측정되는 감각량이며, 일반적으로 사람간의 대화 소리는 40Phon, 전차 소리는 90Phon 정도가 측정된다.

78 **실외소음 평가지수 중 등가소음도(Equivalent Sound Level)에 대한 설명으로 옳지 않은 것은?** 2022년 지방직9급

① 변동이 심한 소음의 평가 방법이다.

② 임의의 시간 동안 변동 소음 에너지를 시간적으로 평균한 값이다.

③ 소음을 청력장애, 회화장애, 소란스러움의 세 가지 관점에서 평가한 값이다.

④ 우리나라의 소음환경기준을 설정할 때 이용된다.

풀 이

등가소음레벨은 변동하는 음의 에너지의 평균값으로 산정한다.

정답 74 ④ 75 ④ 76 ① 77 ① 78 ③

79 주파수의 단위로 옳은 것은?

2021년 지방직9급

① mm/sec^2
② cycle/sec
③ cycle/mm
④ mm/sec

풀 이

✓ 소음의 단위

- 주파수(f, 단위 : Hz) : 1초 동안에 통과하는 마루 또는 골의 수, 초당 회전수(cycle/sec)이다.
- 파장(λ, 단위 : m) : 파동에서 같은 위상을 가진 이웃한 점 사이의 거리로 마루~마루 또는 골~골까지의 거리를 의미한다.(λ(m) = c/f)
- 주기(T, 단위 : sec) : 한 파장이 통과하는데 필요한 시간을 말하며 단위는 sec(초)이다.
- 음속(C, 단위 : m/sec) : 음의 전파 속도로 재질에 따라서 기체 < 액체 < 고체 순으로 커진다.

$$f(\text{주파수}) = \frac{C(\text{음속})}{\lambda(\text{파장})} = \frac{1}{T(\text{주기})} Hz$$

80 마스킹 효과(masking effect)에 대한 설명으로 옳지 않은 것은?

2021년 지방직9급

① 두 가지 음의 주파수가 비슷할수록 마스킹 효과가 증가한다.
② 마스킹 소음의 레벨이 높을수록 마스킹되는 주파수의 범위가 늘어난다.
③ 어떤 소리가 다른 소리를 들을 수 있는 능력을 감소시키는 현상을 말한다.
④ 고음은 저음을 잘 마스킹한다.

풀 이

저음은 고음을 잘 마스킹한다.

81 소리의 굴절에 대한 설명으로 옳지 않은 것은?

2020년 지방직9급

① 굴절은 소리의 전달경로가 구부러지는 현상을 말한다.
② 굴절은 공기의 상하 온도 차이에 의해 발생한다.
③ 정상 대기에서 낮 시간대에는 음파가 위로 향한다.
④ 음파는 온도가 높은 쪽으로 굴절한다.

풀 이

음파는 온도가 낮은 쪽으로 굴절한다.

82 **소음 측정 시 청감보정회로에 대한 설명으로 옳지 않은 것은?** 2020년 지방직9급

① A회로는 낮은 음압레벨에서 민감하며, 소리의 감각 특성을 잘 반영한다.
② B회로는 중간 음압레벨에서 민감하며, 거의 사용하지 않는다.
③ C회로는 낮은 음압레벨에서 민감하며, 환경소음 측정에 주로 이용한다.
④ D회로는 높은 음압레벨에서 민감하며, 항공기 소음의 평가에 활용한다.

풀이

C회로는 낮은 음압레벨에서 민감하며, 주파수를 분석할 때 주로 이용한다.

청감보정회로

A 특성
- 측정치가 청감과의 대응성이 좋아 소음레벨 측정 시 주로 사용된다.
- 낮은 음압레벨에 민감하며 저주파 에너지를 많이 소거시킨다.

B 특성
- 중간 음압레벨에서 민감하며, 거의 사용하지 않는다.

C 특성
- 낮은 음압레벨에 민감하며 평탄한 주파수의 특성을 가지고 있어 주파수를 분석할 때 사용된다.
- A 특성과 C 특성 간의 차가 크면 저주파음이고 차이가 작으면 고주파음으로 추정하기도 한다.

D 특성
- 항공기 소음을 측정하는 데 주로 사용된다.
- A 특성처럼 저주파 에너지를 많이 소거시키지 않고 A 특성으로 측정한 결과보다 레벨수치가 항상 크다.

83 **Sone은 음의 감각적인 크기를 나타내는 척도로 중심주파수 1,000Hz의 옥타브 밴드레벨 40dB의 음, 즉 40phon을 기준으로 하여 그 해당하는 음을 1Sone이라 할 때, 같은 주파수에서 2Sone에 해당하는 dB은?** 2019년 지방직9급

① 50 ② 60
③ 70 ④ 80

풀이

phon과 sone의 관계는 아래와 같다.

$S=2^{\left(\frac{p-40}{10}\right)}$, $2=2^{\left(\frac{p-40}{10}\right)}$, p = 50

정답 79 ② 80 ④ 81 ④ 82 ③ 83 ①

84 소음에 대한 설명으로 옳은 것은?

2019년 지방직9급

① 소리(sound)는 비탄성 매질을 통해 전파되는 파동(wave) 현상의 일종이다.
② 소음의 주기는 1초당 사이클의 수이고, 주파수는 한 사이클당 걸리는 시간으로 정의된다.
③ 환경소음의 피해 평가지수는 소음원의 종류에 상관없이 감각소음레벨(PNL)을 활용한다.
④ 소음저감 기술은 음의 흡수, 반사, 투과, 회절 등의 기본개념과 밀접한 상관관계가 있다.

풀이

바르게 고쳐보면,
① 소리(sound)는 공기를(탄성매질) 통해 전파되는 파동(wave) 현상의 일종이다.
② 소음의 주파수는 1초당 사이클의 수이고, 주기는 한 사이클당 걸리는 시간으로 정의된다.
③ 항공기소음의 피해 평가지수는 감각소음레벨(PNL)을 활용한다.

85 방음 대책 중 소음의 전파 · 전달 경로 대책으로 옳지 않은 것은?

2024년 지방직9급

① 음원을 제거한다.
② 음의 방향을 변경한다.
③ 발생원과의 거리를 멀리한다.
④ 방음벽을 설치하여 소리를 흡수한다.

풀이

음원의 제거는 발생원(음원) 대책에 해당한다.

소음방지대책
— 발생원(음원) 대책 : 발생원 저감(유속 저감, 마찰력 감소, 충돌방지, 공명방지 등), 소음기 설치, 방음 커버 등
— 전파경로 대책 : 공장건물 내벽의 흡음처리, 공장 벽체의 차음성 강화, 방음벽 설치, 거리감쇠, 지향성 변환 등
— 수음측 대책 : 귀마개 등

86 단위 시간당 진동속도의 변화량인 진동가속도 1Gal과 같은 값은?

2024년 지방직9급

① $1cm/s^2$　　② $1m/s^2$
③ $1mm/s^2$　　④ $1dm/s^2$

풀이

진동가속도의 단위인 1Gal은 $1cm/sec^2$을 의미한다.

87 주파수가 200Hz인 음의 주기[sec]는? 2023년 지방직9급

① 0.001 ② 0.005
③ 0.01 ④ 0.02

풀이

주기(T)

– 한 파장이 통과하는 데 필요한 시간을 말하며 단위는 sec(초)이다.

– $T=\frac{1}{f}$

PART 05

정답 84 ④ 85 ① 86 ① 87 ②

이찬범

저자 약력

- 現 박문각 공무원 환경직 전임강사
- 前 에듀윌 환경직 공무원 강사
  특강 : 안양대, 충북대, 세명대, 상명대, 순천향대, 신안산대 등 다수
  자격증 강의 : 대기환경기사, 수질환경기사, 환경기능사,
  위험물산업기사, 위험물기능사, 산업안전기사 등

주요 저서

- 이찬범 환경공학 기본서(박문각)
- 이찬범 화학 기본서(박문각)
- 이찬범 환경공학 단원별 기출문제집(박문각)
- 이찬범 화학 단원별 기출문제집(박문각)
- 대기환경기사 필기(에듀윌)
- 대기환경기사 실기(에듀윌)
- 수질환경기사 실기(에듀윌)

이찬범 환경공학 ✧✦ 단원별 기출문제집

초판 인쇄 | 2024. 12. 5. **초판 발행** | 2024. 12. 10. **편저자** | 이찬범
발행인 | 박 용 **발행처** | (주)박문각출판 **등록** | 2015년 4월 29일 제2019-000137호
주소 | 06654 서울시 서초구 효령로 283 서경 B/D 4층 **팩스** | (02)584-2927
전화 | 교재 문의 (02)6466-7202

저자와의 협의하에 인지생략

정가 31,000원
ISBN 979-11-7262-364-7